U0746858

国家社会科学基金一般项目（批准号：15BZX108）

善事父母

之当代传承与创新

路丙辉◎著

安徽师范大学出版社
ANHUI NORMAL UNIVERSITY PRESS

·芜湖·

图书在版编目（CIP）数据

"善事父母"之当代传承与创新 / 路丙辉著. —芜湖：安徽师范大学出版社，2024.3
ISBN 978-7-5676-6655-9

Ⅰ.①善… Ⅱ.①路… Ⅲ.①孝－传统文化－研究－中国 Ⅳ.①B823.1

中国国家版本馆CIP数据核字（2024）第023788号

"善事父母"之当代传承与创新
路丙辉◎著

SHANSHI FUMU ZHI DANGDAI CHUANCHENG YU CHUANGXIN

责任编辑：陈贻云　　　　　　责任校对：谢晓博
装帧设计：王晴晴　冯君君　　责任印制：桑国磊
出版发行：安徽师范大学出版社
　　　　　芜湖市北京中路2号安徽师范大学赭山校区　　邮政编码：241000
网　　址：http://www.ahnupress.com/
发 行 部：0553-3883578　　　5910327　　　5910310（传真）
印　　刷：苏州市古得堡数码印刷有限公司
版　　次：2024年3月第1版
印　　次：2024年3月第1次印刷
规　　格：700 mm×1000 mm　　1/16
印　　张：17
字　　数：269千字
书　　号：ISBN 978-7-5676-6655-9
定　　价：68.00元

凡发现图书有质量问题，请与我社联系（联系电话：0553-5910315）

序

　　家庭是社会的细胞，也是国家的细胞，家庭好，社会才能好，国家才能好，无论哪个时代无不如此。所以，家庭是社会发展状态的缩影，是反映社会问题的窗口。通过对家庭问题的研究，解剖麻雀，探讨解决社会治理问题的路径，为社会发展作出应有贡献，不失为理论工作者为社会服务、实现自我价值的捷径。

　　弟子丙辉多年来一直从事家庭伦理的学习和研究，成就如何，可以从他完成的这个国家社科基金项目成果中略见一斑。他围绕中国社会养老的若干问题，结合"善事父母"传统孝道的内涵、历史价值、悖论与现实困境进行理论分析，通过对一正一反两个家庭典型样本的经验教训进行解析和梳理，提出"敬"以尊重父母、"爱"以关注父母、"养"以陪伴父母等"善事父母"的好学易行的创新理念。同时，从理论上阐明只有努力倡导"善事父母"与"善待子女""善待爱人""善待自己""善待社会"相统一，才能推动社会与人相得益彰的和谐发展。弟子丙辉提出并阐明这些理念，可见他的思考有一定的深度，结论也言之有据。难得的是，他还在此基础上，提出实事求是、尊重差异地构建"善事父母"传统孝道当代传承的践行模式之原则和要求，群众活动、家庭教育、完善机制等构建践行模式的方法，"善事父母"的行为规范、礼仪规范及表达规约等践行模式的具体内容。这些践行模式听起来虽是理论建构，但都能够在大量的零散的实践中有据可查，通过整合和推广，皆可学可行。他试图通过建构当代家庭"善事父母"的践行模式，帮助人们走出"难尽孝道""难得善事"的现实困境，进而为当代中国家庭"善事父母"提供尽孝的方法与路径。应该说，这是一个学者关注社会应有的情怀。从整体上看，这个成果通篇尊崇从实践到理论再到实践的认识逻辑，不失为一部为当前我国家庭道德建设建言献策的好作品。

尤其值得一提的是，文中关于家庭孝道涉及孝心、孝行和孝法的提法，并在此基础上提出孝的智慧等，都是值得推崇的创新理念。传统孝德多以孝心和孝行为重，基于《孝经》和《弟子规》等传统文本，对子女的孝行多有严格的规范，甚至以"二十四孝"中的部分民间故事为蓝本，世代相传，曲解"孝"的内涵，宣扬愚忠愚孝。很多具体的行为规范从古至今，大同小异。随着朝代的更替，在孝的表达方式上可能有一些变化，而在行为规范的本质要求上却少有创新。事实上，孝文化的生命力如果只有简单的一脉相承的代际传递，是迟早要遇到危机的。新时代的中国，快速的城镇化发展进程打破了传统社会的生活方式，"留守儿童"和"留守老人"的出现成为一般农村家庭的普遍现象，老人被"边缘化"甚至难得"善事"成为一些家庭难以破解的困局，传统孝文化受到了前所未有的挑战。如此情况之下，还照着老经念，让新时代的青年人抱着传统的孝心和孝行来表达对父母家人的"亲亲"之爱，显然是不能与时俱进的。针对这个问题，丙辉提出要把孝心、孝行和孝法有机统一起来，要有孝的智慧，就显得十分有价值。

中国人向来讲究行为的智慧，并不简单地推崇行为规范的刻板模仿。行为的智慧强调的是在完成某种任务或目标的过程中应注意行为的方法，有益于目标或任务达成的恰当方法就是我们所说的智慧的方法。毛泽东同志曾指出，我们不但要提出任务，而且要解决完成任务的方法问题。我们的任务是过河，但是没有桥或没有船就不能过。不解决桥或船的问题，过河就是一句空话。不解决方法问题，任务也只是瞎说一顿。可见方法之于任务的重要性。"善事父母"既是子女在与父母相处的过程中应完成的任务，也是子女应注意的孝行。不能用恰当的方法表达对父母的孝敬之心，其实是不孝。在一些家庭中，独生子女成了众星捧月的宝贝，大多数父母都舍不得对子女进行行为规范的要求，传统孝文化在家庭中的传承日渐式微，以至于个别子女在与父母的交往中，行为随意，甚至忤逆，一些不孝之行还引发社会广泛关注。认真反思传统孝德，确实少有引导子女行孝应注意孝智的相关论说。在孝行中不推崇孝的智慧，可能是担心子辈在行孝时将智慧与投机取巧、耍滑头、逃避孝敬父母的行为相混淆。事实上，孝的智慧不是玩弄技巧以逃避"善事父母"的责任，而是相反，它更强调通过一定的方法，既避开在孝敬父母过程中可能产生的矛盾，又能够很好地完成"善事父母"的责任。因此，书中关于"善事父母"还要做到充满智慧，应努力将孝心、孝行、孝法统一起来的提法，应该更方便新时代长大成人的子辈学习和遵守。

弟子丙辉尝与我谈及对父母的赡养之事。他对父母的孝敬之心、之行、之法，细致入微，身体力行，十分注意方式方法。而今阅读他的这本书，依稀看见他与父母相处的美好画面，确实是理论与实践相统一的见证。期待其中的一些真知灼见能够尽快地被新时代的青年朋友们学习和借鉴，尽快地走进社会现实生活中，为中国式现代化的家庭建设助力。

是为序。

陶富源

2023 年 12 月 20 日

目　录

绪　论

2014年1月2日，在山城重庆万州某村，一位85岁的老人，坐在亲生儿子的家门口惨然离世，而她的四个儿子无人愿意收殓安葬。一石激起千层浪，此事在全国引起轩然大波。媒体纷纷报道，当地政府及时介入，法院在当地召开公审大会，老人的四个儿子因遗弃罪同时获刑。央视《今日说法》栏目以《母亲的呼救》为题，进行了专题报道和讨论①。这一案件令人震惊，其所反映出的中国部分农村家庭老人"难得善事"的现实，应得到全社会的高度关注。

此后在国内发生了关涉家庭道德建设的两件事：一是由央视和《光明日报》联手推出的"家风大讨论"，二是由全国妇联倡议并推动的在全国寻找"最美家庭"的群众性活动。虽然不能说这些活动是为了解决类似问题而开展，但从活动的属性和社会影响及效果看，对于解决类似老人"难得善事"的问题无疑意义重大。从2014年以来我国家庭道德建设的成果看，这两项群众性活动影响广泛而深远。家风的讨论，看似是一个不起眼的话题，却因为与每个人息息相关，而使国人在家庭道德建设的思想认识上有了润物无声般的厚实铺垫；寻找"最美家庭"活动动员所有的家庭参与其中，在层层筛选的过程中，既对"最美家庭"做了广泛宣传，又使其

---

① 根据中央电视台《今日说法》2014年12月26日播出的《母亲的呼救》整理，载央视网（http://tv.cntv.cn/video/C10328/04a5a59689bc490db1f7256f123a7919）。

起到了影响和带动的作用，为家庭道德建设树立标杆。我认为，类似于这两项的活动必须广泛深入地开展下去，以便进一步弘扬家庭道德建设中"善事父母"之德，使其进一步深入人心并付诸实践，相关理论研究也必须紧紧跟上。基于此，本书的研究，因"母亲的呼救"而生，因家风的讨论和寻找"最美家庭"的活动而起，以期为新时代中国家庭传承与创新"善事父母"之传统孝道，形成良好的家庭风貌和社会道德风尚贡献绵薄之力。

第一节 "母亲的呼救"引发的思考

"母亲的呼救"虽然是个案，但其反映的却是在我国老龄化社会条件下，老人被"边缘化"和"难得善事"等问题开始显现。因此，我们立足于历史进步和社会发展的大环境，将家庭的"善事父母"放在社会老龄化的新时代大背景中，试图通过观念创新和践行模式研究，提出解决家庭道德建设现实问题的方法。

一、国内外相关研究的学术史梳理

"善事父母"作为家庭伦理文化概念的提出，源于春秋战国时期社会变革给家庭带来的多重危机，最早可见于先秦时期的"'善父母'曰孝"（《尔雅·释训》），"孝者，善事父母之名也"（《亢仓子·训道》）。《说文解字》将"孝"解读为"善事父母者。从老省，从子，子承老也"。后世传承多以"孝"替代"善事父母"。

从先秦至明清，"善事父母"的学术研究先后以三种类型的文本形式完成了从理论研究到推广践行的过程。

一是经典形式，以儒家经典《孝经》为代表，短小精悍，微言大义。《孝经》指出孝是诸德之本："人之行，莫大于孝。"（《孝经·圣治章》）

国君以孝治国理政，臣民应以孝立身齐家，将孝亲与忠君有机联系，使"善事父母"之行适应了高度集权的封建专制统治，拓展和深化了"善事父母"的伦理内涵。在家"善事父母"之孝和在国"善事君主"之忠，成为中国封建社会最重要的道德，使"善事父母"极具社会理性。当然，一定的时代造就一定的文化观念，任何一部文化经典都是特定时代文化的产物。解读《孝经》必须先解读春秋战国时期的孝文化，当时孝文化的渊源有三方面：一是尧舜之道、文武之道提供了范式；二是周代的社会风情、宗法文化提供了温床，特别是夏地的文化，是黄河中下游文化的凝结；三是各种思想提供了借鉴。当时学术下移，由学在官府走向学在民间，私学活跃，学者们很关注做人的学问①。作为家庭伦理规范的孝道，尤被关注。此后，关于孝道的传承主要有两条路径。一条是学者们对典籍本身的研究路径。学者们对《孝经》的研究，大抵有两种方法，其一是文献整理，其二是义理阐释②。如唐玄宗李隆基是历代皇帝中最重视《孝经》的，他召集侍臣刘子玄等名儒讨论，反复修改，完成《御注孝经》③；宋代朱熹著有《孝经刊误》；元代较有代表性的有吴澄校定的《吴文正公校定今文孝经》一卷④。明代知名学者吕维祺治学，最大的兴趣就是整理和研究《孝经》，他撰有《孝经或问》《孝经本义》，编有《孝经大全》⑤。清代的阮元对《孝经》的整理最下功夫，他撰有《孝经校勘记》三卷，《释文校勘记》一卷⑥。20世纪出版了不少《孝经》，有各种各样的版本。其中，1999年北京大学出版社出版的由李学勤主编的《十三经注疏》（标点本），采用新式标点，简体横排印刷，全面吸收了阮元、孙诒让的校勘成果，是一次成功的文献整理工作。特别是校勘，处理得很好，能充分吸收前人的学术成果⑦。另一条是学者们通过文化典籍对孝

---

① 王玉德：《〈孝经〉与孝文化研究》，崇文书局2009年版，第24—25页。
② 王玉德：《〈孝经〉与孝文化研究》，崇文书局2009年版，第274页。
③ 王玉德：《〈孝经〉与孝文化研究》，崇文书局2009年版，第121页。
④ 王玉德：《〈孝经〉与孝文化研究》，崇文书局2009年版，第160页。
⑤ 王玉德：《〈孝经〉与孝文化研究》，崇文书局2009年版，第187页。
⑥ 王玉德：《〈孝经〉与孝文化研究》，崇文书局2009年版，第277页。
⑦ 王玉德：《〈孝经〉与孝文化研究》，崇文书局2009年版，第264页。

道思想的传承路径进行研究。可以说，历代典籍对孝道的传承多有助益。《孝经》所述孔子关于孝的思想，主要是通过其与弟子曾参的交流表达出来。因此，后世典籍中关于孝道的传承，以转述曾子关于《孝经》的言论为主。可作为代表的典籍有《吕氏春秋·孝行》《大戴礼记·卷四》《礼记·内则》《汉书·艺文志》《春秋繁露》等，其中多是对《孝经》中曾子言论的阐发。如《吕氏春秋·孝行》记载："曾子曰：'身者，父母之遗体也。行父母之遗体，敢不敬乎？'"《礼记·内则》云："曾子曰：'孝子之养老也，乐其心，不违其志，乐其耳目，安其寝处，以其饮食忠养之。'"这些都是在《孝经》相关思想的基础上展开的论述。这些经典对于后世孝道的传承影响深远，后来关于孝道的文本，如家训和孝道蒙养等，大多吸收了其中关于孝文化的思想。

二是家训形式，以《颜氏家训》为代表，兼具思想性和实用性。《颜氏家训》通过记述个人经历、思想和学识，结合对《孝经》的内化吸收，告诫子孙为人处世要恪尽孝道。中国古代家训肇端久远，作为一种文化，应该说产生了家庭，也便产生了家训的萌芽。我们从产生于殷周之际的《周易·家人卦》中可窥见上古家教之一斑："家人，利女贞。初九：闲有家，悔亡。"意思是说，家人卦，利于女子保持贞正。初九爻，治家应当用规矩防范灾难，这样才能避免出现过失①。可以说《周易·家人卦》是有文字记载的最早有关家训的文件，足见先民们对于整治家庭秩序的重视。自此以后，受其影响，历代都有家训产生。在《颜氏家训》产生之前，虽然出现了不少诫子、训子的文字，但大多只是从某一个方面，或就某一个问题，对子孙加以训示，内容比较单一。直到《颜氏家训》诞生，才使得中国古代家训系统化、理论化，因而古人有"古今家训，以此为祖"之说。从历代出版的家训来看，由于作者的旨趣不同，知识修养的深浅不同，加之写作的目的不同，因此其写作方法不尽统一，形式多种多样，具有不同的风格和特点，可谓丰富多彩，归纳起来大致可以划分为五种形式。第一，作者引用儒家经典，结合自己的人生经验，对于家人和子

---

① 于海英译注：《易经》，华龄出版社2017年版，第129—130页。

女进行训诫，有比较完整的系统。《颜氏家训》是这类家训的代表。《颜氏家训》共分七卷二十篇，涉及的内容十分广泛。该书不仅讲述个人的亲身经历，而且还引述历代正反两方面的人物事迹，总结经验教训和进行理论分析，指陈利害使子孙引以为戒。这种家训占比重较大，宋代袁采的《袁氏世范》、明末清初孙奇逢的《孝友堂家规》是这方面的代表作。第二，不作理论上的分析论证，也不进行陈述铺染，而是直接定出家规条款，让家人共同遵守。这类家训以元代郑涛所编的《郑氏规范》为代表。《郑氏规范》中共列出条款一百六十八项，制定出家族中各项规章制度，包括奖励和惩罚等，要求家庭成员共同遵守。宋代司马光的《涑水家仪》、元代郑泳的《郑氏家仪》等也是此类家训的代表。尤其到了民国年间，这类家训发展得更加完备。如《万福堂家规》，还借鉴了现代社会的一些法规条款，更具有系统性。《万福堂家规》分十章共七十五条，从家族的组织分工，到对家族成员的功过赏罚都有明文规定，井井有条。第三，采用书信形式，经常性地对子女进行教育引导，或者就某一问题对子女进行训诫。有的久而集成一部，形成较完整的家训。如曾国藩的《曾文正公家训》，便是这类家训的代表作品；甘树椿的《甘氏家训》也是较有影响的作品。第四，陈述家主及祖先创业的艰难经历，使子孙感悟人生的不易，启发、教育他们懂得处世和治家的道理，如明清之际傅山的《霜红龛家训》、清代谭献的《复堂谕子书》、明代袁黄的《训儿俗说》等，都属于这一类家训。第五，用诗歌的形式对子孙加以训诫，便于记诵，也易于流传。如唐代的《太公家教》、清代的《金氏家训》等，都采用了这种形式，其格式大多采用四言，也有五言和七言。另外还有一些家训以格言、警句、随笔等形式出现，如《愿体集》《余斋耻言》等。这些家训都精辟警人，许多名句仍在流传①。

三是模范形式，以元代郭居敬编录的通俗读物《二十四孝》为代表，浅显易懂，易于传播。《二十四孝》收录的上古至宋代二十四个孝子行孝

---

① 邵龙宝、李晓菲：《儒家伦理与公民道德教育体系的构建》，同济大学出版社2005年版，第243—244页。

的典型故事，情节通俗易懂且感人至深，广为流传，成为后世"善事父母"孝道传承的模范形式。其实，孝子的故事，早在先秦就不胜枚举，在古书中亦有很多记载。汉代刘向编有《孝子传》，唐代武则天时有《孝女传》二十卷，明成祖颁行的《孝顺事实》收录二百多人的事迹。历代正史中也有孝子传，其规格更高，内容更丰富。为孝子列传始于《晋书》，称为《孝友传》。《宋书》始列《孝义传》，《梁书》有《孝行传》，《魏书》有《孝感传》。在二十六部正史中，只有九部没有孝子传。除正史之外，历史上有关孝的故事还有很多，宋代朱熹撰《二十四孝原编》一卷，清代高月槎撰《二十四孝别集》。后人在二十四孝基础上增加七十六孝，构成百孝。清代咸丰年间，黄小坪编《百孝图记》。20世纪40年代，陈寿膏、郭莲青编《百孝图说》，1992年韩克定点校《百孝图说》，所述故事，绝大多数具有积极的教育意义①。这种通俗化的践行路径启发了人们的思路，清代的童蒙读物《弟子规》就是将"善事父母"传统孝道的理论和实践完美结合的有效尝试，至今依然有着很高的借鉴价值。

西方社会虽没有与中国社会相对应的"孝"的概念，但"孝"的观念也是存在的。在西方语言中，也有反映孝的观念和意识的词。如拉丁文"pielas"，表示对神的虔诚，对父母的孝敬，对他人的友爱，对国家的忠诚，就与"善事父母"的内涵相似。由该词派生出的法文"pieuxhe"和德文"pietät"内涵也一样②。

在古希腊和罗马，人们强调子女对父母的敬仰。柏拉图就说过："一个人对生他养他的亲人所欠负的一切，必须尽其所能地加以回报：第一，用财产资助；第二，亲自伺奉；第三，奉献整个灵魂。他回报的是那些亲人在他幼年时代所给予的无法估量的照顾，以及为他所付出的辛勤劳动。他如今在亲人们老迈力衰、最需要照顾时，回报他们的深恩。"③

从历史上看，西方家长制家庭公社早在中世纪就已经解体，中世纪中

① 王玉德：《〈孝经〉与孝文化研究》，崇文书局2009年版，第339—340页。
② 李桂梅：《中西家庭伦理比较研究》，湖南大学出版社2008年版，第283页。
③ 何勤华：《法律文化史论》，法律出版社1997年版，第294页。

后期和近代由于私有制进入家庭内部，西方家庭较早地由家长制家庭公社过渡到财产个人私有的个体家庭。在这种个体家庭中，父子、兄弟乃至夫妻各有各的私有财产，这就为每个成员的独立性奠定了基础，法律关系、权利关系也就必然进入家庭内部成为家庭成员之间的主要关系，相形之下夫权、父权退居次要位置，非维系家庭之所需，这就为个人本位的产生和发展提供了条件，个体便有了独立和平等的前提，因而西方社会的家庭关系相对平等。独立和平等正是契约人伦的根本。当然，在传统社会，夫权和父权统治是整个世界的主流，区别只在于程度的不同。西方家庭以夫妻关系为主轴，注重夫妻之间的感情联系，其他一切关系都围绕着它来展开，由它来支配。这是因为西方社会是以个人为本位的社会，婚姻是个人的事情，是为了找个异性生活伴侣，从而在生理、心理和社交方面获得满足，因而他们更重视夫妻关系的质量。

对西方文化影响最大的基督教文化，在其经典《圣经》中就有与"孝"相关的描述。基督教认为父母在上帝之外是"生命、成长和教育的第二个源泉"，因此主张孩子对父母的爱是与父母对孩子的爱相对应的，强调父母与子女之间的双向义务；同时主张孩子没有义务在不道德的事情上服从父母，对违背自己利益的命令也没有服从的义务，这是因为基督教宣传绝对的平等观，在上帝面前，人人平等。

综上所述，由于文化和价值观念的影响，西方国家子女和父母的关系是相互对等的，他们讲求相互之间的自由平等。如果父母没很好地履行自己对子女的抚养和教育等义务，子女和其他人有权利去法院控告他们；如果父母很好地履行自己对子女的抚养和教育等义务，父母的品行和行为值得子女尊重，这就会引发子女对父母的爱戴和尊敬，这种感情有报恩与友爱的成分。子女对父母的爱和责任是由双方的交互来往引起的，也是与父母尽其责任的程度成正比的。父母子女之间是一种纯粹的感情关系，倾向于双方平等交流，父母承认子女的独立人格，子女也了解父母的整体心境，给予父母精神和情感上的慰藉，虽然父母期望子女的爱，但父母却不能要求。

西方国家比中国社会较早实现工业化、城市化和现代化，其亲子关系中出现的问题与中国有些区别，他们最大的问题是代际之间的冷漠：一方面父母对子女的责任意识弱化，另一方面子女对父母的关心不够。西方的父母子女之间更多的是要增强责任意识，尤其是子辈对父辈应多一份关心和理解①。

由于受到我国儒家文化的广泛影响，东南亚诸国在"善事父母"方面与我国家庭有很高的相似度，被认为是中华文化顽强生命力和适应力的典范。日本、韩国等近邻国家的国民生活受儒家孝道文化的影响比较明显。在他们看来，孝道思想是主宰古老中国社会的中心思想，以此可以了解中国社会与文化。中国传统孝道对韩国社会的影响更加深刻。韩国也将孝道观念作为维护家庭关系的基础理念，强调血缘关系，传统孝道在韩国社会思想文化中占有重要的地位。与我国相比较而言，韩国所推崇的孝道仍然具有一定的封建主义色彩，社会和家庭还有比较明显的等级制度。

二、国内外相关研究动态

随着改革开放的不断深入，我国伦理学界对家庭及家庭伦理问题的研究渐呈蓬勃之势。以"善事父母"为核心内容的家庭伦理的研究，主要集中在三个方面。

其一，立足对"善事父母"观念的内涵探究，结合社会现实，讨论传统孝道的当代价值。一是对家庭孝德的深入研究。比如《家庭伦理》（章海山、陈思迪、徐焕洲，1984）、《家庭伦理学》（林善良、朱法贞，1989）、《家庭伦理》（萧家炳，1996）等研究成果阐明了家庭伦理的基本理论和基本原则；《冲突与融合——中国传统家庭伦理的现代转向及现代价值》（李桂梅，2002）和《中西家庭伦理比较研究》（李桂梅，2009）突出传统家庭伦理的嬗变和现代价值，为汲取借鉴中西家庭伦理精华提供了重要的参考；《现代家庭伦理》（林建初，1992）以现代的视角对家庭伦理

---

① 李桂梅：《中西家庭伦理比较研究》，湖南大学出版社2008年版，第15页。

进行了人本性的解读，丰富了家庭伦理的内容，从总体上梳理了家庭伦理的源泉、基本理论和发展趋势，为家庭伦理建设奠定理论基础。二是通过深度研究，结合《论语》或《孝经》等关于"善事父母"言论的整理和讨论，提出传统孝道的当代价值。比如"中国传统道德"丛书（罗国杰，1995）、《传统伦理及其现代价值》（焦国成，2000）、《重释传统——儒家思想的现代价值评估》（唐凯麟、曹刚，2000）、《中国家庭伦理与国民性》（翁芝光，2002），不仅指出了传统社会家庭伦理的时代特征及夫妇、亲子、兄弟关系的道德规范，还特别论述了传统社会家庭伦理对中国国民性的双重影响，确定了重建家庭伦理的价值目标。三是对一些重要人物的思想进行了认真的解读，通过比较，为理解"善事父母"提供有益的借鉴。比如，《孔子的家庭伦理思想研究》（梅良勇，徐州师范学院学报（哲学社会科学版）1992年第1期）、《毛泽东的家庭伦理思想》（陈阿江，《道德与文明》1993年第2期）、《激扬家声——曾国藩家庭伦理思想研究》（周俊武，湖南师范大学博士论文，2004）等，作为对传统家庭伦理思想研究的补充，十分有价值。

其二，立足"善事父母"传统孝道的系统研究，探索其历史流变的规律及对当代的启示。这部分成果多直接以"孝"立题，将"善事父母"放在家庭伦理文化的学术视野中进行系统的梳理和讨论，从不同角度对中国传统的孝道观念、孝行规范的形成、发展及其对家庭和社会的影响进行较为系统的研究，视野开阔且观点独到。比如《中国传统孝观念的传承研究》（吴锋，2005）、《孝与中国文化》（肖群忠，2001）、《中国的家庭与伦理》（张怀承，1993），这些成果既充分论述了中国传统家庭的发展与伦理的时代变迁，又对中国家庭模式的未来走势进行了预测。《天人之变——中国传统伦理道德的近代转型》（张怀承，1998）全面论述了中国传统伦理道德在近代的转型，探讨了伦理道德转型的原因和机制，并指明近代伦理道德转型的局限与不足。岳庆平的《家庭变迁》（1997）、刘海鸥的《从传统到启蒙：中国传统家庭伦理的近代嬗变》（2005）分别对传统伦理道德及其变迁问题或有所论及，或进行了系统的研究。李桂梅的博士论文

《冲突与融合——中国传统家庭伦理的现代转向及现代价值》（2002）以动态视角，探讨了传统家庭伦理现代转向的历史背景、过程、内容、特点及其实质，并从家庭伦理的基本精神、家庭伦理规范等方面阐述了传统家庭伦理现代转向的基本内容。

其三，立足"善事父母"之行的实证研究，探索解决当代家庭道德领域突出问题的现实路径。一是通过调查分析当代家庭道德领域的现实状况。研究者依据调查的可靠数据和具有说服力的判断，敬告世人应高度重视"善事父母"的当代传承。二是从伦理学、法学、社会学等不同学科视角进行探究，通过分析某个时代或某个群体"善事父母"的真实状况，寻找传统孝道传播的经验、践行的路径及对当代传承的启示。一些学者从社会学、社会文化学和人类学的视角专门考察乡村家庭伦理关系和道德规范的变化，以及乡村家庭结构、功能、生计模式、关系准则、价值理念、婚恋习俗等变化，取得丰硕的研究成果。可以说，对乡村家庭伦理的调查和研究，为家庭伦理研究中抓住"善事父母"这个主题，开辟了一个独特的场域。早期的研究成果主要有《改革以来中国农村婚姻家庭的新变化》（雷洁琼，1994），《当代中国城市家庭研究》（沈崇麟、杨善华，1995），《经济体制改革和中国农村的家庭与婚姻》（杨善华，1995），《社区的历程：溪村汉人家族的个案研究》（王铭铭，1997），《世纪之交的城乡家庭》（沈崇麟、杨善华，1999）等。此外，还有《农村家族问题与现代化》（吕红平，2001），《社会变革与婚姻家庭变动：20世纪30—90年代的冀南农村》（王跃生，2006），《私人生活的变革：一个中国村庄里的爱情、家庭与亲密关系：1949~1999》（阎云翔，2006），《变迁中的城乡家庭》（沈崇麟、李东山、赵锋，2009），《村庄里的中国：一个华北乡村的婚姻、家庭、生育与性》（刘中一，2008）等。这些研究成果从不同的视角展示了城乡家庭人伦关系的变化，为城乡家庭伦理研究提供了非常重要的借鉴资料。

在西方国家，对于中国传统孝道的相关研究主要集中于汉学家和华裔学者。如高望之著的《儒家孝道》①一书，在阐发《孝经》思想基础上，对儒家孝道思想形成的基础、社会背景、历史的传承，以及孝道对于民众的教诲、对女性的特殊教育、对邻国影响等内容做了一定的研究。日本学者桑原隲藏的《中国之孝道》②一书对于孝的历史发展、孝的内容、孝的政治功能等都有所涉及。相比于国内的研究，国外学者所关涉的"善事父母"的研究，可供借鉴的内容较少。

国外的相关研究主要是对家庭现实状况进行描述、分析和反思，以应对后现代社会的"福利主义"给养老带来的突出问题。论者们认为，政府的财政资助和福利计划并不能像前工业时期形成的亲属网络家庭养老模式那样给老人带来精神上的满足，因此，社会的养老保障，还需辅以家庭的支持，这样才能使老人获得真正的幸福。

上述成果为本书的研究提供了良好基础，但尚有不足。尤其在如何应对家庭道德领域老人被"边缘化"和"难得善事"等问题方面存在两个明显的缺憾：一是理论研究的针对性不强。没有明确提出适应当代家庭"善事父母"的新观念，以指导人们进行现代家庭道德建设。二是对策性研究不够。没有较好地建构当代家庭"善事父母"的践行模式，以便于人们遵照实行。事实证明，只有加强"善事父母"的观念创新和践行模式研究，才能真正促进"善事父母"传统孝道的当代传承，促成良好社会道德风尚的进一步形成和践行。

三、本书研究的思路与总体框架

随着我国进入老龄化社会，"善事父母"的道德问题日益凸显，老人被"边缘化"和"难得善事"等不良现象被广泛关注。从目前情况看，法律保障和社会福利尚没有从根本上解决老人的现实困境。尤其是子女"不愿养"父母和"不能养"父母等属于"家丑"的观念，使得一些老人"难

---

① 高望之：《儒家孝道》，江苏人民出版社2010年版。
② 桑原隲藏：《中国之孝道》，宋念慈译，台湾中华书局股份有限公司，1980年版。

得善事"而不能言说。事实表明,"善事父母"的当代传承需要解决的突出问题就在于观念创新和践行模式的建构。

所谓"善事父母",最初是孝的解释语,后逐渐成为孝道伦理的核心内涵并被普遍认可。《尔雅·释训》的"'善父母'曰孝",《说文解字》的"孝,善事父母者。从老省,从子,子承老也",意思都是说,"善事父母"之孝是通过子辈承担支撑和奉养老人的道义之责来体现的。这种语义逻辑表明,传统孝道内含一种非常质朴的家庭伦理的公平观念:父母养育子女长大成人,子女应当回报父母的养育之恩。直到今天,这一点依然闪烁着人类智慧的伦理光辉。从道德价值的逻辑来分析,"善事父母"应当包含三种道德要求。一是孝心,即对父母养育之恩所持有的良知。二是孝行,即尽孝的实际行动。从价值结构看,孝行要求子女对父母要做到养体和养心两个方面。三是孝法,即表达孝心和孝行的方式方法。不难理解,"善事父母"在逻辑上除了表现为孝心与孝行之"善",即尽孝之心的善意和尽孝之行的善果以外,还应当包含与孝心和孝行相适应的孝法,只有将孝心、孝行、孝法三者统一起来才能真正实现"善事父母"孝道的价值本义。换句话说,就是孝心之善必须通过恰当的孝法才可能获得行孝之善果,否则,就不能达到目的,甚至可能走向孝心之善的反面。

基于这一认识,我们采用实地访谈、网络信息资料查阅等调查研究的方法,解剖麻雀式的个案研究法,结合多学科理论成果,对家庭道德现状、相关的理论研究成果,运用归纳演绎、分析综合等科学思维方法,从老人被"边缘化"和"难得善事"等若干问题入手提出问题,在深入探究"善事父母"传统孝道的内涵、历史价值、道德悖论与现实境遇的基础上,通过对正反两个方面的典型案例进行细致入微的实证剖析,具体分析中国家庭"善事父母"若干问题的症结。基于此,提出解决当前中国家庭"善事父母"现实问题的实践理路。首先创新"善事父母"传统孝道当代传承的观念,再由此提出建构"善事父母"传统孝道当代传承的践行模式的原则、方法和内容。具体来说,全书共分五个部分:

第一部分,家庭道德领域"善事父母"的若干问题研究。家庭道德领域"善事父母"的若干问题，有的早已为社会关注，无需调查就可加以分析和研究；有的在实证调查的基础上将被着重提出，如老人何以被"边缘化"？家庭养老的现实困境何在？社会养老缘何尴尬？将家庭道德领域"善事父母"的若干问题简单地归因于"善事父母"传统孝道的现实局限性，或社会经济的快速发展，都有失偏颇，忽略问题存在的真实原因客观上无益于问题的解决。

第二部分，"善事父母"传统孝道的内涵、价值、悖论及困境研究。在梳理现有成果的基础上，厘清三个基本问题：一是"善事父母"传统孝道的内涵。将"善事父母"的生成、发展、流变及其基本形态加以整理，通过对"善事父母"的基本内容进行"梳洗打扮"，推陈出新，呈现"善事父母"的事实意蕴，如敬爱父母、顺从父母、奉养父母、祭祀先辈等。二是"善事父母"的历史价值。阐明"善事父母"传统孝道在漫长的历史传承中，对我国家庭伦理道德建设的价值，揭示其在不同的历史时期，特别是在社会变革过程中，对家庭和社会的稳定、发展、和谐等发挥的作用，为后文阐明"善事父母"当代研究的现实价值作理论铺垫。三是"善事父母"的道德悖论与困境。"善事父母"经过封建时代不同历史时期的损益传承，适应了封建时代专制统治的需要。而在社会制度发生根本性变革时期，其局限性随之凸显：在强调因感恩而孝顺父母的同时，削弱了子女的价值存在，少有现代社会提倡的民主、平等、尊重、友爱的价值内涵。正因为如此，其现实境遇不容乐观。如何在现代社会重拾传统孝道的有益精髓，解决其现实困境，应加以深入讨论。

第三部分，"善事父母"传统孝道当代传承的实证研究。结合相关的文献资料，对"善事父母"当代传承的现实状况进行实证研究。一方面通过分析典型个案的调查结果，剖析"善事父母"当代传承的利弊得失；另一方面，通过比较不同个案的差异，总结整理"善事父母"当代传承的经验教训。此外，在实证研究的基础上提出与"善事父母"当代传承的观念创新和践行模式相关的基本构想。

第四部分，"善事父母"传统孝道当代传承的观念创新研究。这一部分旨在研究与当代社会和家庭生活相适应的"善事父母"的新观念。首先，明确"善事父母"观念创新的原则与要求：要遵循父母为主兼顾其他的原则，做到"善事父母"与"善待子女"相融合，"善事父母"与"善待爱人"相结合，"善事父母"与"善待自己"相协调，"善事父母"与"善待社会"相统一。其次，指出"善事父母"观念创新的方法：合理诠释，尊重事实，尊重历史；批判继承，去其糟粕，取其精华；删减增益，删除有理，增补有度。再次，提出"善事父母"观念创新的标准：合情合理，符合中华民族基本的民族情怀；精练实用，能够满足我国社会快速发展条件下家庭道德建设的实际需要；易于践行，没有繁文缛节，宜学易行；便于推广，能够成为人们"善事父母"的行为指南。最后，提出"善事父母"观念创新的内容："敬"以尊重父母，"爱"以关注父母，"养"以陪伴父母等。

第五部分，"善事父母"传统孝道当代传承的践行模式研究。简单地说，就是建立一套与时代发展相适应的家庭成员"善事父母"的可行性模式，让人们在"善事父母"时有章可循，有法（方法）可行。首先，明确建构"善事父母"践行模式的原则与要求。应坚持实事求是、尊重差异的原则，努力做到普遍性与特殊性相结合、理论与实践相联系、城市与乡村相协调。其次，提出建构"善事父母"践行模式的方法。以群众活动助力"善事父母"践行模式的构建，以家庭教育推动建构"善事父母"的践行模式，以完善机制加快"善事父母"践行模式的创新。最后，提出建构"善事父母"践行模式的内容。包括"善事父母"的行为模式；"善事父母"的礼仪规范；"善事父母"的表达规约，如规范的称呼语、温暖的交流语、日常的避讳语等。

因此，本书研究的重点有三个方面，一是"善事父母"传统孝道的内涵研究，二是"善事父母"当代传承的观念创新研究，三是"善事父母"当代传承的践行模式研究。

第二节　家风的讨论为新时代家庭道德建设
奠定思想基础

2014年春节期间，央视推出《新春走基层·家风是什么》，立即引起全社会广泛关注。此后，央视和《光明日报》又联手推出"家风家教大家谈"有奖征文活动。据报道，截至2014年2月26日，收到来自全国各地的投稿电子邮件近2000封，还有数百名作者以信件或微博的方式投稿，投稿者中年龄最大的94岁，最小的是四年级的小学生[①]。尔后，"家风是什么"研讨会在北京举行，与会代表近200人，从不同角度阐释了家风的作用和对中国的影响[②]。人们从不同的视角，或以"我的家风是什么"的简单道白，或以"一个家庭应该拥有什么样的家风"的理性思考，用不同的方式对家风问题展开了广泛而深刻的讨论，涉及人数之多，参与度之广，讨论之热烈前所未有。

在我国经济社会改革进入深水区的历史背景下，人们对家风问题的回应如此不同凡响，深刻地反映了我国人民在新时代对家庭道德建设的伦理诉求，也无疑为在全国范围进行家庭道德建设打下了良好的舆论基础。

一、热议家风是人们对"家庭何以美满"的伦理审思

自古以来，家庭一直作为社会的基础构件而存在，家庭与社会相辅相成，两者缺一不可，共同构成完美的有机统一体。对于中华民族来说，几千年的文化传承，形成了完备的家庭"根"文化，使得人们对家的依赖感和归属感积淀成为民族的血液，绵延不绝地流淌在国人的血脉之中，以至于家庭稍有变化，就会让人感到不适。这种心理反应甚至凝结成一个较为普遍的社会共识：社会变化再大，只要自己的家不变，人们就会很安定地

---

① 韩寒：《"家风家教大家谈"来稿超2000篇》，《光明日报》2014年2月27日，04版。

② 吴小京：《央视〈家风是什么〉引起热议》，《光明日报》2014年2月28日，01版。

生活；可即使社会变化再小，如果自己的家变了，也会让人感到仿佛危机四伏。

因此，国人热议家风，表面上看，是人们对个体家风的言说，对传统家风的宣扬，其实是对当前家庭道德领域出现的诸多问题进行的深刻反思，是家庭伦理的现实危机激发了人们内心深处对家庭美满的伦理审思。

在我国，人们对于家庭美满的基本认识一般表现为三个主要方面，即夫妻和睦、代际和谐、生活无忧。这三个方面紧密联系，相互影响，不可或缺。其中，夫妻和睦是家庭美满的轴心，如果夫妻不和睦，家庭就会危机四伏，其他方面就无从谈起。对于一个家庭来说，夫妻关系不可调和的最坏结果是夫妻离婚形成单亲家庭。因此，代际和谐以夫妻和睦为首要条件，夫妻不和睦将直接牺牲长辈的晚年被赡养利益和晚辈的成长利益。生活无忧是家庭美满的物质基础，也为夫妻和睦提供必要的前提条件。基于这一认识，人们在讨论家庭是否美满时总会自觉或不自觉地将家庭的现实境遇与理想的认识相对照，如果大致相当，就会感到美满，否则，就会感到不美满。

改革开放以来，随着我国社会经济的快速发展，人们的生活成本投入日渐加大，人们对生活水平的要求越来越高。人们在通过参与社会劳动解决现实生活压力的同时，生活观念和生活方式也发生了空前的变化。这种变化一方面表现为与现实的社会状况相适应，而另一面，又在精神的层面困扰着人们对于家庭美满的基本认识。具体说来，有如下三个方面。

首先，婚姻更强调以爱情为基础，可夫妻和睦却时时经受挑战。以爱情为基础的婚姻家庭观念随着我国改革开放的深入也逐步为人们接受和遵从，包办婚姻等不良习俗被彻底荡涤，自由恋爱、夫妻平等观念深入人心。为保障夫妻双方的合法权益，国家还对婚姻法进行了必要的修订，为现代婚姻关系提供更全面的法律保障。可以说，从环境条件到情感基础，我们的社会从来没有像现在这样为夫妻之间和睦相处提供可靠保障。可人们却发现，恋爱是自由了，离婚率却也在强调爱情基础的情况下逐步攀升；一些不良的伦理现象在人们的情感世界里不断地撞击着传统的家庭伦理观念，使得家庭给人的安全感不时受到挑战。

其次，由一对夫妻及其未婚子女组成的核心家庭减少了代际矛盾，但在传承传统家风方面的力度也有所减弱。家风即门风，是一个家庭在长期的生活过程中形成的、被所有成员共同遵守的行为习惯或风尚。其形成至少需要三个基本的条件：一是固定的居所，二是固定的成员，三是能够长期坚持并世代传承的具体内容。传统家庭很容易满足这些条件，家庭成员也以自己能够拥有并继承勤俭持家、尊老爱幼、忠孝仁爱、信义和平等传统家风为荣。可现代社会，物质生活水平日益提高，人们的思想观念发生了很大变化。比如，在较为优越的条件下成长起来的少数年轻人乐于追求较高水平的物质生活，而固守勤俭持家观念的父辈们却习惯省吃俭用，并不贪图物质的享受。不同的价值观念凸显了家庭成员之间的代际矛盾。过去的家庭，代际之间也会发生很多矛盾，但一般都能够通过交流和调解，在传统家风所体现的共同价值观的影响下得到消解。而现在，由于物质生活条件的改善，解决这种代际矛盾最简单直接的方法就是与父辈分开居住，这其实是回避不同价值观之间的冲突。核心家庭客观上减少了代际冲突，可同时传统家风却在价值多元的现实境遇中遭受冷落。

最后，家庭经济逐步好转，人们的生活却并非无忧。在社会主义市场经济发展过程中，人们通过不同渠道，利用不同的劳动方式，逐步解决了个体的家庭经济问题，从摆脱贫困到逐步实现小康，可以说人们的物质生活水平极大地提高了。这种情况本来应该使家庭更温馨更美好，可是，为了改善家庭经济条件，一些家庭的"壮劳力"外出务工，原来很温馨的家庭不得不变成"空巢家庭"，家里只有"留守儿童"和"留守老人"。从情感上来说，这是这些家庭经济的建设者们不想看到的，他们花力气挣钱的本意是想让家庭生活更好，可现实的选择却如此无奈。他们在提高家庭物质生活水平的同时却增添了精神愧疚，上有老下有小的精神牵挂并没有让他们真正感到家庭生活的美满幸福。

二、热议家风是人们对社会和谐的伦理省察

家风的形成和传承既需要家庭小环境，也需要社会大环境。人们热议家风时表现出来的对社会环境的要求、忧虑甚至指责，其实是用不同的方式描述人们内心理想的社会图景。根据新时代我国经济社会发展的新要求和我国社会出现的新趋势新特点，我们的理想社会就是在共同富裕的基础上建立社会主义和谐社会，这是蕴含了民主法治、公平正义、诚信友爱、充满活力、安定有序、人与自然和谐相处的美好社会。一般说来，人们主要通过体验和感受当下的社会风气来考察和判断一个社会是否美好。

在我国，社会风气一般由民风、行风、政风、党风组成。就四者的相互关系而言，四者相互影响，相互作用，相辅相成。党风清则政风廉，政风廉则行风正，行风正则民风淳。反过来也如此。就风气形成的机理来说，家风的流布和积淀促进了民风的形成，而民风则是行风、政风和党风的现实土壤，是社会风气的缩影。比如，人们说中华民族是勤劳勇敢的民族、热情好客的民族，其中的勤劳勇敢、热情好客说的是民风，而其根源就是我们这个民族传统家风中的重要内容。

就家风的建设和传承而言，没有良好的社会风气，家风再好也会因失去生存的土壤而枯萎。因此，人们对家风的热议，在某种意义上反映的是我国社会道德领域存在的少数不良风气引发的人们对社会和谐的伦理省察。

其一，经济条件好了，淳朴的民风却面临更大考验。管仲有云："仓廪实而知礼节，衣食足而知荣辱。"（《史记·管晏列传》）马克思主义也认为："人们首先必须吃、喝、住、穿，然后才能从事政治、科学、艺术、宗教等等。"[1]这两段论述的表达不同，观点却相近，都是从物质与意识之间的关系来说明物质生活的富足对人们精神生活的影响，认为在解决了温饱、物质生活富足的情况下，人们会更加懂礼节知荣辱。改革开放以前，

---

[1]《马克思恩格斯文集》第三卷，人民出版社2009年版，第601页。

我国社会经济困顿，人们生活水平很低，全国贫困人口近亿。"我们经过接续奋斗，实现了小康这个中华民族的千年梦想，我国发展站在了更高历史起点上。我们坚持精准扶贫、尽锐出战，打赢了人类历史上规模最大的脱贫攻坚战，全国八百三十二个贫困县全部摘帽，近一亿农村贫困人口实现脱贫，九百六十多万贫困人口实现易地搬迁，历史性地解决了绝对贫困问题……我国经济实力实现历史性跃升。国内生产总值从五十四万亿元增长到一百一十四万亿元，我国经济总量占世界经济的比重达百分之十八点五，提高七点二个百分点，稳居世界第二位。"①这些数字可以说明，在我们今天这个时代，人民生活水平极大提高的条件下，淳朴民风的形成有了现实的基础。因此，我们今天的社会，民风应该更加淳朴美好才符合人民的心理期盼，才符合社会发展的和谐理念。但经济领域的商业欺诈、生活领域的诚信缺失、公德领域的道德失范等不良现象时有发生：从制贩假酒到兜售假药，从地沟油到假奶粉，从卖淫嫖娼到贩毒吸毒，从"小悦悦事件"到看见跌倒老人不敢扶。由此人们感受到社会风气中夹杂的道德冷漠、信任缺失、唯利是图等负面的伦理元素，它们不时地向世人铺陈着社会道德领域存在的一些问题。

其二，社会政治稳定了，党风与政风却不尽如人意。中国共产党是代表最广大人民群众利益的政党，是无论在什么情况下都站在人民一边与人民群众同呼吸共命运的政党。新中国成立前后，中国政治风云多变，群众运动接连不断，中国共产党一直以其良好的党风政风赢得人民群众的信赖，成为我国社会当之无愧的中流砥柱。改革开放以来，我国人民在党的领导下一心一意搞建设，取得了举世瞩目的成就。在整个世界风云变幻的大背景下，我国社会政治稳定，经济持续稳步发展，人们深感生逢盛世。之所以如此，应是党风廉政建设与社会政治稳定相互联系、相互作用、相互促进的结果，党风廉政建设有效地促进了社会政治稳定，反过来，社会政治稳定更益于党风廉政建设。但是人们在看到党风廉政建设取得丰硕成

---

① 习近平：《高举中国特色社会主义伟大旗帜　为全面建设社会主义现代化国家而团结奋斗——在中国共产党第二十次全国代表大会上的报告》，人民出版社2022年版，第7—8页。

果的同时，也看到了一些败坏党风污染政风的不良现象。比如，在城市建设过程中出现的强拆行为导致的"钉子户"事件；在城市管理过程中出现的城管人员与普通市民之间的人身伤害案件；少数企事业单位行政管理人员贪污腐败、行贿受贿案件；个别高级官员因严重违纪被依法查处，更是令人震惊。

针对以上两个方面的现实困扰，追根溯源，有一种现象或许可以给我们启发，正面回应人们关于社会和谐的伦理省察。人们通过分析腐败案件，发现一个较为普遍的现象：那些贪污腐败者，大都倒在家风不正的漩涡里，一个人倒下，连续牵扯出一家人在不同岗位上的腐败窝案。这些受过良好教育，一直被党培养和重用的人本应建设和形成良好的家风，并通过自己的社会地位影响和促进良好社会风气的形成，但他们却随着自己社会地位的变化，逐步丧失了党员的原则立场，不仅背叛了自己的人生信仰，还污染了社会风气。

这种污染具体表现在三个方面：一是对家风建设的冲击与挑战。腐败现象的存在使人们在思想认识上发生混乱，怀疑甚至放弃家风建设的现实价值。二是对民风形成的严重阻碍。腐败多以损害他人利益为代价。人们为了防范腐败对个体利益的侵袭，多采取"各人自扫门前雪，不管他人瓦上霜"的态度以自保，使得民风的形成缺少了理想的气候。三是对党风政风造成的重大损失。腐败行为造成的直接影响是毁损党和政府在人民心目中的形象，在一定程度上污损了党和政府的公信力。可见，腐败分子虽然是少数，但他们给家风、民风和党风政风造成了不可估量的损失。

因此，在上述认识的基础上，从家风与社会风气紧密联系的视角，我们可以得出这样的结论：我们今天的社会风气与各行各业中人们对待家风建设与传承的态度有直接的关系。营造良好的社会风气应首先从家风建设开始，尤其是要从以党政管理人员为代表的公务人员的家风建设做起。

三、热议家风的实质是人们追求幸福的现实困境引发的伦理诉求

关于家风的讨论之所以会如此热烈，不仅仅是因为这个话题贴近人们的现实生活，只要愿意谁都有话说，更是因为其以特有的伦理意蕴，为人们在不同的层面关注我国社会道德领域提供了一个可以畅所欲言的切入点。

综合前文所述，人们热议家风，在一般意义上，主要关涉传统家风的传承。在相互联系的意义上，人们的讨论广泛地触及了家风与社会风气的相互影响。而在根本的意义上，人们对家风的高度关注，实则是人们追求幸福的现实困境引发的伦理诉求。

在伦理学的视野里，幸福是人们对个体的现实生活状态及其关涉的伦理环境给予的肯定。肯定的程度不同，人们的幸福感受就不同。人的幸福生活是物质生活和精神生活相互交融、相得益彰的辩证统一。因此，人们追求幸福的过程应是物质追求与精神追求完美统一的过程。在追求幸福的过程中，人们如果达到了自己预想的目的，就会表现出满足感和愉悦感，这就是人们熟知的幸福感。如果没有得到满足，人们就会通过一定的方式来表达这种不幸福感。人们热议家风，正是这种不幸福感的一种反映。

第一，就人们的现实生活状态而言，人们的物质追求与精神追求相分离会引起不幸福感。人们对幸福的追求一般表现为现实需求的满足。马克思主义认为，人们所从事的一切都与他们的需求有关。美国心理学家马斯洛的需求层次论指出，人们的需求可以分为由低到高的若干层次，当低层次的需求得到满足之后，人们自然就会产生高层次的需求。人们最高层次的需求是价值实现的需求，即人的精神需求。在现实的社会生活中，人们并不会将自己的需求刻意地加以区分，说明哪些是物质的需求，哪些是精神的需求。其实，物质的需求从来都离不开精神需求的动力支撑。物质需求是精神需求的载体，缺少物质需求的满足，精神需求就会因空洞无物而难以为继。同样的，如果只有物质需求的满足而没有精神需求的追求，物

质需求的满足就会成为一般的本能追求，进而消弭人的现实价值。就追求幸福而言，只有兼顾物质需求与精神需求，才会得到真正的幸福。

在我国社会经济快速发展的今天，人们还不能完全摆脱在追求幸福的过程中因不能兼顾物质需求与精神需求而导致的各种困扰。前文所述的有了爱情却少了安全感、有了经济条件却多了精神负疚等个别让人感觉不幸福的现象，都是由于不能兼顾物质需求与精神需求所致。

除此之外，我们还可以选择婚姻习俗中老、旧、新聘礼"三大件"的变化这一极具代表性的现象，来说明人们因对物质需求的盲目追求所体验到的不幸福感。"老三件"是手表、自行车、缝纫机，"旧三件"是冰箱、彩电、洗衣机，"新三件"是房子、车子、票子（存款）。在我国的家庭伦理习俗中，年轻夫妻的爱情幸福不仅仅表现为相互之间的卿卿我我，互敬互爱，还要在这"三大件"上得到满足。为此，父辈们为了子女的这"三大件"努力拼搏，尤其是男方家庭，经济压力非常大。不满足物质要求，儿子不能结婚；满足了，父母就可能负债累累。因此，人们把儿子戏称为"建设银行"，把女儿戏称为"招商银行"，把嫁女儿之前漫天要彩礼的不良习俗谑称为"卖女儿"，这些都是对爱情中这种过分的物质追求的戏言与嘲弄。我们看到，有的年轻夫妻婚后并不幸福，有的就是婚前过度的物质索取留下的恶根。

第二，就伦理环境而言，人们在追求幸福的过程中会因各种伦理关系的不和谐引发不幸福感。人们对幸福的一般认识突出地表现为人所特有的愉快而舒适的感觉和体验。这种感觉和体验大致包括生理的安全感、心理的归属感、生活的满足感、情绪的愉悦感等，这种幸福体验能够在心理的层面推动人们从事一切现实的社会活动。

我们知道，人的社会活动从来离不开由各种不同的伦理关系共同作用形成的伦理环境。在具体的社会活动过程中，即使是相同的伦理环境，由于人们在社会地位、个体能力等方面存在差异，人们对各种伦理关系和谐程度的体验也不尽相同。不同的伦理关系给人们带来的感觉也有分别：和谐的伦理关系，给人的感觉是舒适的、温暖的、幸福的；而不和谐的伦理关系，就会给人强烈的不幸福感。比如在一些地方一些部门依然存在的"门难进、脸难看、事难办"等不良行风，给人造成的不平等、不被尊重的恶劣印象。类似的不和谐音符在一些地方时不时地"冒泡"，污染着整个社会风气，使人们的幸福感大打折扣。

由此可见，人们热议家风，并不是单纯地关注作为传统文化的家风是否能够传承，应当如何传承，而是立足人们生存的伦理环境，在价值的层面探究传统家风对于人们的幸福生活所具有的现实意义。正是在这个意义上，我们不难理解人们在讨论家风的同时还关涉与家风紧密联系的各种社会风气，因为它们就像空气和水一样，与人们的现实生活密切关联，每时每刻都会触及人们对幸福的追求和体验。当人们走出家门，与不同的人打交道，体会的是民风的气息；与不同的行业交往，感受的是行风的吹拂；与管理部门的交流，感受到的则是党风政风的润泽。如果这些风气和谐温馨、令人愉快，人们自然感到幸福无比。

第三节　寻找"最美家庭"为新时代家庭道德建设营造氛围

2014年3月，全国妇联开展了一项涉及全国家庭的活动——寻找"最美家庭"，并在第21个国际家庭日，在北京表彰评选出来的100户"最美家庭"。这项活动历经3个月，近3.5万人次通过各级活动专题网页踊跃自荐、积极他荐，在央视网为全国"最美家庭"候选家庭投票的网民达2770万余人次。群众聚在一起，议家风、谈家规、讲故事、晒幸福、展文明、秀梦想，在身边寻找可亲可信可学的家庭榜样。据不完全统计，活动中，群众晒出家庭幸福照片133万余幅，举办"最美家庭"故事会29万余次，召开家风家训评议会31万余次，从农村、社区到全国，涌现出了一大批各级"最美家庭"[1]。

---

[1]《2014全国寻找"最美家庭"揭晓100户家庭入选》，载中国教育新闻网（http://www.jyb.cn/china/gnxw/201405/t20140515_581946.html）。

此后，寻找"最美家庭"这项活动已经常态化开展。全国各级妇联组织大胆探索，推动活动从城乡社区向机关学校、部队企业、两新组织等各领域拓展延伸，覆盖面越来越广，影响力越来越大。2023年5月，全国妇联揭晓2023年全国"最美家庭"，1000户家庭获选。据统计，有6.78亿人次参与寻找"最美家庭"活动，揭晓各级各类"最美家庭"1484万户[①]，寻找"最美家庭"活动成为妇联工作的一个靓丽品牌。

至今，这项活动影响广泛而深远。以安徽为例，就有令人欣喜的成果。据报道，寻找"最美家庭"活动开展以来，全省共有137.02万户家庭、874.99万群众参与活动，晒出家庭照片54.9万张，举办家风家规评议会、家庭故事会7.33万场次，推选出各级"最美家庭"27.6万户。2023年评选的全国"最美家庭"中，安徽34户入选[②]。

从这些醒目的数字，人们不难看出，这场寻找"最美家庭"的活动，不仅气氛热烈，而且参与度高。之所以如此，一方面，是因为家庭的状况反映的不仅是家庭成员的生活和生存状态，也深刻地反映着一个社会整体的状况。人们通过"最美家庭"的寻找，既可以探视身边的家庭生活的风貌，也可以触摸现实生活的状态。另一方面，家庭之"美"关系到每一个成员的生活状态，寻找的过程也是反思的过程、建设的过程。因此，这种高参与度，至少在三个方面反映了人们对于家庭道德建设中孝德的反思和追求。

一、孝德的养成与现实的土壤息息相关

随着时间的推移，传统孝文化逐渐丧失了其赖以生发和生存的家庭环境和社会土壤，从内容的传承到培养的方式都日渐式微，引起了学界的高度关注。论者们先后从伦理学、教育学、心理学、社会学等多个学科对此

---

①《全国妇联揭晓2023年全国最美家庭》，载央视网（https://news.cctv.com/2023/05/14/AR-Tlio3PesH75pPRE5Cur4Uo230514.shtml）。

②《我省34户家庭入选全国最美家庭》，载安徽省人民政府网站（https://www.ah.gov.cn/zwyw/jryw/564235081.html）。

进行建设性的讨论，取得了不少有益的理论成果。但是，这些理论成果面对现实社会和家庭的现状，依然还存在难以见诸行动，不能落到实处的尴尬。这既源于长期以来人们对于传统孝文化的现代价值认识不够，整个社会的文化创新机制尚缺乏让传统孝文化较好传承的人文氛围；又源于让传统孝文化获得"创造性转化、创新性发展，激活其生命力"①，使其适应新时期孝德培养的需要，真正做到"不忘本来、吸收外来、面向未来"②，还有一个全社会齐心协力的建设过程。

众所周知，孝德关注的是人的成长，而人成长的质量直接关涉社会的发展与进步。现实社会中的诸多问题，特别是与人有关的问题，总令人或多或少地联想起家庭孝德培养。人们耳熟能详的"家庭是社会的细胞"，正是从作为细胞重要成分的个体的健康成长，以及个体对社会的稳定进步的影响两个层面，来说明家庭对于社会的价值。也正是在这个意义上，社会对人才的需求，学校对人才的培养以及个人的成长过程对家庭孝德培养的需要，其迫切性从没有像现在这样强烈。

二、社会发展需要有孝德的新生代

社会发展依赖德才兼备之人，古今中外概莫能外。在中国古代就有"举孝廉"的故事，说的就是从民众中推举那些有良好孝德的人，走出家庭到社会上为大众服务。现代社会的选贤任能，主要依靠学校的培养。我国恢复高考制度以来，大量学习成绩优秀的青年学子被选拔到高等学府，储知蓄能，修身养性，通过社会选拔成为国家各行各业的建设者和接班人。四十多年来，高等学府为社会的发展培养了大批精英。第七次全国人口普查的数据显示，全国人口中，拥有大学（指大专及以上）文化程度的人口为21836万余人③。当然，我们不能简单地判断有高等学历的人就一定

---

① 习近平：《在哲学社会科学工作座谈会上的讲话》，人民出版社2016年版，第17页。

② 习近平：《在哲学社会科学工作座谈会上的讲话》，人民出版社2016年版，第16页。

③《第七次全国人口普查公报》（第六号），载国家统计局网站（https://www.stats.gov.cn/sj/tjgb/rk-pcgb/qgrkpcgb/202302/t20230206_1902006.html）。

是有孝德的人，但有孝德的人，加上高等教育的滋养，更能够满足社会发展的需要是不争的事实。这个数字至少说明两个十分明显的问题，一是我国社会受过高等教育的人才占比较低，二是受过高等教育同时拥有孝德修养的人才占比不一定很高。因此，在我国社会飞速发展的新时代，加快人才培养，尤其是加强家庭孝德培养与学校教育密切配合刻不容缓。

社会发展需要有孝德的人，这是孝德所内含的忠诚之德、担当之勇、谦和之气的品质决定的。就拿忠诚之德来说，其重要性就尤为明显。"子曰：'君子之事亲孝，故忠可移于君。'"（《孝经·广扬名章》）意思是说，君子侍奉父母能尽孝，就能把对父母的孝心移作对国君的忠心。在孔子看来，人的这种德性是具有同质化内涵的。"资于事父以事母，而爱同；资于事父以事君，而敬同。故母取其爱，而君取其敬，兼之者父也。故以孝事君则忠，以敬事长则顺。"（《孝经·士章》）人的一种德性可以在近似情景下发生迁移，听起来好像牵强，其实符合人的心理活动规律。对于父母长辈的孝意识中所孕育的忠诚，同样可以移植到自己的职业、友情和爱情中。很难想象，一个人对自己的父母都不能忠诚，对他人和社会还能够做到忠诚，正所谓"不爱其亲，而爱他人者，谓之悖德。不敬其亲，而敬他人者，谓之悖礼"（《孝经·圣治章》）。

三、学校教育需要家庭孝德培养的支持

通过互联网和移动通信建立起来的家校联系平台极大地方便了家庭和学校之间的联系。其中，"校讯通"的作用更是十分突出，学生在学校的一举一动都能通过信息发送到家长的手里。有了如此便捷的联系，应该说学校教育完全可以获得家庭教育的良好配合。但是，目前的"校讯通"和家长会等家校联系，多限于督促和帮助学生完成学习任务，离培养合格的具有全面素养的学生还有距离。家庭教育中孝德培养的疏忽，使得一些学生存在抑郁、焦虑、逆反等令人担忧的问题。

家庭孝德的培养可以弥补学校教育的不足，特别是家庭教育在促进学

生心理健康和人格健全方面具有不可替代的作用。众所周知，学校教育有其自身的任务和功能，在学生的成长过程中承担着重大责任，但即使如此，也不可能做到一个孩子的所有教育都通过学校来完成。事实上学校教育与家庭教育就仿佛是两个相交圆，在教育学生成长方面既有重合交叉的部分，也有各自独立有所侧重的部分。交叉的部分凸显为学生的成才目标的一致性，独立的部分凸显了两种教育的内容和功能的差异。学校教育在重视德育的基础上以提升学生的知识和技能为主要任务，与此同时，通过学生活动等形式，输送与人的成长相关的养分，促进学生成长。家庭教育则不然，它主要通过亲情的互动和家庭事务的参与，在亲人间的相互影响和作用中，带动人的成长。在内容上，家庭教育没有学校教育那样的规范性、系统性，对于文化水平较低的家庭来说，更是如此；但在教育方式上，家庭教育由于其特有的范围、环境和内容，要比学校教育更加丰富多彩。这些明显的差异并不是说学校教育与家庭教育不相容，相反，二者是完全可以功能互补，相互促进的。这才是学校教育需要家庭教育支持的本质。通过"校讯通"帮助学校督促学生完成学习任务的做法，只是利用了"校讯通"平台的一种最简单的功能，还应该充分挖掘和利用其在家庭孝德的培养和与学校教育相配合方面的价值。

综上所述，对于中国家庭道德建设来说，2014 年是一个全新的开始。也正是在这个意义上，我们选择了家庭道德建设的一个侧面——"善事父母"之当代传承与创新作为研究视域，进而为我国新时代的家庭道德建设添砖加瓦。

第一章　中国社会养老的若干问题

中国城镇化的速度，从20世纪90年代开始逐步加快。一方面，大量的农民工走进城市，加快了城市建设速度，扩大了城市的规模。另一方面，农村大量劳动力流失，导致出现大量的"空巢老人""留守儿童"。尤其令国人措手不及的是，随着社会经济的快速发展，老龄化社会提前来临。国家统计局2020年1月17日公布的数据显示，我国人口已经突破14亿。"截至2022年末，全国60周岁及以上老年人口28004万人，占总人口的19.8%；全国65周岁及以上老年人口20978万人，占总人口的14.9%。全国65周岁及以上老年人口抚养比21.8%。"[①]然而，近年来养老床位数的增长速度不仅远低于GDP的增长速度，更是远低于服务业的增长速度。"截至2022年末，全国共有各类养老机构和设施38.7万个，养老床位合计829.4万张。其中，注册登记的养老机构4.1万个，比上年增长1.6%，床位518.3万张，比上年增长2.9%；社区养老服务机构和设施34.7万个，床位311.1万张；其中，城市社区养老服务机构和设施11.5万个，农村社区养老服务机构和设施23.2万个。"[②]这些数据表明，面对老龄化社会的来临，国家层面的"老有所养"还没有做好充足的准备。那么，社区层面的"养

---

① 民政部　全国老龄办：《2022年度国家老龄事业发展公报》，载中华人民共和国民政部网站（https://www.mca.gov.cn/n152/n165/c1662004999979996614/attr/315138.pdf）。

② 民政部　全国老龄办：《2022年度国家老龄事业发展公报》，载中华人民共和国民政部网站（https://www.mca.gov.cn/n152/n165/c1662004999979996614/attr/315138.pdf）。

老服务"、家庭层面的"善事父母"又做得怎么样呢？

仅从家庭"善事父母"的若干突出案例看，我们发现，中国社会老人被"边缘化"的问题是真实存在的。当然，简单地将这种现象归因于"善事父母"传统孝道的现实局限性，或社会经济的快速发展，是不符合事实的，容易忽略问题存在的真实原因，客观上无益于问题的解决。只有逐层剖析，从国家、社区、家庭不同层面探究其产生的根由，才能找到问题的症结。

第一节　老年人被"边缘化"的现实困境

"边缘化"与"中心化"相对，指的是人或事物从中心和主流逐渐走向非中心、非主流的一种状态和趋势，体现出人或事物的地位与作用的变化情况。客观地说，人本身就是随着年龄的增长而不断变化的，人的地位与作用也必然会随着年龄的增加而发生新的变化。随着中国进入老龄化社会，老年人在家庭和社会上的地位越来越呈现出"边缘化"的趋势。有研究指出，"老年人在家庭和社会上的地位和角色正在下降，正在由传统的权威逐渐丧失，面临着边缘化"[1]。

一、老年人被"边缘化"的主要表现

在信息化高度发达的今天，我们能通过迅捷的网络传播、便捷的媒体终端方便获取各种全球最新资讯，了解社会热点话题。但是即便如此，也有很多事情是发生很久以后才被知晓的。如有关媒体所报道的：2012年遵义市某村一位84岁农村"空巢老人"，因独居一室，离世多日却无人知晓[2]；2015年湖北下陆一位老人被发现死在家中，因去世多年只剩一堆骨

---

① 赵海林：《老年人边缘化影响因素》，《中国老年学杂志》2016年第23期。
② 《空巢老人去世多日无人知晓》，载凤凰网(http://news.ifeng.com/c/7fbZY767qxH)。

头①。这些信息虽然很罕见，却折射出当前中国老年人的一个凄凉的趋势：正在逐步被"边缘化"。

（一）家庭"边缘化"：老年人在家庭中地位式微

老年人在家庭中被"边缘化"，主要表现为老年人家庭决策权的丧失、家庭生活空间的弱化和家庭独立性的退化等三个方面。

1. 老年人家庭决策权的丧失

在现代家庭中，老年人被"边缘化"的一个主要表现就是，老年人在退休或者丧失主要劳动能力以后在家庭发展过程中决策权的丧失。一般来说，一个人在进入老年之前在家庭中扮演的角色多是决策者，其意见往往决定着家庭发展的方向，影响着家庭建设的水平，也影响着子女的成长和发展。可以说，老年人曾经在家庭发展与建设中占据主导地位。然而当年老以后，他们就会逐步由家庭建设的冲锋者转变为家庭生活的安享者，家庭中的后人将成为家庭发展的主力，成为家庭建设的顶梁柱，代替老年人走在家庭发展的最前面。老年人和年轻人这种前后接替的过程，既意味着年轻人的成长，也意味着老人家庭决策权的逐步丧失。当然，老年人家庭决策权的丧失过程并不是千篇一律的，而是与其后人的成长速度和后人的品行心性等有着直接的关联。但是不管过程迅速还是缓慢，必然的结局都是老年人会逐步淡出家庭发展的舞台，将家庭建设的重担交托给年轻人。

虽然家庭决策权的顺利交接是一个家庭持续发展的必要条件，但是也导致了不少年轻人和老年人之间的矛盾，使得一些老年人感受到了被"边缘化"，导致其情感失落，意志消沉，甚至对自身的价值产生了怀疑。在老年人看来，虽然他们已经成为老人，不能再为家庭发展和社会建设冲锋陷阵，但是他们长期生活的经历与经验则是初出茅庐的年轻人所不具备的重要资本，能够为年轻人的发展节约大量时间和精力，使年轻人少走弯路，所以在家庭重大事项决策时，老年人应当具有话语权。如在年轻人择业、购房、结婚、子女教育等方面，老年人都可以给年轻人诸多指导，应

---

① 徐道发：《老人去世6年无人知 被发现时只剩一堆骨头》，《东楚晚报》2016年11月26日，7版。

当被年轻人重视、被年轻人尊重。然而，在少数年轻人看来，老年人的价值观念都是旧时代遗留的产物，与新时代新条件下的社会需求是格格不入的。而且年轻人和老年人之间本来就存在着难以跨越的代沟，对家庭发展中的主要问题的认识肯定是不一样的，听从老年人的意见必然导致其自身主见的丧失，失去本应成为家庭主导者的主人意识，所以一些年轻人并不乐意家里的老人过多地插手家庭的主要事务。而不少老人为了减少与年轻人的价值冲突，也逐步开始远离家庭决策中心，游离于家庭重大事项决策的边缘。

2. 老年人家庭生活空间的弱化

老年人离开了原来的工作岗位后，全部的时间和精力都重新归自己自由支配，但是由于老年人未能有效地参与家庭发展决策而游离于家庭发展的边缘，导致老年人的生活空间在急剧缩小，其生活功能多样性特征在不断弱化，这也是老年人被"边缘化"的主要表现之一。从现实来看，老年人家庭生活空间的弱化主要表现在以下几个方面。

首先，老年人要承担大量家务琐事，挤压了老年人的生活空间。虽然老年人从家庭决策者的地位上退了下来，但是现代家庭对老年人却有着更多的要求。一般而言，现代家庭中的年轻人都处于事业发展初期或者奋斗时期，随着事业的发展和抚养子女的任务加重，他们越来越需要老年人来为他们承担本应由他们自己肩负的家庭责任。如需要老年人来为家庭买菜、做饭、洗衣、拖地、接送小孩上学等。老年人从家庭决策者转变为家务琐事的主要承担者，这就意味着老年人不仅不能对家庭发展具有决定权，反而要为家庭的继续发展贡献自己的精力和时间，同时也就意味着老年人必然要失去本可以自由支配的一部分生活时间与空间。

其次，老年人的社会交往日渐狭窄，限制了老年人的生活空间。在老年人年轻的时候，因为工作的需要，他们尚有一定的社会交往，形成了一定的社会交往圈子。但是老年人离开工作岗位以后，缺少了社会网络这一必要的物理条件，再加上部分老年人行动不便、缺乏适应能力、对新社会环境的恐惧等因素，导致生活圈子逐渐缩小，最终退缩在家庭的狭小空间内。很显然，这样一种生活模式和生活状态是不利于老年人身心健康的。人是社会性的动物，是需要社会交往和社会交流的。人只有在社会交往中才能实现价值，才能从社会交流中收获幸福。尤其是改革开放以来，随着中国城镇化进程的加快，不少农村老年人随着子女入住城市，不断加剧了老年人社会交往的狭窄甚至空白程度。对于那些久居城市的老年人而言，他们或许会因对城市环境的适应和对城市生活的参与度较高而不至于感到失落，但是对于大部分来自农村的老年人来说，入住城市却是一种折磨。对城市生活的陌生感和对城市快节奏生活的不适应，使得他们只能退缩到家庭，其他的选择非常少。

最后，老年人的精神生活不够丰富，缩小了老年人的生活空间。无论是蜗居在城市的老年人，还是留守在乡下的老年人，他们的精神生活都是值得关注的。城市的部分老年人需要为年轻人承担大量的家庭事务，可自由支配的时间和精力都有限。而且城市交往的生活环境、节奏、密度都主要是为年轻人量身打造的，老年人在社会资源分配上本身就不占优势，对于社会交往能力稍弱的老人而言，城市的生活尤其是精神生活是不够丰富的。而对于留守在农村的部分老人来说，虽然有着一定的活动空间，有一定的社会交往环境和交往基础，但是由于与年轻人分离成为独居老人，导致其精神生活的空心化和变异化。有的老人除了养活自身就别无他求，有的老人则为了打发时间、排遣寂寞就学会打麻将等，总体而言精神生活都显得较为单一。大量事实表明，在家听广播、看电视、聊天、散步、打牌、唱歌跳舞等是农村老年人闲暇活动的主要内容。其中在家听广播、看电视的农村老年人占的比例最多，然后是散步、打牌和唱歌跳舞。由此可见，农村老年人在选择休闲娱乐活动时，主要选择独自性和消遣性的活动，并且活动内容相对比较单一、方式比较简单、范围很狭窄，只局限于几个经常在一起的比较熟的人，对于公共性、文化性活动的参与程度比较低。因此，我们应当重视老年人的精神文化生活，适当扩大和拓展老年人的精神生活空间，满足其合理精神文化需求，这对提高老年人生活质量和提升其幸福感都有着重要的价值。

3. 老年人家庭独立性的退化

在中国传统的家庭伦理观念中，养儿防老的价值观念可以说是深入人心、根深蒂固。所以，大多数老年人在退休后，尤其在身体健康状况不佳的情况下，就特别希望能够和儿女生活在一起。一是能够得到及时的生活照料，二是能够使得自己老来有所依靠。但理想与现实之间往往总是存在差距。对于城市里有正式工作的老年人而言，他们在退休后有退休工资，能够保持在经济上的独立性，并且长期的城市生活经历为他们的晚年生活提供了可持续发展的基础。但是当他们晚年丧失生活自理能力之后，其独立性就骤然消失，对子女及其家庭的依赖就与日俱增。而对子女而言，他们自然希望这一天能更迟一点到来，虽然人的自然规律是无法抗拒的，但仍然有一些子女对老人的依赖性不予理解，甚至比较抗拒，对老年人的物质依赖性、情感依赖性和生活依赖性视而不见，老年人不得不被"边缘化"了。对于个别来自农村、跟随子女到城市定居的老年人而言，他们的遭遇则更加令人叹息。农村的老年人基本上没有稳定的收入，所以对于他们而言没有退休的概念，只有能不能干得动的差别。当他们还能劳动的时候，他们会始终如一地吃苦耐劳，以谋求一定的经济利益来养活自己、维持家庭，甚至接济子女。除非子女需要他们到城市来帮助照顾家庭，否则他们更愿意去打工挣钱，因为这被他们视为使命，尽管他们早已不再年轻。当他们真的需要面对失去劳动能力时，作为具有独立性的主体而言，他们的心态会发生较大的变化。他们会把自己视为"没有用"的人，在情感上会越来越脆弱，对子女和家庭的依赖程度会不断加深。而在城市里努力奋斗的一些年轻人，并不一定真正理解父母的处境与心态，对父母的这种家庭依赖性并非能真心接纳，这在主观上就埋下了老年人被"边缘化"的种子。而在客观上，由于各种原因，有的年轻人或是缺少照料老年人的经验，或是缺少主动陪伴老年人的意识，或是缺乏照顾老年人的经济条件，使得老年人处于被"边缘化"的境地。

（二）情感"边缘化"：老年人在子女心中的地位式微

子女对父母的感情是基于血缘关系而形成的天然性的情感。一般而言，父母一辈子都在为子女、家庭殚精竭虑。父母对子女，在情感上无私付出、在物质上无偿支持、在生活上无微不至地照顾，这些都毋庸置疑。当然，子女无微不至关心敬爱自己的父母的例子也数不胜数。但是不可否认的是，在子女和父母的关系模式中，不少子女对父母都无法做到如同父母关心自己那样的关心、支持与付出。在现代家庭结构中，一些老年人在子女心目中的地位不断降低，老年人的情感不断"边缘化"。子女对父母主要有以下三种不良情感情况。

1.少数子女对父母养而不敬

在这种情感不良状态中，子女清楚地认识到自己对父母的赡养义务，且更多的是出于法律角度认知的赡养义务。但一些子女对待父母的态度不够恭顺、不够尊敬，甚至采用颐指气使的交流方式，对待父母极为不尊重。而那些丧失劳动能力的老年人，尤其是那些丧失生活自理能力的老年人，他们为了生存也不得不忍气吞声，别无他法。这种状态中，子女在情感上是错误的，在道德上是缺位的。他们没有认识到不敬父母就是不孝，没有认识到不孝敬父母就失去为人之根本。将孝敬父母简单地理解为"养活父母"，严重违背了中国传统文化"善事父母"的伦理之道。正如孔子所说："今之孝者，是谓能养。至于犬马，皆能有养。不敬，何以别乎？"（《论语·为政》）

2.少数子女对父母不敬不养

这种不良状态中，子女对父母不敬不养，说明子女对父母毫无尊重之情，对伦理道德规范毫无敬畏之心。不敬不养父母的行为不仅违背了伦理道德规范，也违背了国家的法律精神，是严重的违法行为。众所周知，赡养父母是国家法律的基本要求，违背这一法律要求是会被法律制裁的。那么为什么还会出现一些不敬不养父母的社会现象呢？原因有三个方面：一是一些人的法律意识不强，对待不好的社会现象，尤其是那些侵害自身权益的行为，不知道如何运用法律的武器来保护自己。二是部分父母有"家丑不可外扬"的心理。自己养育了子女，到头来养儿防老的愿望没有实现，反倒被冷言冷语对待，过着凄惨的生活，如果一旦公之于众，会让别人更看不起自己。这种心理既来源于对自己家庭教育失败的挫败感，又是对家庭荣誉感的误解。三是父母始终存有护犊之心。在有的父母看来，子女再不对，也是自己的孩子，子女的错就是自己"前世"犯下的孽，活该由自己承受和偿还。而一旦闹大了，家庭丑事曝光不说，说不定还会断了子女的前程，耽误子女发展，毁了自己一生的心血。

3. 少数子女对父母敬而不养

这种不良状态需要分而论之。一方面，需要明确的是，子女对父母敬而不养是肯定错误的；另一方面，在批评的同时，我们需要进行更为细致深入的分析。因为这种状态中存在的一种成分——"敬"，需要我们去区别把握。当此"敬"为尊敬父母、敬爱父母时，这种状态有一定的合理成分。我们需要在此基础上继续追问，尊敬父母，为何不养？现实生活中，也确实存在着这种情况——当子女家庭生活极其困难，或遭遇变故之时，子女无力赡养父母。对于这种状况，我们虽不能赞同其不养父母之行为，但也能给予一定的理解。这是子女在主观上无错误，客观上无能力所导致的。而当此"敬"为敬而远之、远离父母时，这种不良模式就不折不扣地成为子女推脱责任的直接表征了。因为这种情感状态中，子女在主观上就没做到尊敬父母，在客观上也没有履行赡养父母的责任。这两种模式虽然性质有所差别，但都导致了一个不良的后果——老人被"边缘化"。因此，子女对父母敬而不养的行为需要引起我们高度重视。

（三）保护"边缘化"：老年人在社会发展中的地位式微

因为老年人对社会发展已经作出毕生的贡献，所以他们理所应当地要得到社会的尊重和保护。但是在当下的社会中在个别地方存在着一些保护老人不力的现象，主要集中体现在尊敬老人的社会意识不彰显、尊敬老人的社会服务不充足、尊敬老人的社会行为在弱化等方面。

1. 尊敬老人的社会意识不彰显

从家庭的范畴来看，老人指家中长辈，是宗亲血脉河流之上游。因老人对子女及其后代的呵护与抚养和对家庭发展作出的努力与贡献，理应得到后人的尊敬与爱戴。从社会范畴来看，老人指的是年龄高者，因其对社会发展之贡献和基于人类伦理道德的共同情感诉求，而应该得到世人的尊敬与关爱。前者的核心意蕴来源于血缘关系，后者的核心意蕴根源于人类的类本性的共同情感。因此，尊敬老人不仅是家庭范围内血缘亲情的诉求，也是社会范围内的人类共同道德情感的诉求，这就是古人所提倡的"老吾老以及人之老"（《孟子·梁惠王上》）的道德伦理诉求。然而从当前社会现实来看，古人所倡导的"老吾老以及人之老"的道德伦理诉求至今仍然未能完全实现，其表现之一为尊敬老人的社会意识不彰显。主要表现为：（1）部分子辈善事自家的老人尚有不足。善事自家的老人，本是子辈应尽的义务，也是法律规定的责任。但是在整个社会经济条件都好转的情况下，依然有一些子辈对自家的老人不能尽孝道，在精神赡养、物质供给方面依然不能提供应有保障，一些忤逆现象偶有发生。出现这种情况的根源在于部分子辈"善事父母"的意识不强，尤其是一些成家后的子辈，将更多的精力放在小家庭的建设上，对父辈的赡养不能尽心尽力。（2）子辈能一般性地尊重和关爱非亲老人。在一般的社会交往活动中，子辈也能较好地尊敬和关爱非亲老人。这种尊敬和关爱的程度与子辈和非亲老人的关系亲疏密切相关。如子辈对自己朋友的老人、自己认识的老人的尊敬和关爱明显会多于陌生老人。而对陌生老人，子辈作为社会的正常主体也能给予其基于人类共同情感的关心，如在公交车上为老人让座等。但是，同中国传统文化所提倡的"老吾老以及人之老"的道德伦理诉求相比，还存在差距。（3）少数子辈不尊敬、不关爱非亲老人。这种表现直接显示了社会敬老意识不足的困境。在现实中，确实存在少数人对非亲老人不关心、不尊敬。如在公交车上同老人争抢座位，甚至大打出手。再如遇到老人跌倒不敢扶、不愿意扶，导致老人因获救不及时而加重伤病甚至去世等。虽然行为主体总能为自己的行为找到合适的理由与借口，但还是能证明他们在社会敬老意识方面的缺失。

2. 尊敬老人的社会服务不充足

从一定意义上讲，老年人属于弱势群体，因而他们需要得到社会的关心和帮助，社会也理应对老年人提供必要而充足的社会服务。尤其是随着中国老龄化社会的到来，老年人数量的急剧增加和老年人各种需求的涌现，社会提供老年人专属服务的必要性已经愈加不证自明了。早在1996年8月29日召开的第八届全国人民代表大会常务委员会第二十一次会议，就通过了《中华人民共和国老年人权益保障法》。该法明确规定国家和社会应当采取措施，健全老年人社会保障制度，加强为老年人提供社会服务的工作，并要求不断改善保障老年人生活、健康以及参与社会发展的条件。时至今日，随着我国社会结构的不断优化，经济条件的不断改善，我们在老年人社会服务工作方面有了长足的进步，在一定程度上实现了老有所养、老有所医、老有所为、老有所学、老有所乐，但是就满足中国老年人社会服务需求的现状来看，我们还存在着一些差距。主要表现在两个方面。

第一，尊敬老人的社会服务空间不足。人是群体性动物，是需要在一定的社会空间中开展交往活动和实践行为的。老年人的社会活动空间比较狭窄。对于造成这种情况的主要原因，我们认为，除了受老年人自身行动能力缺陷制约以外，还与社会为老年人提供的社会服务的空间不足有关。这种情况在城市生活中体现得尤为明显。城市作为社会经济发展的重心，对青壮劳动力有着巨大需求，这导致国家必然会为年轻人提供更多的发展空间和生活空间，这在一定程度上可能使得国家对于老年人喜爱的社会活动所需要的社会空间的规划不科学、供给不充足。如老年人喜欢跳广场舞，但是城市能提供的广场空间极为有限，所以有时也会出现其他群体与老年人争夺广场空间资源的情况，甚至产生冲突。可见，城市应增加老年人喜欢的娱乐、生活设施，扩大老年人的专属社会活动空间。

第二，善事老人的社会服务内容不足。城市集中体现了一个国家、社会文明进步的程度，应当对各类社会群体都有较强的包容性和吸引力。尤其是在对待老年人的需求问题上，城市不仅应该更加包容，而且还应该怀揣感恩之心去满足老年人的社会服务需求。因此，城市发展过程中也一直以城市的特色来满足中国传统孝文化提出的善事老人的基本要求，如提醒大家在乘坐公共交通工具时为老年人让座，并设立老年人爱心专座等。这些措施是值得鼓励和肯定的。但是随着时代的发展和社会的进步，善事老人的社会服务内容也应该随着社会条件的改善而不断调整优化。如社会服务的内容应该更加时代化，应采取多种措施帮助老年人熟悉并适应网上购物、微信支付、滴滴打车等现代生活方式。虽然部分地区已经免费为老年人提供现代信息技术培训，但是在广大的农村地区，很多老年人还很难跟上时代的步伐。

3.尊敬老人的社会行为在弱化

从道德规范的层面看，尊敬老人是天经地义的事情，这里强调的老人是一个群体，是一个不断发展变化的群体。这里所说的老人，可能是别人，也可能是自己的老人，也必然会是将来的自己。因此，尊敬老人，不能简单地理解为做好事，或者单纯地为老人服务。从社会道德实践的角度来看，少数人因其短视、狭隘等原因并没有真正在社会生活中践行"善事老人"这一道德原则，我们可以从一些新闻媒体的报道中略窥一二。一些媒体以头条的形式吸引读者的注意力，它们通常以"为老不尊""倚老卖老""老人变坏，坏人变老""老人碰瓷"等为标题，诉说着极少数社会主体尊敬老人的行为退缩、消失的合理理由，甚至希望社会对其冷漠、无情给予理解和支持。我们偶尔也会在网络上看到，个别人不愿意让座于老人，甚至为了和老人争抢座位而大打出手。当然，要客观地看到，确实有一些老人的行为有失当之处，但这并不能成为社会不尊敬老人的理由，不能成为善事老人的社会行为弱化的借口。习近平总书记提出："我们要在全社会大力提倡尊敬老人、关爱老人、赡养老人，大力发展老龄事业，让所有老年人都能有一个幸福美满的晚年。"①我们要响应党中央的号召，在

---

① 中共中央党史和文献研究院：《习近平关于注重家庭家教家风建设论述摘编》，中央文献出版社2021年版，第26页。

全社会大力提倡尊敬老人、关爱老人、赡养老人的良好社会风尚，要坚决抵制虐老、弃老等可耻的行为，积极营造尊老敬老的舆论氛围，让尊老敬老进一步深入人心，并积极践行。

二、老人被"边缘化"的原因

我们在梳理老年人被"边缘化"的种种表现时，还需要认真探究这种现象产生的原因。我们认为，可以通过宏观的社会层面、中观的家庭层面和微观的个体层面来认识这一问题。

（一）宏观层面的社会因素

从宏观层面的社会因素来看，老年人被"边缘化"的原因包括不良社会思潮的影响、不良社会风气的影响和有效社会干预不足等。

1. 不良社会思潮的影响

改革开放以来，随着我国国门的打开，从西方社会传来了种种社会思潮，对国人的思想观念产生了深刻的影响。其中也有不少错误的思潮，如自由主义、拜金主义、消费主义、享乐主义等，对一些人产生了较大的负面影响，使得少数人为了追求经济利益、满足个人贪欲而泯灭了道德良知，有的人甚至为了物质、金钱与自己的父母反目成仇。我们也能在媒体上看到个别子女为了争夺家庭财产而与父母对簿公堂，对父母丝毫没有敬畏孝顺之心。物质利益纠缠引起的矛盾已经蒙蔽了这些人的道德良知，他们将父母多年的养育之恩抛诸脑后，与父母在情感生活上水火不容。深究这种现象产生的原因，主要是这些人受到了社会上一些不良思潮，尤其是拜金主义的影响。拜金主义以追求物质利益为人生目标，将金钱视为人生发展的唯一动力。对于极少数人来说，当社会上出现阻碍其实现物质利益目标或使其物质利益受损的人时，他们就会产生冲突，哪怕对其形成阻力的是他们的父母，家庭的情感在他们的物质利益追求面前仿佛是不值一提的、可有可无的东西。可见，没有正确的价值观、道德观和利益观的指引，就很容易被不良思潮所侵蚀，导致"孝"的意识淡薄。个别人为了物质利益与父母对簿公堂，这种行为给家庭和睦的情感氛围带来的是无法逆转的伤害，明显违背了"善事父母"的伦理道德要求。这些人即使赢得了物质利益，最终也会失去家庭温暖，失去做人的根本意义。

2. 不良社会风气的影响

在历史上，由于生产力极其低下和道德水平落后等，在一些地方、一些民族存在弃老风俗。由于人们无法提供更多的食物来养活老人，就将垂死老人扔弃山野，任其自生自灭。随着人类社会文明进步，这种将老人扔弃荒野的现象在世界范围内基本上消失了，但是新型的弃老现象却在少数地区不同程度地出现了。曾有学者深入某村调研后指出："2000 年以后，不养老案例在 Z 村急剧增加。"当地负责纠纷调解的村支部副书记说："随着社会经济的发展，嫌弃老人的思想开始抬头了，都把老人当成负担，村里薄养老人的家庭占到 40%，纠纷调解中养老纠纷占到 2/3。"①近年来新闻媒体报道的一些不养老人、歧视老人、迫害老人等弃老现象，对追求孝道伦理美德的中国社会主流风气产生了一定程度的冲击，而这些不善待老人的风气一旦形成，就会进一步催生更多的弃老行为。从现实来看，导致这种道德困境产生的原因主要是少数人没有按照中华传统美德所提倡的敬老爱老的精神来"善事父母"，这种情况一旦在小范围内形成气候，就会野蛮生长，成为一定范围内的不良社会风气，会对其他的人产生负面效应。所以，我们应当极力避免和纠正这些不良的社会行为和社会风气，致力于推动整个社会形成敬老、爱老、助老的风气。

3. 有效社会干预的不足

对不愿意赡养老人的行为缺乏有效的社会干预是导致老人被"边缘化"的一个重要原因。一方面，社会并不能全面掌握老人被"边缘化"的基本情况。因为不少家庭老人在被"边缘化"之后，并不愿意被社会所知晓，怕影响家庭的脸面和子女的前途。另一方面，目前现有的社会干预机

---

① 曾红萍：《家庭负担、家庭结构核心化与农村养老失范——基于关中 Z 村的调查分析》，《老龄科学研究》2015 年第 2 期。

制并不健全，不能有效地保护老年人的基本权益。首先，从一般的公众干预来看，除了与老人熟悉的朋友、邻居、亲戚外，其他社会公众因不了解具体情况和缺少足够的动力，一般不会过多地干预他人家庭事务。其次，从基层组织或非政府组织角度来看，一般是通过居委会和村委会来对不愿意"善事父母"的人做思想工作。这一外在的社会干预具有较强的普遍性、群众性和亲民性，能在较大程度上改变干预对象不愿善待老人的情况。但是这种干预也只能通过说服、教育、引导的方式进行，对于个别顽固不化、仇老弃老的人是没有什么实质性影响的。再次，从媒体的干预来看，媒体虽然愿意捕捉一些社会的痛点、难点问题，并借助其广泛覆盖优势和群众信息化参与程度高的优势，能对那些不"善事父母"的人进行严厉的斥责和批评，但是其影响力也同样因缺少有效的制裁力而受限。最后，从社会规范干预的角度来看，道德规范对子女不能"善事父母"的规劝、谴责制约力不足，无法有力地干预子女"善事父母"的模式，而法律制度因其制约范围的局限和法律作用发生条件的限制，与道德之间还存在一些空白。应采取措施填补空白，有效地干预子女不能正确地"善事父母"的行为，保障老年人的合法权益。

（二）中观层面的家庭因素

从家庭结构的变化视角来看，老年人被"边缘化"主要是受到了家庭规模缩小、家庭功能弱化和家庭承载的需求更多等因素的影响。

1. 家庭规模缩小

传统社会中的中国家庭是大家庭模式，几代人同居一堂，家庭关系较为复杂，且老年人是家庭生活的主导者，在家庭中居于核心地位。而现代家庭与传统家庭明显不同，以3—4人的小家庭为主要形式，甚至是夫妻2人与父母分开居住的家庭模式。据统计，"1931年6口人及以上户比例占到1/3以上；到了1982年，2口人及以下户比例明显增多，6口人及以上户比例明显减少；1990年，改革开放以来，家庭户比例进一步变化，其中最明显的就是6口人及以上户迅速减少，与此相对应的变化是3口人户和4

口人户明显增多；到2000年，变化趋势基本稳定，即3口人户和4口人户分别占总比例的1/3，多人口家庭户逐年减少"①。所以，家庭规模缩小，家庭结构层次简单化、小型化成为当前中国家庭结构的基本状态。在新型的家庭结构中，老人明显已经脱离了家庭关系的中心位置，位于家庭结构的辅助层次，年轻的子女已经转变为家庭关系的主导者。这种家庭结构的变化，必然导致老年人在家庭中无法获得以往时代的主导权和发言权，不得不退居次要地位成为家庭发展的辅助者。有学者研究指出，"在原有的大家庭结构中，老年人的福利主要来自于家庭赡养……但是随着家庭结构的变化，养老方式和赡养渠道都在发生变化……新生代群体受传统文化的影响越来越小，受西方自由思想的影响越来越大，他们的家庭观念、孝文化意识淡薄，对老人关怀不足"②，老人在家庭结构变迁中处于一种弱势地位，日益处于一种被"边缘化"的状态。

2. 家庭功能弱化

随着现代家庭结构和社会形势的变化，现代家庭的功能也发生了深刻的变化。"家庭功能是为家庭成员的基本物质需要、适应并促进家庭及成员发展、应付和处理各种家庭事务等方面提供保障，为家庭成员在生理、心理、社会性等方面的健康发展创造条件。"③在现代社会中，家庭功能的变化主要表现为两个方面：一是家庭赡养老人的功能被其他家庭功能所挤压。家庭功能在不同时代的侧重点是不尽相同的，有的时候侧重于家庭的生物功能或心理功能，有的时候侧重于家庭的经济功能或政治功能，有的时候则侧重于家庭的文化功能或娱乐功能。在今天的老龄化社会中，我们可以明显地感受到，年轻人居家时间越来越短，家庭的经济功能愈加突出，家庭的心理功能、文化功能、娱乐功能日渐退缩，一些老年人只能在自己的小天地里离群索居了。二是家庭"善事父母"功能自身的弱化趋势

---

① 张倩：《农村家庭结构变迁与家庭养老保障的再定位》，《哈尔滨商业大学学报》(社会科学版)2012年第6期。

② 蒲新微、王宇超：《家庭结构变迁下居民的养老预期及养老方式偏好研究》，《人口学刊》2016年第4期。

③ 武昌桥：《基于家庭功能变迁的家庭体育发展路径研究》，《皖西学院学报》2018年第5期。

加剧。在现代社会，家庭的个体化趋势日渐加强、家庭和宗族的联系已经大大减弱了，家庭伦理重心转移，老年人受孝敬的地位弱化。"家庭的养老功能发生了历史性的变化，这种变化的总趋势似乎是在削弱家庭在照顾老年人方面的地位和作用，这就是伴随持续的低生育率而来的家庭养老功能缺损现象的产生，这就是'少子女老龄化'现象的出现。"①而与之相对应的社会养老在一段时期内，还难以独自承担养老保障的重托。随着家庭养老功能的弱化，少数家庭对老人的关心与呵护也明显随之减少，个别老人甚至被其子女所忽略。曾经对老人起到经济供养、生活照料、精神慰藉功能的家庭，在现代社会结构变化过程中发生了明显的变化，老人就可能处于被"边缘化"的状态。

3. 家庭承载的需求更多

随着中国社会经济的快速发展，中国老百姓的收入水平不断提高，多数家庭经济条件都得到了较大的提高，人民群众的生活质量得到了较大幅度的提升。一般来讲，经济基础的不断夯实，为中国家庭养老提供了坚实的基础。但是我们注意到，同改革开放前相比，中国经济建设虽然取得了巨大的成就，但随着中国进入老龄化社会，养老问题却日益严峻地呈现在我们眼前。促生这一困境的一个重要原因就是家庭承载了更多的需求，主要表现在家庭建设内容在不断扩展。在改革开放初期，温饱是普通家庭的主要期望和目标，解决吃饭穿衣问题的费用占据家庭开支的主要部分。而在今天，家庭发展目标早已超越温饱诉求，人们期盼更好的教育、更稳定的工作、更满意的收入、更舒适的居住条件、更高水平的医疗卫生服务、更丰富的精神文化生活。人民对美好生活的需要在日益增长，包括家庭养老在内的各种家庭需求，所耗资源、成本都在不断增加，这对普通家庭的养老必然会产生新的压力。

（三）微观层面的个体因素

从微观层面来看，老年人被"边缘化"还受老年人自身可行能力下降

---

① 穆光宗：《中国传统养老方式的变革和展望》，《中国人民大学学报》2000年第5期。

因素的影响，主要体现为老年人经济能力下降、情感表达能力缺失和生活自理能力不足三种情况。

1. 经济能力下降

老年人的生活状况与其经济能力密切相关。如果老年人退休后依然有较高的退休金，能保证自身的基本生活需求，或者有较好的劳动能力来换取必要的生活资料，他们就不必完全依附于子女，而具有较高的独立性。如果老年人在退休后或丧失劳动能力之后，经济能力下降甚至完全消失，就迫切需要得到其子女的关心和爱护，需要子女承担起养老和照料的责任。而一旦老年人缺乏一定的经济基础，其在家庭生活中的活动能力也会受到较大的限制，如果子女不孝顺的话，有可能厌嫌老人。

2. 情感表达能力缺失

老年人因为生理机能的弱化，在心理上也会出现相应的反映，一个突出的表现就是老年人的情感需求很丰富，但是他们的情感表达能力不足。他们渴望被子女关注和理解，却无法适应现代年轻人的生活方式与生活节奏，与年轻人的交流存在着障碍。这主要有三种情况：一是老年人不善于表达，以至于与子女之间存在着沟通障碍，加上部分老年人自身存在心理脆弱或性格急躁等因素，甚至可能会导致与子女沟通中出现情感冲突。二是老年人失去了表达的能力。有的老年人因为健康原因，无法清楚有效地表达自己的情感需求，导致年轻人错误地理解他们的情感需求，一部分年轻人会失去与老年人沟通的耐心，甚至弃之不问。三是老年人不合理地表达情感诉求。有的老人在退休后心理状况发生了较大的变化，性情也大不相同，有可能会对年轻人提出一些不合理的要求，而有些年轻人则不能理解父母性情变化的原因，对父母的诉求采取消极的态度，从而也容易导致老年人被"边缘化"。

3. 生活自理能力不足

有研究指出，"在老年人群体身上，有一点是不可回避的，即老年期在生理上最显著的变化——衰老的出现，除了个体间衰老程度、衰老速度等方面的差异之外，老年期的衰老表现为总体性的现象，具有普遍性和不可抗拒性，这无疑降低了老年人的可行能力，从而使他们在各方面受到了限制"[1]。所以一些老人被"边缘化"的原因在于他们丧失了生活自理能力。照顾没有生活自理能力的老人是子女的责任与义务，这是社会道德规范与法律规范所要求的，没有人可以例外。但是有些子女却不愿意肩负起护理老人的责任，或是只花钱请人照顾老人而自己从不出现，甚至将老人弃之家中不闻不问，任其自生自灭。从这些情况看，老人生活自理能力的下降成为其被"边缘化"的一个重要因素。

第二节　当前中国社会养老的困境[2]

从传统中国社会养老方式变化历程来看，以往主要的养老方式是家庭养老。新中国成立以后，除了在人民公社时期的集体养老方式以外，我们国家依然以家庭养老为主，直到2000年以后随着我国社会养老保险和社会养老服务相关政策的出台才有了新的变化。2000年中共中央、国务院发布了《关于加强老龄工作的决定》，提出"建立以家庭养老为基础、社区养老服务为依托、社会养老为补充的养老机制"，我国开始进入社会养老发展阶段[3]。由此我国社会养老工作进入制度化、体系化的阶段，并在实践过程中逐步明确了社会养老事业的发展目标，完善了新型农村社会养老保险制度，建立了统一的城乡居民基本养老保险制度，形成了可持续的社会保障体系和养老服务体系[4]。但是从总体上看，我国社会养老服务体系依

---

　　① 李珺、李艳忠：《发展社会学视角下的老年人群体边缘化》，《昆明学院学报》2010年第2期。

　　② 需要明确的是，社会养老和"善事父母"不是同一概念，两者既有联系也有区别。"善事父母"的主体是家庭子辈，职责在家庭；社会养老主体是相关政府部门，职责在政府。虽然两者都是为老年人晚年提供保障，但在内容和方式等方面都有差别。在养老功能上可以相互补充，但不可相互替代。本书将社会养老作为"善事父母"的有益补充，将"善事父母"作为社会养老的一部分来讨论家庭"善事父母"的现实状况。后文还将有相关讨论。

　　③ 舒奋：《从家庭养老到社会养老：新中国70年农村养老方式变迁》，《浙江社会科学》2019年第6期。

　　④ 舒奋：《从家庭养老到社会养老：新中国70年农村养老方式变迁》，《浙江社会科学》2019年第6期。

旧存在着一些问题，制约着"善事父母"道德伦理诉求的实现。

一、社会养老困境的主要表现

传统家庭养老模式的不足呼唤新的养老模式的产生，但是现有的社会养老模式所产生的实效也并未尽如人意，主要表现为专业养老服务机构数量不足、专业养老服务人员数量不足、社会养老服务供需矛盾突出等。这些问题直接制约着社会养老模式效益的实现，无法满足老龄化时代的养老需求。

（一）专业养老服务机构数量不足

有研究指出，"我国社会在没有充足准备的情况下进入了老龄社会，养老服务供给能力不足、养老的成本不断上升、购买能力严重不足等多重问题日益严峻"[1]。从应然的角度来看，要实现家庭养老转向社会养老，一个重要的前提就是社会上有足够的养老服务机构。因为只有社会上出现了多样化的养老模式，才能有效地弥补家庭养老模式的不足，才能保障社会对老年人供给服务能力的提升。只有社会养老服务体系不断健全，社会养老服务能力不断提升，子女才能安心将父母交给社会养老服务机构来照顾，更加安心从事自己的工作。年轻人十分渴望老年人能得到幸福的晚年生活，但又没有足够的时间和精力来照料父母，所以年轻人对社会养老服务供给能力的提升也抱有很高的期望。但是从实际的情况来看，部分年轻人一方面不得不把照料父母的责任交托给社会养老服务机构，另一方面又因社会养老服务机构供给能力不足而忧心忡忡。当前，养老服务供给能力的不足主要体现为养老服务机构的数量严重不足，无法有效覆盖有养老需求的老年群体。以农村为例，"当前农村社会养老机构主要集中在乡镇，村一级的养老服务机构数量仍然严重不足。据统计，我国乡镇一级敬老院有2万多所，涵盖了乡镇总数的65%，然而在村一级养老设施的覆盖率不

---

[1] 郑茜茜：《论我国社会养老供给侧改革的困境与路径》，《中州大学学报》2018年第4期。

足5%，无法满足农村居民可及性的养老服务"[①]。

（二）专业养老服务人员数量不足

虽然社会养老服务能有效缓解老龄化带来的巨大养老压力，但是由于我国社会养老服务事业发展的时间较短，经验较为缺乏，所以在推进社会养老服务事业发展的实践中，存在着服务质量不高的问题，其中一个重要的表现就是部分养老服务机构的专业护理人员数量不足。护理老年人需要发挥有专业技术的人力资源的作用，为老年人提供专业的养老护理服务，但是由于养老服务行业在我国属于新兴的行业，护理人员专业技能培训开展得较少，相关的培训经验也比较欠缺。养老服务机构在聘请护理人员时倾向于选择那些用工成本较为低廉的普通护工，而这些普通的护工往往难以为老年人提供有效的健康护理，降低了老年人在养老服务机构的晚年生活质量，使得一部分老年人宁愿在家里艰难生活，也不愿意去服务质量不高的养老服务机构。

（三）社会养老服务供需矛盾突出

当前，社会养老服务的困境还表现为养老服务在内容上不够精准，没有做到养老服务供给与老年人服务需求的有效对接。简言之，养老服务的供给与需求不一致、不均衡，出现了养老服务供需矛盾。如有的养老服务机构只接收身体健康且具有自理能力的老年人，而对于那些高龄或生活不能自理的老年人则以多种理由不予接受；有些养老服务机构现有的配套设施和服务项目不能满足老年人的需要。这就出现了具有生活自理能力的老年人更愿意居家养老，而生活自理能力差的老年人不被养老服务机构接收的养老服务供需矛盾。还有一种情况也会造成养老服务供给与需求不对称，就是养老服务机构在进行服务决策时没有充分地掌握老年人的养老需求、经济能力、地区特性等因素，导致养老服务产品并不具备普遍的适应

---

① 黄闯:《新时代农村社会养老服务发展的实践困境与优化策略》,《新疆社科论坛》2018年第3期。

性或者相应的针对性。如大多数城市养老服务机构一床难求与部分农村养老服务机构高空床率并存的现象、需求量多的居家养老服务短缺与需求量少的高端养老服务公寓剩余并存的现象①，等等，这些与养老服务机构进行决策时没有足够重视养老服务对象的具体实际情况密不可分。

二、社会养老困境的产生原因

对于当前中国社会养老服务困难重重的主要原因，我们可以从法律制度、资金支持、群众参与和养老服务购买能力等方面进行深入剖析。

（一）法律制度不完善

由于我国社会养老服务行业起步比较晚，相关的法律政策、管理制度出台得也较晚，因此在社会养老服务的法治化建设和制度化管理方面不是很完善。即使近年来国家制定了有关发展社会养老服务行业的政策，但是这些政策存在一些倾斜，主要表现为较为重视公办养老服务机构的建设，忽略私立性养老服务机构的发展。虽然国家出台了相应的调整措施，如2015年出台《关于鼓励民间资本参与养老服务业发展的实施意见》，鼓励民间力量进入养老市场，但是不少社会力量仍然处于观望、犹豫阶段，社会参与程度和社区养老服务水平较低。"政策法规在机构养老、公办养老机构上的倾斜性使得……机构养老服务模式内部发展不平衡，这种不平衡与养老服务体系均衡发展的需求不一致。"②政策倾斜还表现为重视养老服务机构数量的建设，忽略养老服务机构服务能力的建设；重视养老服务机构硬件设施的建设，忽略养老服务机构软件设施的建设；重视养老服务机构的资金筹措工作，忽略对养老服务机构资金使用的监管等。而这些被忽略的方面对机构养老的质量和水平有重要影响。

---

① 周卉：《我国社会养老服务供给不足的表现、原因及对策》，《辽东学院学报》（社会科学版）2018年第6期。

② 黄健元、贾林霞：《社会主要矛盾视角下社会养老服务模式平衡发展研究》，《广西社会科学》2018年第9期。

（二）资金支持不足

从养老服务的场所来看，社会养老模式典型的特征是提供集中式养老服务，将需要养老服务的老年人集中在一个特定的区域或机构中，以实现服务供给的规模效益。从养老服务的内容上看，社会养老模式典型的特征是提供一体化养老服务，即为老年人提供健康医护、社工照料、心理疏导、康复治疗、营养配给等方方面面的服务，以弥补家庭养老服务人力有限、服务单一的不足。但是，享受这些吸引人的服务需要支付费用，虽然部分费用可以先由养老单位垫付，但最终的支付方是老年人或政府。"近些年来，我国积极投入财政资金用于养老设施建设或建设补贴，用于养老机构的床位补贴、人员培训补贴，用于经济困难老人的居家服务补贴等，一定程度推进了社会养老服务体系的建设，但财政资金的投入与社会养老成本的需要相比还明显不足。"[①]所以，加强社会养老服务，需要不断拓宽财政支持渠道，夯实养老服务的物质基础。第一，要推动各级政府在财政预算中加大对养老服务行业的支持力度，强化政府对社会养老保险的财政补贴责任，明确政府对养老服务的兜底责任，保障老年人基本生活不低于当地居民平均生活水平，保障养老服务行业的健康发展；第二，要"鼓励并规范多元投资主体进入养老服务产业，尽快建立和完善养老服务产业的市场供给机制，盘活社会闲置资源"[②]，充分调动社会力量创办养老服务结构，利用社会资源来发展社会养老服务行业。

（三）群众参与度不高

部分老年人的养老观念与现代年轻人的养老观念有着巨大的差异，甚至可以说是相对滞后于时代的发展。因为长期的价值观念制约和生活习惯以及风俗传统的影响，不少老年人始终认为养老就应该是自家孩子的事

---

① 赵学昌、齐艳苓：《论中国社会养老的根本问题、原因与举措》，《社科纵横》2018年第1期。

② 赵珊、郑文贵、汤敏等：《我国社会养老服务业供给与需求矛盾分析》，《中国社会医学杂志》2017年第5期。

情，正所谓"养儿防老、积谷防饥"。"养儿防老"就是居家养老，而去养老服务机构则是无儿无女的老人不得已的归宿。他们坚持认为，如果自己有儿有女，那就无论如何也不能离家到养老服务机构去养老，一则会让自己颜面扫地，被人看不起；二则会让儿女不自在，不能抬头做人。所以，一些老年人宁愿在家中过着孤独、清苦，甚至异常艰难的日子，也不愿意去养老服务机构接受他人的服务。即便自己的儿女无暇在家照料生活起居，愿意支付养老费用将他们送至养老服务机构，他们也不愿意接受，甚至为此与子女产生冲突。所以有学者强调，"老年人根本就没有形成消费社会化养老服务的观念，不会主动、也不愿意消费社会养老服务，即使有社会化养老服务消费观念的老年群体，也因为无法适应社会养老服务的生活模式而逃离社会养老服务机构"①。

（四）养老服务的购买能力有限

虽然我国经济发展形势不断向好，人民收入不断增加，但是对于老年人而言，他们的总体收入水平还不够高，甚至一大部分老年人没有收入，严重制约了老年人购买养老服务。子女虽然有负担父母养老费用的责任，但是不少父母并不是很愿意子女为其长期支付高额的养老费用。如果养老服务机构的收费较低，老年人倒是愿意购买养老服务，但是除了少数的公办养老服务机构之外，大多数条件较好的养老服务机构在养老资源极为稀缺的情况下收费均较高。所以说"老年人的支付能力，或者说购买能力是决定老年人购买行为的重要原因之一，较低的购买能力限制了老年人购买养老服务的需求，制约了养老服务业的发展"②。

---

① 黄闯：《新时代农村社会养老服务存在的问题与优化发展》，《沈阳干部学刊》2018年第3期。
② 黄健元、贾林霞：《社会主要矛盾视角下社会养老服务模式平衡发展研究》，《广西社会科学》2018年第9期。

第三节 当前中国社区养老的困境

社区养老是一种新型的养老模式，与传统的家庭养老和社会养老皆有所不同。社区养老"是一种具有公共服务性质的社会化养老服务模式。该模式以社区为依托，以日间照料、呼叫服务、助餐服务、健康指导、文化娱乐、心理慰藉等基本服务为主要内容，以上门服务和日间照料为主要形式，把居家养老与社会养老有机结合起来，体现了国家、社会和家庭对养老责任的共同承担，适应了我国当前'未富先老'的国情"①。这种养老模式集中了家庭养老和社会养老的一些主要优点，较大程度地提高了老年人的生活质量，减轻了家庭养老负担和社会养老负担，为家庭和社会释放出了更多的时间和精力，一定程度上满足了当前社会急剧发展形势下子女"善事父母"的道德伦理需求。但正因为这是一种新型的养老模式，也存在着新生事物必然会遭遇的重重困境。从推动子女"善事父母"的伦理道德建设层面看，认识当前中国社区养老的困境及根源，寻求破解困境之道，亦是家庭伦理研究者的一项重要任务。

一、社区养老困境的主要表现

大力发展社区养老服务，是破解养老服务难题、加快发展养老服务业的一个重要趋势。为此，我们有必要对当前中国社区养老模式的现实困境进行深入分析。从现实来看，中国社区养老虽然在各地不断兴起与发展，但也面临种种困境，主要表现在服务功能困境、现实发展困境和监管体制困境三个方面。

---

① 成海军：《我国居家和社区养老服务发展分析与未来展望》，《新视野》2019年第4期。

（一）社区养老的服务功能困境

中国社区养老最核心的功能就是为有养老需求的家庭提供养老服务，以弥补传统家庭和社会养老服务不足的缺憾。但是目前中国社区养老服务本身也存在许多不足，这是值得我们高度关注和重视的。

1. 社区养老服务模式尚未定型

社区养老模式被引入中国后，一些大城市开始提供社区养老服务。社区养老模式主要有：政府主办、财政支持、街道社区管理模式；政府委托、社区养老服务机构承接服务模式；政府提供场地、设施，委托社会组织承接服务模式；政府财政支出购买企业养老服务模式；邻里互助开展"一对一"养老服务模式；政府-企业联动普惠养老模式①；等等。然而，这些模式仍然处于摸索过程中，主要是在一些大城市试点运行，并未完全成熟定型，缺乏在全国推广的成熟经验。另外，现有的社区养老主要集中在城市，而对于中国广大农村地区的巨大养老服务需求，社区养老模式还缺乏应用的灵活性和适应性。

2. 社区养老服务供给尚需加大

虽然近年来中国社区养老服务的供给能力在不断提升，但是面对中国老龄化社会带来的巨大养老压力，社区养老服务的供给能力仍然不足。主要是中国社区养老服务机构的数量严重不足，居民在社区养老服务机构养老的渠道、机会存在较大的竞争性。另外，社区养老服务机构在区域分布上不够合理、均衡，优质的社区养老服务机构主要集中在大城市、大型社区，一些小城市或偏远社区则较少有社区养老服务机构，所以很难完全实现居民在小区内或附近小区养老。

3. 社区养老服务质量尚待改进

由于中国目前缺乏成熟的社区养老服务模式，不同地区的服务呈现出多样化的特征，服务质量也参差不齐。有学者对部分开展社区养老服务的城市进行调查研究发现，"老年人群体对社区所提供的生活照料、医疗护

---

① 成海军：《我国居家和社区养老服务发展分析与未来展望》，《新视野》2019年第4期。

理、安全保障、精神慰藉、社会参与五个维度服务的质量评价均值介于3-4分，即'一般'和'比较满意'之间。质量评价最高的维度为生活照料维度，均值达3.72；其次为医疗护理维度，评价均值3.69；安全保障维度均值3.58位居第三；而社会参与和精神慰藉两个维度的评价结果明显低于前三个维度，分别以3.414和3.406的均值位居第四和第五位"①。这一研究成果表明，一方面，接受社区养老服务的老年人对社区养老服务的质量评价并不是很高，评价结论处于"一般"和"比较满意"之间。另一方面，针对社区养老的不同服务内容，老年人的服务评价也各不相同。研究结果表明，社区养老服务在"提升老年人精神质量的精神服务和社会参与两个维度的服务质量较差"②。

（二）社区养老的现实发展困境

社区养老作为一种新型的养老模式，明显具有传统养老模式所没有的优势，应当具有强大的发展潜力。然而其成熟度依然不是十分理想，原因就在于社区养老的现实发展存在明显困难，主要体现在专业技术人才缺乏、服务创新力度不够、服务理念缺乏群众认同等方面。

1. 从事社区养老的专业技术人才缺乏

社区养老服务的发展离不开一支优秀的社区养老服务人才队伍。这支队伍不仅要在数量上能有效满足养老需求，也要在年龄、学历、性别、区域分布等方面适应工作的需求，更要在思想素质、政治素质、文化素质和身体素质上满足工作的要求。然而调查研究显示，目前我国"居家养老服务护理人员90%来自于农村地区，大部分是小学和初中文化，没有经过专业培训直接上岗。护理员的职业认同感和归属感差，普遍认为自己从事的是'强度大，工资低，社会地位低'的职业。一些专业护理人员宁可做小

---

① 蔡中华、王一帆、董广巍：《城市社区养老服务质量评价——基于粗糙集方法的数据挖掘》，《人口与经济》2016年第4期。

② 蔡中华、王一帆、董广巍：《城市社区养老服务质量评价——基于粗糙集方法的数据挖掘》，《人口与经济》2016年第4期。

时工，流失到其他服务行业，也不愿做居家和社区养老服务工作"①。我们认为，专业人才匮乏是制约当前中国社区养老服务行业发展的关键因素。

2. 开展社区养老服务创新力度不够

社区养老模式不是简单复制家庭养老模式或社会养老模式，其应当具有较强的社会服务创新意识与创新能力，为老年人提供原有的养老模式难以有效供给的服务。以服务方式创新为例，当前中国社区养老服务在推动形成"互联网+"养老技术服务体系方面的创新不足。"互联网+"是当前社会各领域发展的一个重要趋势，社区养老服务发展过程中同样也应当吸收"互联网+"带来的优势，以提升社区养老服务质量。如应当开发社区养老服务平台，建立需求信息数据库，实时了解社区老年人的需求状况，为老年人提供线上直接服务；建立供给信息数据库，形成每位老年人个性化的供给信息库，为老年人预约家政、医疗诊治、紧急情况援助等线下实体服务提供方便；借助各种智能终端，整合养老服务资源，实现资源利用互通共享等②。而从当前状况来看，中国社区养老服务主要以线下的养老服务为主，线上线下相结合的服务内容较少；主要满足于具体的养老服务供给，用现代信息技术整合利用养老服务资源的意识与能力较差，致使社区养老服务后劲不足。

3. 社区养老服务理念缺乏群众的认同

从理念上看，在社会养老供给不足和家庭养老供给不力的情况下，社区养老能发挥其上门服务与机构服务的双重优势，有利于解决养老服务的"最后一公里"问题。但从现实来看，社区养老模式还不成熟，社区养老的理念还未深入老百姓心中，人们对社区养老理念缺乏认识与理解。首先，对社区养老行业的认识存在误区。不少父母或子女都认为养老应该在家庭范围内进行，否则便是子女不孝。他们认为将父母送至养老服务机构

---

① 成海军：《我国居家和社区养老服务发展分析与未来展望》，《新视野》2019年第4期。

② 林萍：《"互联网+"背景下居家社区养老服务模式创新探究——以福州市鼓楼区为例》，《福建省社会主义学院学报》2018年第6期。

或请养老服务机构提供上门服务，都无法代替子女尽孝，将会使得子女处于伦理失范的境地。其次，对社区养老职业的认识存在误区。不少人认为社区养老服务工作是服侍人的职业，是不体面的工作。殊不知，各行各业，只要是通过劳动来实现人生价值的工作，都应是受人尊重的工作；通过劳动来实现人生价值的人，都应是值得尊敬的人。所以，从事养老服务工作的人也是社会的劳动者，他们从事的是理应得到社会尊重和重视的职业。最后，对社区养老责任的认识存在误区。一些人认为自己家里没有老人或暂时没有老人需要供养，便对社区养老服务事业不关心、不支持。如媒体曾报道一些小区业主集体反对在小区内开设养老服务机构，理由是会导致小区服务资源（绿化、车位、活动空间等）紧张，他们提出了"可以办社区养老机构，但是不要在他们小区"的主张。这是典型的邻避困境，说明一些群众对社区养老责任认识不清。

（三）社区养老的监管体制困境

加强对社区养老服务行业的监督管理，是保障社区养老服务质量的必要举措。2019年国务院办公厅印发《关于推进养老服务发展的意见》，明确提出要建立养老服务综合监管制度，制定加强养老服务综合监管政策，建立各司其职、各尽其责的协同监管机制，完善事中事后监管制度。国家出台这一文件，提出这一政策有着现实的依据——中国养老事业尤其是社区养老事业存在自我监管缺失、群众监督乏力和监管措施不够细化等诸多困境。

1. 自我监管缺失

由于我国社区养老事业处于起步期，各方面的政策、制度还不健全，从业人员的职业素养也不够高，或多或少存在养老服务质量不高的情况，甚至在某些情况下会发生为了谋利而侵害老年人权益的行为。所以，加强社区养老机构内部监管和健全从业人员自律机制是今后发展社区养老事业、提高社区养老服务质量的一个重要突破口。

2. 群众监督乏力

由于养老服务对象的特殊性，有养老服务需要的人会较多地接触到社区养老服务机构，其他的社会群体对社区养老服务机构的接触与了解并不多，所以对于社区养老服务机构的服务态度、服务质量等，公众知情较少，客观上导致社区养老服务机构的群众监督不足。另外，对于那些接受社区养老服务的人来说，即便遇到养老机构的服务存在问题时，不少人选择的是停止接受服务、回避问题，而没有将问题公开，以寻求社会的帮助。虽然其用意在于息事宁人，不想增添麻烦，但客观上不利于社区养老服务机构改善服务质量和水平。

3. 监管措施不够细化

当前，我国在养老机构监管方面出台了一些法律规范，包括《老年人权益保障法》《养老机构管理办法》等，为规范社区养老服务机构发展提供了基本依据，但是专门的社区养老服务方面的法律规范还不多。对社区养老服务机构的设立与管理，社区养老服务的质量、价格、安全方面的监管等还需要出台更为细化的规范。因此，加强养老机构行政监管立法至关重要。"加强对养老机构的监管立法，会给行政机关的监管行为提供更多的法律依据，让行政工作人员能够依法行政，规范行政工作人员的行政行为，进而提高其监管立法的工作效率"[①]，有助于有效维护老年人的合法权益。

二、社区养老困境的原因分析

造成中国社区养老服务存在各种困境的因素是多样的、复杂的。究其原因，除了新生事物自身发展需要一个过程之外，还包括社区养老服务责任主体不清、价值标准不明和供给定位不准等。

（一）责任主体不清：家庭、社会还是政府？

养老是一个家庭问题，同时也是一个社会问题。因而养老服务的责任主体既包括家庭，也包括社会，而作为社会公共权力的行使者——政府同

---

① 袁春莲：《论北京市社区养老机构监管立法》，《中国市场》2018年第28期。

样应当承担起发展养老事业的重要责任。从家庭来看，赡养父母是每个子女的基本职责，是社会道德伦理的基本要求，也是国家法律规章的必然要求。从社会来看，老年人为社会奉献一生，在年老时有充分的理由需要得到社会的关心与照顾，这也是推动社会长久发展的基本要求。从政府来看，政府通过人民授权管理、治理和服务社会，提供老年人需要的社会服务也是其应负的责任。这一点，从现有的社会认知来看，应是确定无疑的，社会各界亦是积极认同的。但是家庭、社会与政府在养老服务供给中分别应当承担什么样的责任、如何承担责任、三者在责任划分上是何种关系，这一系列问题需要解答。我们认为，从现实的角度看，家庭是社区养老服务的第一责任主体，政府是社区养老服务的第二责任主体，社会是社区养老服务的第三责任主体。每个家庭都有自身建设与发展的基本使命，赡养父母就是其中之一，漠视赡养父母的伦理责任必将为社会所不容。政府作为社会的主导者和管理者，有责任为老年人提供良好的晚年生活服务，尤其是当其子女无法或无力赡养时，政府应当起到补位的作用。社会作为全体成员组成的共同体，应当为老年人的养老服务提供广泛而有力的支持。

（二）价值标准不明：营利还是福利？

从理论上看，社区养老服务是营利性的还是福利性的这一问题的答案，应当没有太大的争议。但是从现实来看，对这一问题的不同认识与回答却会直接影响社区养老服务事业的发展。当前社会上对社区养老服务存在着两种误解：一种认为社区养老服务是公益性质的，不能收费营利；另一种认为社区养老服务属于社会服务，应当收费且可以以营利为目的，否则没有企业愿意参与其中。这两种观点都有失偏颇。从社区养老服务的本质属性来看，社区养老服务应当是社会公共产品，具有公益性质，或至少属于准公共产品，具有半公益性质。这就从根本上决定了社区养老服务不能和企业单位一样以营利为活动目标。但是如果社区养老服务不收费，则会导致社区养老服务无法承担供给服务的重任；如果社区养老服务尤其是有企业单位参与的社区养老服务不能实现适度的盈利，那么必然会制约社区养老服务事业发展。可见，我们要理清楚的是，政府、社会、家庭都无法单独推动社区养老事业的发展，但是一方面我们要保障社区养老服务的公共服务属性，保障多数家庭的养老需求，另一方面对于有企业参与的社区养老服务机构，也要允许其适度盈利以保证其稳定运营，保障社区养老服务的持续性和有效性。

（三）供给定位不准：基本保障还是优质服务？

社区养老服务还有一个需要引起高度关注的问题，就是应该提供更多的基本养老服务还是提供较少但是质优的养老服务？不同家庭的需求亦各不相同。有的家庭认为正是因为家庭养老服务不便利，所以只要社区养老服务提供便利的服务即可；有的家庭则认为社区养老服务提供基本的养老服务就行；还有的家庭则提出应当提供优质的养老服务，哪怕收费较高也可以，等等。社会需求不一而足，那么，社区养老服务到底要做何选择呢？我们认为，以上种种观点都有其自身的合理性，中国当前社区养老服务必须在充分平衡各种社会需求的基础上长远发展。首先，社区养老服务要能满足多数家庭的养老需求，为社会提供尽可能广泛而充足的基本养老服务。其次，社区养老服务要因地制宜，不搞"一刀切"，在经济水平不同的地区可以实现差异化发展，以适应当地多数家庭养老服务需求。最后，要积极吸引企业资金，引入竞争机制和价格机制，调动企业参与社区养老服务的积极性，通过市场等价服务机制，在保障家庭养老服务基本需求的前提下，为有需要的家庭提供更多的优质服务。

总而言之，不管是老人在家庭、社会中日渐被"边缘化"的社会异象，还是家庭养老、社会养老、社区养老面临的困境，都是现代家庭子女"善事父母"过程中必须面对的难题。如何正确认识和把握家庭伦理道德规范，如何和谐地处理好子女与父母之间的伦理道德关系，如何让老年人心安体健、安享晚年幸福生活，构建其乐融融的家庭伦理氛围，提升家庭成员幸福感，成为当代社会主体必须思考的重要话题。

第四节　当前中国家庭养老的困境

从习惯上来说，中华民族一直以家庭养老为主。养老是子女"善事父母"最基本的责任之一。本章开头我们已经提到，我国已经步入老龄化社会。截至2022年末，"全国65周岁及以上老年人口20978万人，占总人口的14.9%"①，所以养老对中国社会而言是一项艰巨的任务。从传统意义上来说，养老是子女的责任和义务，需要子女亲自承担和履行。但是随着时代的发展与社会的变革，现代社会养老开始走出传统家庭养老的单一模式，出现了社区养老、社会养老等新型养老模式，在一定程度上弥补了传统养老模式的不足，为化解中国老龄化社会的养老压力提供了重要支持。但对于处于转型期的中国社会而言，不管是传统的家庭养老模式，还是新出现的社区养老、社会养老模式，都存在一些不足，如果不及时调整优化，破解养老模式存在的困境，未来社会的养老保障体系必然不堪重负。

一、家庭养老困境的三种表现

"家庭养老是指以血缘关系为基石，由子女、配偶或其他直系亲属为老年人提供经济上的赡养、生活上的照顾和精神上的慰藉，保障其基本生活水准的一种最为传统的养老方式。"②随着中国进入老龄化社会，社会发展进程的加快，人们面临的竞争压力愈来愈大，生活成本不断上升，对中国家庭养老带来了更为严峻的挑战。当前，中国家庭养老模式出现困境，是相关领域研究者必须直面的主要问题之一。

---

① 民政部 全国老龄办：《2022年度国家老龄事业发展公报》，载中华人民共和国民政部网站（https://www.mca.gov.cn/n152/n165/c1662004999979996614/attr/315138.pdf）。

② 钟涨宝、杨柳：《转型期农村家庭养老困境解析》，《西北农林科技大学学报》(社会科学版)2016年第5期。

（一）"空巢老人"：养老形势严峻

"空巢老人"一般指子女离家的老人。在中国城镇化不断加快的背景下，农村大量青壮年劳动力流入城市，越来越多的农村老人变成了"空巢老人"。而在城市，这一现象虽然没有农村那么严重，但是也令人十分担忧。因为城市工作的流动性和城市生活的差异性，不少城市家庭的子女在大学毕业后并没有留在自己家庭所在的城市，而是选择去了其他的城市，造成了城市老人的"空巢"现象。有研究指出，"我国老年空巢家庭户1982年为25.6%，1990年为26.9%，2000年为33.4%，2010年为31.77%，2014年高达47.53%。'倒金字塔型'的家庭人口结构和老年家庭空巢化使传统的家庭养老方式面临严峻考验"①。"空巢老人"增多使我国面临的老龄化问题更加复杂，形势更加严峻。

（二）弃养老人：养老意愿不强

还有的家庭养老情况更为复杂。从现实来看，有的家庭是具有负担老年人生活开支能力的，但是由于子女或者老年人自身的原因，家庭关系不和谐，导致子女不愿意承担养老责任。有的子女与父母关系恶化之后，就远离父母，对父母养老问题不管不问，这就是弃养老人。当然还有一种情况，有的子女确实因为自身存在着生活困难，无法顾及自己的父母，将父母抛弃不理，这种情况也偶有发生。无论如何，我们要明确的是，不管出于何种原因，都不能弃养老人，这既违背中国伦理道德规范，也违背法律规章要求。

（三）失独老人：养老能力缺失

这种情况较为特殊。现代中国家庭规模急剧缩小，不少家庭只有一个孩子，这虽然减轻了家庭负担，但是也为家庭带来一定风险，使得家庭应

---

① 舒奋：《从家庭养老到社会养老：新中国70年农村养老方式变迁》，《浙江社会科学》2019年第6期。

对突发状况的能力下降，增加了家庭的不稳定性。近些年来，因为疾病、意外事件、自然灾害等导致独生子女家庭子女丧失生命的情况偶有发生，由于年龄较大或其他原因老年人也不能或不愿再生育、收养子女，从而就导致那些只有一个孩子的老年人顿时失去了家庭的依靠，也失去了老年生活的经济来源。这些失独老人的家庭瞬间失去了家庭养老能力。相关研究指出，"2011 年，中国至少有 100 万个失独家庭，且每年以约 7.6 万个的数量持续增加，并有可能在 2035 年达到 1000 万"①。对于这些失独家庭来说，父母不仅失去了生活照料者，更是失去了其晚年赖以生存的精神支柱。在心理上陷入巨大悲伤之后，一些老年人还会出现不同程度的失眠、头痛、情绪压抑等，诱发重大疾病。而我们国家目前在失独群体的心理救助体系、物质帮扶机制方面还处于起步阶段，失独家庭的养老能力严重缺失。

二、家庭养老存在的三大问题

不管家庭养老模式遭遇的是哪一种挑战，其陷入困境的现实表现主要是子女"善事父母"的具体内容方面，包括经济支持、生活照料和精神慰藉三个方面。在中国家庭养老模式中，经济支持、生活照料和精神慰藉均存在不同程度的弱化，这些问题不得到重视与解决，必然会导致严重的社会问题。

（一）子女对父母的经济支持不足

经济能力成为子女"善事父母"、保障父母基本生活的首要能力。虽然子女的经济能力并不是决定父母晚年生活质量的关键因素，但也是影响父母生活质量的重要因素，对于那些晚年没有经济收入或者经济收入较低的老年人来说尤其如此。随着社会的不断发展，物价水平也在不断提升，老年人的购买能力实际上是在不断下降的，他们虽然不会追求高消费，但

---

① 刘祥敏、张先庚：《失独老人养老现状与研究进展》，《中国老年学杂志》2016 年第 13 期。

是也需要应对物价上升带来的经济困境。而子女同样也面临着这一压力。因此，如果子女的经济收入较高，他们尚能将一部分经济收入用来支付老年人的生活开支，提升老年人的生活质量；如果他们连自己家庭基本开支都无法支付，可以想象他们父母的基本生活也不一定能获得有效的保障。

（二）子女对父母的生活照料不够

通常意义上看，子女是老年人必然的生活照料者。但是由于种种原因，老年人的生活照料问题成为家庭养老模式中一个较为突出的问题。主要存在两种情况。第一是子女无法照顾父母生活。由于区域经济发展水平和产业结构方面的差异，不少子女远离家庭外出就业谋生，而父母则因身体状况、居住环境等多方面因素的影响而不得不留在家中，这就造成了老年人需要在家被人照顾和子女为了发展需要外出工作之间的矛盾。这些家庭的子女无法对老人进行长期的持续的生活照料，那么老年人的生活起居就成为家庭养老中一个较大的问题。如果让子女回家照顾父母，子女就面临着要重新择业或失业的风险，可能会因此造成家庭失去经济来源，为家庭养老带来新的困境；而子女若是为了工作而不能回家照顾父母，则可能让父母在基本生活上都得不到保障，甚至会酿成家庭的悲剧。第二是少数子女不愿意照顾父母生活。在现实生活中，确实还有一些子女在主观上就不愿意照料父母。他们认为，为父母洗衣做饭、打扫卫生、整理家务，甚至为病重的父母擦洗身体、带他们看病就医都是令人烦恼的琐事，父母对他们来说已经是一种烦人的累赘和沉重的负担。这种情况虽然少见，但是他们的行为会对家庭养老产生恶劣的影响。

（三）子女对父母的精神慰藉欠缺

快节奏的现代生活导致不少年轻人回家与老人团聚的时间越来越少。"农村很多子女在外出务工后，由于工作繁忙、经济条件制约等原因，回家看望老人的次数便会减少，空巢老人只能通过电话等方式与子女进行简单沟通，无法进行更多的情感交流。"①而对于老年人而言，他们与年轻人之间进行情感交流的需求远远胜于其他方面的需求。对于绝大多数的普通中国老人而言，善良、节俭、朴素是他们的突出特征。为子女服务一生的老年人在满足自身最基本的物质需求之外，并不追求过多的物质享受，他们甚至还希望能为子女的生活和发展再尽一份力。他们在老年时期面临的最大问题就是不能经常看到自己培育成人的子女，不能经常性地与子女进行情感交流，农村老人尤其如此。"一项由中国老龄科学研究中心完成的调查表明，我国农村有10.2%的老人感到不幸福，有35.1%的老人经常感到孤独。调查显示69%的空巢老人感到孤独和寂寞。"②

当前家庭养老模式中，我们要高度重视的问题之一，就是要让更多的年轻人认识到，满足老年人的精神慰藉需求也是家庭养老的重要任务，提高年轻人"善事父母"的精神慰藉能力势在必行。

三、家庭养老困境的产生原因

家庭养老是中国传统的占主导地位的养老模式，但是这一模式在今天也陷入了重重困境。究其原因，主要有三个方面的因素值得我们深入研究：一是经济因素，多元化的家庭发展需求冲击家庭养老能力；二是观念因素，价值观念不同、代际矛盾凸显；三是现实因素，照顾老人的年轻人数量不足，加大了年轻人的养老压力。

（一）经济因素：多元化的家庭发展需求冲击家庭养老能力

家庭的经济能力是决定家庭养老成效的核心要素。从现代家庭经济发展现状来看，追求经济利益成为家庭劳动者社会行动的主要驱动力，这是现代家庭发展趋势的必然要求。随着社会的发展，中国家庭也从传统社会

---

① 曲延春、阎晓涵：《晚年何以幸福：农村空巢老人养老困境及其治理》，《理论探讨》2019第2期。

② 朱磊：《农村青壮年劳力大量外出务工，"空巢老人"的数量急剧增加——别让农村老人"空巢"又"空心"》，《人民日报》2011年5月8日，06版。

跨入现代社会，家庭建设的内容在不断增加，家庭发展的目标在不断提升，家庭建设与家庭发展对家庭主体也在不断提出新的更高的要求。因为整个社会在进步，整个社会的家庭发展目标与建设愿景也在不断进步，所以这就迫使每个家庭的责任主体都在不断地努力工作以改善家庭的生活。但是，正如前文所述，家庭发展任务包含着方方面面，每一项发展目标的提升都意味着需要家庭责任主体付出更大的努力，支付更高的成本。如小孩教育支出、家庭成员健康维护、家庭住房条件改善、家庭交通工具及主要家庭设施的改善等，都需要耗费巨大的家庭开支，而"善事"老人的服务所需要的支出也在不断增加。因此，我们可以看到，对于现代中国家庭而言，家庭责任主体面临的是要满足多元化的家庭发展需求和建设需求，家庭养老需求只是家庭各项需求中的一种，对其他需要的满足必然会限制、冲击家庭满足养老需求的能力。而这些家庭需求，有的和家庭养老需求一样是刚性的，有的是弹性的。对于弹性的家庭需求，如家庭购置车辆的需求，可以让位于家庭养老需求；但是对于刚性的家庭需求，如小孩教育、家庭成员的健康维护等，是必须得到满足的。而现实的问题是，有些家庭不愿牺牲家庭的弹性需求来满足家庭养老需求，多元化的家庭发展需求在一定程度上冲击和削弱了家庭养老能力。

（二）观念因素：价值观念不同，代际矛盾凸显

家庭赡养老人的模式除了与家庭的经济收入水平有直接关联之外，还和两代人的价值观念、思想认识联系紧密。首先，由于两代人价值观念的差异，两代人对家庭建设、子女抚养、事业发展等方面的认识必然存在着一定的差距。不少子女为了实现自身的想法和抱负，宁愿远离父母到社会上去打拼，而不愿固守乡土谋求发展。年轻人发展事业的意愿，年轻人离开家庭外出发展的做法，是可以理解的。但也不得不承认，这也导致了生活在故土的不少老年人得不到应有的照顾，这一现象正在引起更多人的关注。其次，生活习惯的差异也会导致家庭养老问题的发生。子女长大之后组建新的家庭，而家庭的新成员与父母在生活习惯上可能存在较大的差

异。这种差异有可能导致老年人不习惯、不愿意和子女及其配偶一起居住生活，也有可能让子女不习惯、不愿意和老年人共同生活。这种生活习惯上的差异最初会导致双方不愿意共同居住生活，到最后可能会形成代际冲突，导致家庭矛盾，直接影响到家庭养老功能的实现，影响老年人晚年生活质量。

（三）现实因素：照顾老人的年轻人数量不足

20世纪七八十年代，为了控制人口的过快增长，中国根据国情实施了计划生育政策，提倡一对夫妇生育一个孩子，有效地控制了人口的爆发式增长，为保障中国人的生存权与发展权起到了重要作用。随着中国家庭户平均人口数下降，平均每户家庭人口规模不断缩小，小型化家庭逐步出现并成为现代家庭结构的主要模式，客观上对中国的养老事业带来了一些压力。从传统社会来看，一对老年夫妇一般有多个子女，在他们年老以后，有较多的子女来赡养他们。且对于子女们来说，众多兄弟姐妹一起担负起养老的责任，分摊了养老的时间、经济支出和精力，子女们的养老压力相应变轻。但是到了现代社会，一个家庭一般只有1—2个孩子，而且未来一段时间内只有一个成年子女的家庭较多，对于这些家庭中的子女而言，他们需要担负夫妻双方父母的养老责任，甚至如果父母的父母仍健在的话，他们还需要担负起更大的家庭养老压力。"这不仅给子女在经济上赡养父母带来了压力，也在精力上变得力不从心，客观上影响了子女对父母赡养效果。一旦中青年子女无力或不情愿承担沉重的养老责任时，老人们的养老困境立即凸显。"①另外，当那些独生子女家庭发生变故时，很容易出现失独老人。

2015年，国家全面实施一对夫妇可生育两个孩子政策。2021年，修改后的人口与计划生育法规定，一对夫妻可以生育三个子女。这些政策的推行，有利于增加家庭人数，增强家庭养老功能。

---

① 钟涨宝、杨柳：《转型期农村家庭养老困境解析》，《西北农林科技大学学报》(社会科学版)2016第5期。

第二章 "善事父母"传统孝道的内涵、价值、悖论与困境

在漫长的中国封建社会中,"孝"一直是中华民族最基本、最核心、最重要的伦理道德和行为规范。"夫孝,德之本也,教之所由生也。"(《孝经·开宗明义章》)这句经典的语句,千百年来,一直被作为中国传统文化的核心内容之一,对整个中国传统社会产生了极其重要的影响。"善事父母"传统孝道表达了子女对父母养育之恩的感激和报答之情,反映了人类共通的、为各个阶层所普遍认同的价值观念,具有深远的历史意义。不仅如此,中国传统孝道对世界特别是东亚地区也产生了强大而深远的影响,具有普遍的世界意义。此外,每一个人都来自一个家庭,都从父母的怀抱中走来,直到现代社会,人们依然首先受到家庭滋养,然后才走入社会,成为社会的一份子。在一定程度上说,一个人在家庭中的模样决定了其在社会中的状态。一个人"善事父母"的态度、能力、结果,不仅反映其基本的德行,也反映其为人的品质和智慧。因此,"善事父母"之德又具有强烈的现实价值。

如此优秀的传统文化,我们应如何传承下来,并为今天的家庭道德建设所用,使其成为新时代中华文化的有机组成部分?我们必须努力做到"创造性转化,创新性发展"①。为此,我们首先应从"善事父母"传统孝道的内涵、历史价值、道德悖论及困境开始,对其加以探讨。

---

① 习近平:《在哲学社会科学工作座谈会上的讲话》,人民出版社2016年版,第17页。

第一节 "善事父母"传统孝道的内涵

在儒家典籍里,"善事父母"最初是孝的解释语,后逐渐成为孝道伦理的核心内涵被普遍认可。人们今天很少在口语交流中使用"善事父母"一词,多用"孝"来表达。尽管从语义上来说,二者并无太多的差别,但从内涵和外延来说,二者并不完全一致。

一、"善事父母"的基本语义及内在特征

《尔雅·释训》说"'善父母'曰孝",《说文解字》认为"孝,善事父母者。从老省,从子,子承老也",意思是说,"善事父母"之孝是通过子女承担支撑和奉养老人的道义之责来体现的。"善事父母"极为精练、准确地概括和界定了孝的核心要义,指出了孝这一伦理道德的中心所在。简言之,"善事父母"至少应包括两个方面的语义:一是"能事"父母,二是"善事"父母。"能事",即能够事奉、赡养、照顾;"善事",即能够妥善事奉、善于事奉。"能事"强调的是"事"的行为、事实、过程,"善事"强调"事"的智慧,内含一定的方式、方法、技巧。

(一)能够事奉父母

"用天之道,分地之利。谨身节用,以养父母。此庶人之孝也。"(《孝经·庶人章》)"是故孝子之事亲也,有三道焉:生则养,没则丧,丧毕则祭……尽此三道者,孝子之行也。"(《礼记·祭统》)事奉父母是"善事父母"的第一层含义。孝字的上下结构表明,孝发生在"老"与"子"之间,是"子"对"老"的作用和影响。事奉父母的过程涉及的因素众多,其中有主观的,也有客观的,而关系事奉父母效能的,既有单个要素,也有多个要素之间的关系。同时,这些关系集结起来又形成了"善

事父母"的内在特征。

1. "善事父母"的平衡性

人的需要是多样化的，总的来说，可分为两大类：一是物质性需要，二是精神性需要，二者缺一不可。传统孝道一方面重视孝养父母之身，为父母提供衣食住行等生活之所需，另一方面强调爱敬父母之心，给父母以精神慰藉。"修宫室，安床第，节饮食，养体之道也"（《吕氏春秋·孝行览》），这是"养有五道"之首。在传统孝道中，养心尤为重要，"小人皆能养其亲，君子不敬，何以辨？"（《礼记·坊记》）孔子云："啜菽饮水，尽其欢，斯之谓孝。"（《礼记·檀弓下》）尽管是吃豆羹喝清水，生活清苦，但能使老人精神愉快，这也就是孝了。《礼记》中还将"养体"与"养心"合在一处说明事奉父母的内在要求："孝子之养老也，乐其心，不违其志，乐其耳目，安其寝处，以其饮食忠养之。"（《礼记·内则》）意思是说，孝子事奉父母，要让父母的心情愉悦，不违背父母的意愿；让父母耳顺目悦，休息起居得以安逸，提供饮食奉养父母，直到生命结束。概括而言，"善事父母"既要"养体"，更强调"养心"，以"养体"为底线，以"养心"为高线，最佳状态是"养体"与"养心"相平衡，达到和谐。

2. "善事父母"的全面性

"善事父母"，不仅在于兼顾"养体"与"养心"，做到对父母身心照顾的平衡与和谐，而且还要照顾父母生活的方方面面，生养、死葬、祭祀样样不可偏废。孔子认为，事亲要讲究全面性，只有全面事奉父母，才能称得上真正的孝，并总结了诸项要义。《孝经·纪孝行章》记载："子曰：孝子之事亲也，居则致其敬，养则致其乐，病则致其忧，丧则致其哀，祭则致其严，五者备矣，然后能事亲。"孔子从生（居）、养、病、丧、祭五个方面阐述了"善事父母"的伦理道德要求。这五个方面从时序上较为全面地划分了子女在父母不同的人生阶段应尽的孝道义务。《吕氏春秋·孝行览》中也有类似的记载："养有五道：修宫室，安床第，节饮食，养体之道也；树五色，施五采，列文章，养目之道也；正六律，和五声，杂八音，养耳之道也；熟五谷，烹六畜，和煎调，养口之道也；和颜色，说言语，敬进退，养志之道也。此五者，代进而序用之，可谓善养矣。"养体、养目、养耳、养口、养志"五养"则从现实具体的层面概括了父母之需，为"善事父母"提供了较为全面的五个向度。

3. "善事父母"的层次性

孝的评判标准的层次性，决定了"善事父母"的层次性特征。孝的评价标准很多，主要包括主观标准和客观标准。主观标准是指作为主体的父母与子女的主观意愿及由此产生的相应行为倾向。客观标准是指子女孝敬父母的客观结果和客观事实。纵观传统孝道文典，可以看出"体养"（"能养"）、"爱敬"（"弗辱"）、"继志"（"尊亲"）是"善事父母"的三个层次。生理性需要是人的第一位的需要，"善事父母"自然要首先为父母提供居所衣食等方面的物质条件，使得父母能够安享晚年。因此，"体养"是孝的基本内涵，也是孝的原初要求。另外，在中国古代，生产力水平有限，对于普通百姓而言，"体养"便可以称为"孝"了，而不能养则必然是不孝。孟子"五不孝"中的前三不孝："惰其四支""博弈好饮酒""好货财，私妻子"（《孟子·离娄下》），就意在强调第一层次的道德规范。随着对孝的研究不断深入，儒家认为，孝不但指"体养"，更意味着子女要有"爱敬"之心，不让父母受到侮辱，要给予父母心理慰藉，满足父母的情感需要。"今之孝者，是谓能养。至于犬马，皆能有养。不敬，何以别乎？"（《论语·为政》）孟子说："孝子之至，莫大乎尊亲。"（《孟子·万章章句上》）孝的最高境界莫过于"继志述事"，立身扬名，以显父母。《孝经》更是把发奋进取，成就功名，修身行道，效忠君王，扬名后世誉为"孝之终"，这是传统意义上孝的最高境界和道德要求。

（二）善于事奉父母

对"善事父母"这一概念的把握，关键在于如何理解这个"善"字。一般认为，"善事父母"就是事之以善，即善待父母，对父母好，给"事"以合乎伦理道德的价值规定。我们认为，这里的"善"不仅指"事"的道德结果，更强调"事"的伦理过程，即把"善"更多地理解为"妥善"

"善于"。之所以如此，一方面是基于公平回报思想的学理性考量，另一方面在于现实生活中对子女事奉父母方式、方法的技术性要求。

1."善事父母"首先要回报父母

根据"善事父母"的语义逻辑，我们可以清晰地看到传统孝道内含一种非常质朴的家庭伦理的公平观念：父母养育子女长大成人，子女应当回报父母的养育之恩。"宰我问：三年之丧，期已久矣！""子曰：予之不仁也！子生三年，然后免于父母之怀。夫三年之丧，天下之通丧也，予也有三年之爱于其父母乎！"（《论语·阳货》）宰我问孝于孔子说：三年的居丧守孝，未免太久了吧！孔子说：宰我不仁爱啊！子女生下来三年后才脱离父母的怀抱。三年之丧是天下普遍遵守的礼制，宰我难道没有得到父母三年的爱护吗？孔子对其弟子宰我的严肃教育充分地表达了"善事父母"传统孝道之公平思想。我国著名社会学家费孝通先生也提出过类似的观点，他认为，父母养育子女与子女"善事父母"二者构成一种前后相延的因果关系，父母养育子女在先，待到父母无劳动能力之时，子女理应回报父母。

现在的问题是，子女该如何回报父母呢？或者说，子女该以什么形式回报父母呢？对此有学者基于"经济交换"的公平观念，认为子女应该以经济形式回报父母。"生育子女并把他们抚育成劳动力所需的劳动产品是父母用自己的必要劳动生产出来的。没有父母的抚养投入，年幼的子女就无法生存和成长。特别是在农业社会。父母丧失了劳动能力后，如果没有子女的赡养，就无法安度晚年。这种父母与子女之间的相互依存、相互供养，就是通过两代人之间的经济交换来实现的。"[①]这种理解虽有一定道理，但显然又是有失偏颇的。父母与子女之间的相互支持，不仅仅是物质的，更多的是精神上的慰藉。比如，相互陪伴不需要太多的物质支撑也能实现。这一点古人的认识也很到位。"孟武伯问孝，子曰：'父母唯其疾之忧。'"（《论语·为政》）我们知道，子女幼小时，父母予以无微不至的关怀和照料，而中国传统孝道讲究的回报，就是将心比心，回报父母"善

---

① 熊必俊：《养老育幼是通过代际经济交换实现的》，《人口研究》（增刊）1999年第23期。

事"子女的慈爱、辛劳、心血，而不仅仅是报以金钱和物质。

随着经济社会的发展和社会保障的不断完善，越来越多的老年人在物质上对子女的依赖程度在不断减弱，养老形式不再局限于家庭养老，而是逐渐从家庭养老向社会养老过渡，父母与子女之间的"经济交换"已不那么明显，"经济交换"已经逐渐让位于"情感交换"。父母对子女的爱是子女健康成长的关键因素，没有父母的感情关怀和滋养，就不会有子女的快乐成长。而逐渐退出社会生活的年老的父母，就像年幼的子女一样，在情感方面特别需要呵护。因此，子女"善事父母"必须将父母的情感需要放在突出位置，要像父母关爱子女那样去关爱父母。

2."善事父母"还需充满智慧

子曰："色难。有事，弟子服其劳；有酒食，先生馔。曾是以为孝乎？"（《论语·为政》）孔子认为，有事抢着做，有好吃好喝好用的尽给父母用，仅这样做并不是孝的全部，最难的还是和颜悦色的态度。这里强调的"难"其实是指"善事父母"的态度，实践中需要充满智慧。子曰："父母在，不远游，游必有方。"（《论语·里仁》）南怀瑾先生在《论语别裁》中认为，这里的"方"并不是"方向"的意思，更为贴切的理解应该是指"方法"或"智慧"。父母年迈，子女又不得不外出，不能在身边尽孝，如果只是告诉了父母远游的方向，显然还不足以消除父母的忧虑和牵挂，同时也是逃避赡养父母责任和义务的表现。这明显不符合"善事父母"传统孝道伦理的道德规范。所以，"游必有方"是指子女不得已而远游时，必须妥善安顿父母。这样，虽不能亲自事奉父母，但仍可以保证父母有所依，有所养。因此，"善事父母"还有一个方式、方法或技巧的问题，需要我们充满智慧地去解决。

抚育幼子需要父母掌握一定的方法，"善事父母"同样要求子女掌握一定的"孝法"，具备一定的"孝智"。父母作为成年人，不会像幼童那样"无知""无能"，但在子女事奉的过程中双方也会出现一些沟通障碍。这些沟通障碍归结起来可分为两大类：一是父母不明确的需求，如不好言说的要求、不便表达的需要、不能诉说的苦恼等；二是父母与子女之间明显的冲突，如意见不一、观点不同、价值相左等。对于父母不明确的需求，如果子女不注意细心观察，用心体悟，忧父母之所忧，乐父母之所乐，就很难抓住"善事父母"的要义，不能切准症结，就会事倍功半，甚至适得其反。对于父母与子女之间明显的冲突，如果子女不能有效化解分歧，消除隔阂，妥善处理，则会导致互相对立、关系紧张、伤害感情。

传统孝道经典中关于孝道的实施，多处体现了孝的方法和智慧。我们通过经典文献中对"谏"的规范可见一斑。《孔子家语·六本》记载，对于父亲瞽叟的屡屡伤害，舜"小棰则待过，大杖则逃走"。这并不是说舜珍爱自己的生命，而是不想让其父犯杀子之罪。因此，"父有争子，则身不陷于不义。故当不义，则子不可以不争于父"（《孝经·谏诤章》）。"子曰：'事父母几谏，见志不从，又敬不违，劳而不怨。'"（《论语·里仁》）孔子认为，对于父母不对的地方，要尽力劝告，若父母不听劝告，仍要恭敬顺从，不能违背父母意愿，听从父母且不怨恨父母。《大戴礼记·曾子事父母》对于"谏"的孝道智慧说得更明白："父母之行若中道，则从；若不中道，则谏；谏而不用，行之如由己。从而不谏，非孝也；谏而不从，亦非孝也。"说的是，如果父母的行为合乎正道，那么就要顺从他们；如果不合乎正道，作为子女就必须劝谏他们；如劝谏未被父母采用，那么父母行为所产生的后果子女也要承担。盲目听从父母而不劝谏，就是不孝；劝谏无效而不听从的，也是不孝。在这里，儒家孝道意在通过"谏"，强调子女对父母的恭敬和绝对服从，但仍隐晦地蕴含了一定的孝子之道的道德智慧。

二、"善事父母"传统孝道的历史演变

"善事父母"的传统孝道历经千百年，随着社会的变化而变化，随着历史的发展而发展。按照事物发展变化的一般规律和客观历史事实，"善事父母"传统孝道在我国古代历史上的演变历程大致可以划分成产生、内涵的延伸与发展、异变三个基本阶段。

（一）"善事父母"传统孝道的产生

马克思指出："人们按照自己的物质生产率建立相应的社会关系，正是这些人又按照自己的社会关系创造了相应的原理、观念和范畴。"①孝的观念正是这种社会关系的产物。在生产力水平极其低下的人类社会早期，原始人类在同自然界长期斗争的过程中，逐渐意识到只有依靠集体的力量才能抵御来自自然界的威胁而生存繁衍下去。在氏族部落的范围内，自然的血缘关系起着主要的纽带作用。在以血缘亲情为纽带的氏族部落中，自然地形成了一定的行为规范和要求，以协调氏族部落成员间的关系。这些淳朴、自然的规范和要求中，包括晚辈对长辈的赡养，并逐渐成为氏族部落成员普遍遵守的道德传统。这便是最初的孝意识。

在原始母系氏族部落中，实行群婚制，老人的赡养是由氏族部落成员共同完成的。后来，随着私有财产的产生，特别是阶级和国家的出现，人与人之间的关系越来越复杂，以专偶婚为基础的"家居"出现，"个体家庭"成为原始社会的基本单位，为原始孝意识向"善事父母"的孝德伦理的演变提供了必要的条件。"一夫一妻制使父子关系确实可靠，而且导致承认并确定了子女对于其先父财产的独占权利"②的情况下，原始孝意识得到了进一步的强化，并成为道德的基本内容，从而也使其获得了初步的伦理规定。在中国古代文献中，"孝"字的出现最初就是对这种孝道观念的表达和反映。"孝"字，在甲骨文中表示祭祀祖先时有所奉献的形象，《说文解字》解释为："孝，善事父母者。从老省，从子，子承老也。"而甲骨文、金文中"老""考""孝"三字相通。这里的"老"，不仅指在世的父母，还应包括故世的先祖，对他们都应奉献、善事。但"孝"字产生之初，仅用作地名、人名（指祭祀祖先之地、主祭之人），后来才指谓具有普适性的孝德。这种指谓的变迁，开始于殷末西周。

然而，真正将孝意识提升到孝德的层面还要追溯到以孔子为代表的儒

---

① 《马克思恩格斯文集》第一卷，人民出版社2009年版，第603页。

② 马克思：《摩尔根〈古代社会〉一书摘要》，人民出版社1965年版，第63页。

家学派。孔子将"孝"德确立为儒家伦理思想的根本地位，非出偶然，既源于当时社会变革的需要，也源于孔子的智慧。我们知道，孔子十分崇尚周礼，"信而好古"（《论语·述而》），主张"为国以礼"（《论语·先进》）。他说："周监于二代，郁郁乎文哉！吾从周。"（《论语·八佾》）"如有用我者，吾其为东周乎！"（《论语·阳货》）他认为自己的使命就是要恢复周礼。孔子对周代所倡行的孝德给以充分的发扬，并使之成为系统化、理论化的伦理体系。主要表现在他在继承前人伦理思想的基础上，将"仁""礼""孝""忠""悌""恕"等德目重新定位，并赋予新意。尤其将"孝"放在极高的位置，把"善事父母"的"孝德"确定为百行之本。如"夫孝，德之本也，教之所由生也"（《孝经·开宗明义章》），"孝者，人道之至德"（《亢仓子·训道》）等。同时，以此为基础建构他的伦理体系。

"孩提之童，无不知爱其亲者。"（《孟子·尽心章句上》）孝，本意为子女对父母的自然血亲，自古以来，人皆有之。孔子认为，孝可以善人心、睦宗族、美风俗，因此，他极力提倡之，并有意强化之。另外，他还看到，孝亲之情是人性使然，具有很强的普适性和普世性。"立爱自亲始，教民睦也"（《礼记·祭义》），提倡这一善端，最容易为人们所接受，因而在改变世道人心上也最有效。基于此，孔子将原始孝意识与人伦道德联系起来，将最初的孝德规范提高到真正的伦理道德层面[①]。

（二）"善事父母"传统孝道内涵的延伸与发展

在孔子那里，孝仅仅指家庭内部子女与父母之间的伦理关系，强调子女对父母爱敬的道德意识和道德行为，只是众多美德之一种。但在其继承者特别是从曾子开始，孝道开始从家庭伦理向其他领域延伸。曾子认为："故居处不庄，非孝也；事君不忠，非孝也；莅官不敬，非孝也；朋友不信，非孝也；战阵无勇，非孝也。"（《大戴礼记·曾子大孝》）从而可以看出，在曾子那里，孝的范畴被大大延伸了，"善事父母"传统孝道也从

---

① 许刚：《中国孝文化十讲》，凤凰出版社2011年版，第1页。

家庭"孝德"伦理向治国安邦的社会"孝治"伦理层面延伸和发展。儒家把"善事父母"的孝道从家庭领域延伸至社会领域,是对孝的功能的延伸,实质上是"孝德"的政治化。

儒家认为,以爱敬存于心去孝顺父母,使父母安享晚年,家庭便可和睦融洽。《论语·学而》记载:"其为人也孝弟,而好犯上者,鲜矣;不好犯上,而好作乱者,未之有也。"有孝心者,必严于律己,言行恭敬、忠于事君、取信于友、处事谨慎、勇而无畏,若人人如此,社会便得以和谐安定。孟子提出"老吾老以及人之老,幼吾幼以及人之幼"(《孟子·梁惠王上》)的思想,并进一步指出"天下之本在国,国之本在家,家之本在身","人人亲其亲、长其长,而天下平"(《孟子·离娄章句上》),即在家族和家庭的关系中维持和睦,必须做到父慈子孝、兄弟相爱、夫和妇柔,如此,国家才能安宁。

"善事父母"家庭"孝德"的政治化在奴隶社会后期已经出现,到汉代达到极致。汉代孝的政治化一方面极大地显性化、具体化、体系化,在汉代的统治中发挥着重要的政治作用,另一方面积累了许多经验和教训,并对后世产生了巨大的影响。汉代也因此成为"以孝治天下"的典范。"爱敬尽于事亲,而德教加于百姓,刑于四海"(《孝经·天子章》),君主统治天下,要以身示范,通过爱敬父母,实现孝治天下的目的。为了达到政治统治的目的,汉王朝不遗余力地开展"以孝治天下":天子身体力行,率先垂范,重视孝行,设置孝悌常员,尊重高寿翁妪,体恤年老病残,褒奖行孝悌者,严惩"不孝罪"者,宣传杰出"孝子",开设"举孝察廉",普及民间孝道,实行养老政策,维护父母特权,重视孝道文典,广推孝行,等等①。在400多年的统治过程中,汉代建立了一套以"善事父母"孝道伦理为核心的较为完整的社会统治体系,把孝作为治国安民的主要精神力量和工具,把孝当作"天之经也,地之义也,民之行也"(《孝经·三才章》)。汉代及以后的数个朝代的统治者将孝观念渗透到社会政治生活的方方面面,孝道不仅是规定、调节家庭内部成员——包括

---

① 杨志刚:《〈孝经〉与孝文化》,人民日报出版社2014年版,第43页。

父母与子女、兄弟姐妹之间（孝悌并举）关系的行为准则，而且也成为规定和调节家庭与国家、臣民与国君之间关系的行为准则。

"孝德"的政治化延伸和发展，当然离不开一定统治者和政治家的政治觉悟和政治智慧，但更为深刻的原因是蕴藏在孝道伦理之中的内在必然性，即"孝德"与"孝治"相互融通的文化渊源①，以及儒家学说经世致用的学术旨趣与实践品质。

儒家向来不空谈理论，而讲究经世致用，儒家学说关注的核心和焦点是如何改变世道和人道，这是儒学的学术旨趣与实践品质。在儒家看来，世道是人的世道，故世道即人道；人道是世道中的人道，故人道即世道。因此，改变世道往往要从改变人道开始，而改变人道往往就是在改变世道。孔子及其后人以"善事父母"之孝道伦理为起点，予以合理引申，实现了由"孝德"到"孝治"的提升。

孔子所处的时代是春秋末年，由于奴隶暴动和"国人"斗争加剧，整个社会政治制度发生了根本性的动摇，随之出现了"礼崩乐坏""天下无道"的局面：子弑父、臣弑君、父杀子、君杀臣的事情屡见不鲜，人与人之间的关系变得异常紧张和复杂。面对这样一个群雄纷争、征伐迭起、弑篡不绝、民不聊生、人心冷漠、唯利是图、自私狭隘的混乱时代，孔子提倡恢复周礼，希冀一个"人不独亲其亲，不独子其子"，"老有所终，壮有所用，幼有所长，矜寡孤独废疾者皆有所养"（《礼记·礼运》），"天下为公"的大同社会。

孔子以其独到的眼光和敏锐的智慧，认识到人与人之间的关系之所以破裂，严格的"礼"制之所以无法发挥作用的重要原因在于人与人不相爱，彼此缺乏同情之心。他认为，如果人人相爱，就不会出现子弑父、臣弑君、父杀子、君杀臣的违背"礼"的事情，礼治也不会崩溃。为了缓和

---

① 或谓孔子曰："子奚不为政?"子曰："《书》云：'孝乎! 惟孝友于兄弟,施于有政.'是亦为政,奚其为为政?"（《论语·为政》）孔子认为,孝是人的"至德要道",推行"孝德"就是"为政",最终目的就是改变不合理的世道。儒家"修身、齐家、治国、平天下"的逻辑是"由家及国"的政治逻辑的反映,在儒家文化中,"伦常（孝悌）即政治,而伦常又具有崇高的本体性质,情与理,宗教、伦理与政治混而不分,便根深蒂固了"。参见李泽厚:《论语今读》,世界图书出版有限公司北京分公司2018年版,第40页。

人们之间的关系，稳定社会，维护根本大法——礼，孔子提出"仁者爱人"的主张，将"爱人"作为正确处理人伦关系的主要手段和最高的道德原则。但是，怎样才能使"人不独亲其亲，不独子其子"呢？儒家认为，"爱人"之心最突出、最牢固、最可靠的莫过于子女与父母之间的爱，如果能将孝德化于心，孝行行于身，进而推及天下人的父母，视天下人的父母为自己的父母，那么就可以达到"博爱"的境界。如能人人如此，则天下大治。

（三）"善事父母"传统孝道的异变

孝道伦理发展至汉王朝，其"官化"程度大大提高，政治功能更加明显，孝成为阶级统治最热衷且有力的统治工具。与此同时，统治阶级对"以孝治天下"的理论诉求也更加强烈，主要表现为对专制皇权及人伦纲常合理性的说明与论证。相对于先秦儒学把"善事父母"的孝道伦理诉诸鲜活的现实生活和真切的人类感情，自董仲舒等汉儒开始及后来的宋明理学则把现实生活中的人间伦常天道化，陷入唯心主义的神秘漩涡。

西汉中期，封建政权日益巩固，但地主阶级与农民阶级的矛盾也随之尖锐起来。为了缓和阶级矛盾，维护中央集权的封建君主专制统治，董仲舒提出"罢黜百家，独尊儒术"的主张，并从唯心主义出发，杂糅多家学说，对儒家思想进行了改造与发展，形成了以"君为臣纲、父为子纲、夫为妻纲"的"三纲"学说为核心的封建伦理道德规范体系。

董仲舒首先从天人关系的哲学问题入手，提出了"人副天数"的命题，把人看作天的副本，声称人与天乃"数与之相参，故命与之相连"（《春秋繁露·人副天数》）。《春秋繁露·人副天数》言："人受命乎天也，故超然有以倚……天以终岁之数，成人之身，故小节三百六十六，副日数也；大节十二分，副月数也；内有五脏，副五行数也；外有四肢，副四时数也；乍视乍瞑，副昼夜也；乍刚乍柔，副冬夏也；乍哀乍乐，副阴阳也；心有计虑，副度数也；行有伦理，副天地也；此皆暗肤著身，与人俱生，比而偶之弇合。于其可数也，副数；不可数者，副类。皆当同而副天，一也。是故陈其有形以著其无形者，拘其可数以著其不可数者，以此言道之亦宜以类相应，犹其形也，以数相中也。"

在伦理道德上，董仲舒认为"人之血气，化天志而仁，人之德行，化天理而义"（《春秋繁露·为人者天》），他以神学世界观对天人关系作了形而上学的比附，将人间伦常虚幻化、神秘化。

汉以后，"善事父母"传统孝道继续发展，宋明理学将其进一步升华，达到了登峰造极的地步。宋明理学在对"善事父母"传统孝道的改造方面，较之董仲舒孝道的神秘化实有过之而无不及。程朱理学的孝道伦理思想的突出特点在于以其理学思想为依据来说明孝道伦理与"天理"的关系，使孝道伦理更加哲学化、系统化。

汉唐以来的孝道政治化使孝道伦理越来越依附于政治，成为封建专制统治的附庸和工具。而汉儒及宋明理学出于维护封建专制统治的需要对传统孝道的异变解读与发展直接导致了孝道伦理的畸形与异化。"父者，子之天也"（《春秋繁露·顺命》），子女孝顺父母不再是出于遵循公平原则，也不再是出于人的血缘亲情，而是听"天命"，顺"天理"。"父子者，何谓也？父者，矩也，以法度教子也；子者，孳孳无已也。"（《白虎通义·三纲六纪》）子女要绝对服从父母，需恭敬从命，无己无我，子女的一切皆属父母所有，包括财产、精神、婚姻，乃至身家性命，至此，"善事父母"传统孝道成为套在被剥削阶级项上的枷锁和阻碍社会文明进步的绊脚石。

三、"善事父母"的道德要求

"善事父母"的目的在于让父母生活无忧、心情舒畅、安享晚年，然而这种朴素的道德追求，在现实生活中却并不是那么容易地得以实现的，总会出现这样或那样的偏差，存在这样或那样的问题。当然，其原因是复杂的，一般来说，一方面源于诸多外在客观因素的制约，另一方面源于个人对"善事父母"内在要求片面、含糊的理解。从道德价值的逻辑来分析，我们认为"善事父母"应当包含孝心、孝行、孝法三个方面的道德要求。

（一）"善事父母"之孝心

孝心，即对父母养育之恩所持有的良知。这一点在《论语》的相关记述中有很好的诠释。如："孟武伯问孝，子曰：'父母唯其疾之忧。'"（《论语·为政》）孔子认为，子女爱父母，就不应该让父母担心。除生病不能避免外，不要让父母担忧子女的任何事情，这是子女爱父母的深义。再如，"父母之年，不可不知也。一则以喜，一则以惧。"（《论语·里仁》）为人子女要了解父母的年龄，一方面为他们的长寿而高兴，另一方面为他们的衰老而担忧。如果子女对父母没有关注，没有牵挂，就不可能做到这样。而这种关注和牵挂，对于子女而言，就是孝心。所谓"百善孝为先，原心不原迹，原迹天下无孝子"，说的就是子女对于父母的孝，关键在于有孝心。

我们知道，父母对子女的舐犊之情是人的本能，而子女对父母的孝心并不会天生就有，而是需要后天养成。如果子女没有养成孝心，就不可能做善待父母之事。因此，古人在培养子女孝心方面很是用力，如《三字经》中有"香九龄，能温席，孝于亲，所当执"的要求；《小儿语》中有"宁替父母分过，莫为父母添祸"的规劝；《弟子规》中有"父母呼，应勿缓；父母命，行勿懒"，"丧尽礼，祭尽诚，事死者，如事生"的规约；等等。这些都是十分具体的培养子女孝心的行为规范。

（二）"善事父母"之孝行

孝行，即尽孝的实际行动。从价值结构看，孝行要求子女对父母要做到养体和养心两个方面。即所谓"修宫室，安床第，节饮食，养体之道也"（《吕氏春秋·孝行览》），"孝子之养老也，乐其心，不违其志，乐其耳目，安其寝处，以其饮食忠养之"（《礼记·内则》）等。在孔子那里，相对于养体，养心更为重要，"今之孝者，是谓能养。至于犬马，皆能有养。不敬，何以别乎?"(《论语·为政》) 就是说，人们一般以为能养活父母就是尽孝了，但是即使犬马类的动物都能够得到人的饲养，如果没有对父母心怀敬意，那么赡养父母与饲养犬马又有什么区别呢? 又说:"啜菽饮水，尽其欢，斯之谓孝。"(《礼记·檀弓下》) 尽管是吃豆羹喝清水，生活清苦，但能使老人精神愉快，这也就是孝了。可见，对子女的孝行，孔子十分强调养心的内在要求。

这种对于孝行的认识符合人们的生活逻辑，极具实事求是的品质。"体"是物质性存在，因此，养体在很大程度上依赖于物质基础，受制于经济条件，在现实生活中具有很大的局限性。就养体而言，不同的人的实际能力大小是不同的，能够在物质上满足父母要求的程度也各不相同，富裕人家子女自然可以满足父母更多的物质享受，而对贫穷人家子女对于父母的孝行就无法用同样的标准来衡量。显然，养体只能作为孝行的内在要求之一，而不能作为判断子女是否尽孝的标准，但是养心则可以作为标准而存在。因为让父母精神上得到愉悦，是每一个子女都可以尽力做到的。虽然不同的父母的素质和要求不尽相同，但是对于子女的期望却有很多相似之处。子女身体健康，事业进步，实现父母的心愿等，几乎是所有父母对子女的共同要求和期盼，这些方面获得满足，都可以使父母身心愉悦。而对于子女来说，无论物质条件如何，都可以努力尽一分孝心。这样我们看到，强调养心之孝行大大地拓展了孝行的运作空间和实现的可能性，丰富了"善事父母"的内涵和要求。

（三）"善事父母"之孝法

孝法，即表达孝心和孝行的方式方法。"善事父母"要求子女不仅要怀有孝心，付诸孝行，还要考虑方式方法。"善事父母"在逻辑上除了表现为孝心与孝行之"善"，即尽孝之心的善意和尽孝之行的善果以外，还应当包含与孝心和孝行相适应的"孝法"，只有将"孝心""孝行""孝法"三者统一起来才能真正实现"善事父母"孝道的价值本义。换句话说，就是孝心之善必须通过恰当的孝法才可能获得行孝之善果，否则，就不能达到目的甚至走向孝心之善的反面。这一认识并非我们今天的创新，其实早在两千多年前的春秋战国时期，先哲们就已经开始注意到这个问题了。孔子认为只有做到"生，事之以礼。死，葬之以礼，祭之以礼"（《论语·为政》）才能算作孝。又说"三年无改于父之道，可谓孝矣"（《论语·学而》），"父母在，不远游，游必有方"（《论语·里仁》），这些都是在强调"善事父母"的方式方法。然而，孔子所提倡的"孝法"到了后来，特别是宋明时期，被理学家们选择性发挥后，越来越强化"孝法"的外在形式，而弱化其内在要求。比如，"父母在，不远游，游必有方"，在后世传诵的《三字经》中，就被删减为"父母在，不远游"。诸如此类，以至后世对于"善事父母"的理解，严重轻视乃至忽视"孝法"，只是一味地要求子女尽孝，而不问该怎么尽孝，有没有能力和条件尽孝，漠视子女自身生存与发展的需求，片面强调对父母的"善意"和"善果"，使得人们在尽孝的问题上演绎出许多愚孝的荒唐故事来，如"卧冰求鲤""割股疗亲"等，几乎都是以牺牲子女的身心健康与自我发展为代价的。

第二节 "善事父母"的历史价值

孝是中华民族的传统美德，深深地植根于每个中国人的内心深处。总体来说，中国传统孝道伦理以维护封建等级和宗法制度、服务和服从于封建专制统治为宗旨。但传统孝道伦理在长期的历史发展过程中，积累了丰富的人生哲理和深邃的人文精神，其中一些精华内容具有了超越意识形态、超越社会制度、超越时代和阶级局限的特质，对我国家庭伦理道德建设和社会的和谐发展发挥了不可替代的作用。当今时代，特别是社会转型发展的重要时期，挖掘和梳理"善事父母"的历史价值，对于传统孝道伦理思想的当代传承和创新将大有裨益。

一、"善事父母"传统孝道是构建美满幸福家庭的基础

不论什么时代，哪个民族，何种国家，追求家庭的美满幸福始终是人们的美好向往，美好的家庭理想指引着无数人为之努力，为之奋斗，为之付出，甚至为之牺牲。家庭是以血缘关系为基本纽带的组织，父母与子女的血亲关系则是维系这种纽带最为可靠和确定的基础和保障。对于子女来说，"善事父母"才能更好地维系血亲纽带，构建美满幸福的家庭。"善事父母"之孝是中国传统文化的精华和中华民族的传统美德。自其产生之日起便在协调家庭成员的关系，形成良好的家庭风气，发挥家庭教育的功能等方面起重要的作用，是构建美满幸福家庭的基础。

（一）创建和睦的家庭

家庭是社会的基本细胞，是人们生活的主要场所。家庭和睦的基础在于家庭关系恰当。家庭关系是家庭成员最基本的社会关系，家庭关系如何也将在很大程度上影响家庭成员其他社会关系的建立和发展。家庭关系由多种关系构成，从主体上看，有父母子女关系、夫妻关系、兄弟关系等，其中以父母与子女之间构成的亲子关系最为基础。在传统社会中，为了维系家庭关系，人们提出了父严、母慈、子孝、夫和、妻顺、兄友、弟恭等家庭道德规范，并在这些家庭道德规范中，确立了"子孝"这一核心内容，且以"善事父母"之"子孝"为基本的道德准则和行为规范，规范和约束家庭成员的行为，调节家庭成员之间的关系。

1. "善事父母"有利于改善亲子关系

父母与子女之间的关系是怎样的？在古老的中国文字记载中，甲骨文把"老"与"子"组合成"孝"字。《说文解字》进一步解释道："孝，善事父母者。从老省，从子，子承老也。"在先秦儒家孝道伦理思想中，作为长辈的父母与作为晚辈的子女的伦理关系是确定的，即子女由父母交合而生，父母赐予子女以生命，抚养其成长，因此，子女理应以报恩之心回

报父母即"善事父母"。然而，在现实生活中，人与人之间在年龄、性格、观念、志趣等方面存在很大差异，父母与子女也不例外，难免出现代沟，因而子女与父母的利益矛盾、思想矛盾也就不可避免了。传统社会中的亲子和睦是以子女在父权制度下的尽孝为前提的，"善事父母"从孝心到孝行再到孝法的内涵和要求为强化亲子关系提供了有力支撑。

爱敬父母要求子女顺从父母的意愿，不能顶撞和忤逆父母，侍奉父母不能违背礼制，要对父母给予精神上的关心和尊重。此谓"孝顺"。孔子说："夫善事父母，敬顺为本，意以承之，顺承颜色，无所不至。发一言，举一意，不敢忘父母；营一手，措一足，不敢忘父母。"（《亢仓子·训道》）爱敬父母要求子女实现对父母血脉的继承，延续和发扬父母的志向，此谓"孝继"。"身体发肤，受之父母，不敢毁伤，孝之始也"（《孝经·开宗明义章》），子女要珍爱父母给自己的身体。"父在观其志，父没观其行，三年无改于父之道，可谓孝矣"（《论语·学而》），要求子女要努力做到"立身行道，扬名于后世，以显父母"（《孝经·开宗明义章》）。爱敬父母要求子女对于已逝的父母"葬之以礼，祭之以礼"（《论语·为政》），此谓"孝丧孝祭"。孔子认为，"三年之丧"是感念父母养育之恩的仁心，孝丧孝祭都要按照礼制，藉以虔诚之心，"祭思敬，丧思哀，其可已矣"（《论语·子张》）。在传统伦理规范中，子女奉养父母的孝行是孝道的最基本内容，也是规范父母子女关系的起码要求。父母年迈，生活能力下降，周全的照顾才能让父母免于忧虑，心生欣慰和愉悦，有利于亲子关系的融洽。一般来说，周全的照顾就是要考虑周到，从内容上看，要了解父母需要什么，衣、食、住、行、情感一个都不能少；从时间上看，要根据父母不同的生命阶段和特殊的时期予以选择性、有重点的照顾；从方式上看，必须从父母的角度考虑，以父母能够接受的方式给予关怀，而不是从自己出发，不顾父母的感受施以"恩惠"。《礼记·王制》就曾对父母的周全照顾做过精细的论述。如在饮食方面，"五十异粮，六十宿肉，七十贰膳，八十常珍，九十饮食不离寝，膳饮从于游可也"。父母五十岁以后，就要为他们准备精粮；六十岁，要经常有肉食；七十岁，要有副食；到了八十岁，要吃珍品；九十岁，要随时提供饮食。

"善事父母"之"善"内含方式方法的意思。在行孝的过程中，方式方法尤为重要。毛泽东同志指出："我们的任务是过河，但是没有桥或没有船就不能过。不解决桥或船的问题，过河就是一句空话。"①能够以恰当的方式方法事奉和回报父母，才能获得行孝之善果和亲子关系的良性发展。从方式上来看，事奉父母要依据一定的礼制，不能乱了礼，"生，事之以礼；死，葬之以礼，祭之以礼"（《论语·为政》）。从方法上看，子女要讲究一定的科学思想方法和具体操作方法，通过"望、闻、问、切"体悟父母之所需，洞察父母之所思，了解父母之所想。

2. "善事父母"有利于和谐夫妻关系

夫妻关系是家庭关系中一个重要的关系，在不同历史时期夫妻关系在家庭关系中的地位也是不同的。家长制社会中，夫妻关系并不是家庭关系的核心，夫妻关系必须服从家长的权威。近代以来，特别是当代社会核心家庭的出现，使夫妻关系变成家庭关系中的核心关系。然而，不论是在传统家庭，还是在当今核心家庭，父母与子女的关系都以这样或那样的方式影响着夫妻关系。

"善事父母"孝道伦理有利于夫妻之间达成思想观念的一致性。和睦的夫妻关系，是以爱情为基础的"你中有我，我中有你"的理之所通的和顺、情之所动的和乐、业之所系的和谐。和睦的夫妻关系首先是建立在夫妻情感和谐基础上的。社会变迁使家庭功能发生了巨大变化，家庭由"经济共同体""生育共同体"转向"心理-文化共同体"。家庭成员共同生活，夫妻情感日益加深而居首位，情感交融是夫妻关系和谐的显著特征。现代及未来的夫妻关系，不仅以情感为基础，而且强调情感与义务的有机统一、情感与价值观的有机统一。婚姻生活中既有相互的情感吸引，又以思想观念上的一致为基础。孝道伦理在传统文化中居于核心地位，长期以来，深刻地影响着人们的思想观念，进而影响其他社会关系。众所周知，虽然不一定人人均会成为父母，但人人必定有父母，有父母者必定存在一

---

① 《毛泽东选集》第一卷，人民出版社1991年版，第139页。

定的孝道观念。身为子女的夫妻双方在相亲相爱的同时，不可避免地要面对"善事父母"这一共同的家庭伦理道德问题。然而，由于环境、教育、思想等方面的差异，在如何对待父母的问题上，人们的思想价值观往往会存在差异甚至互相对立，这势必会造成夫妻感情的危机乃至夫妻关系的破裂。因此，夫妻双方只有共同树立一致的"善事父母"孝道观念，才有可能在根本上处理好夫妻关系。

"善事父母"孝道伦理有利于实现夫妻双方义务的对等性。"妻子好合，如鼓琴瑟"（《诗经·小雅》），夫妻之间相互恩爱，和谐相处，像琴瑟那样共同弹奏出生活的美好乐章。现代社会，男女之间的权利义务平等已经成为共识和夫妻伦理道德的准则，"百年好合"的婚姻越来越依靠夫妻关系的平等性。当然，这种平等性不仅表现在夫妻双方个人的情感、人格、地位等方面，还表现为对待双方家人特别是双方父母上。在现实生活中，夫妻二人感情良好但因为在赡养彼此父母方面出现重大矛盾而导致感情破裂、分道扬镳者不在少数。由此可见，"善事父母"对夫妻关系有重大影响。在传统婚姻家庭中，"善事父母"的主体一般指男方，女方只需顺夫之意即可，而"善事父母"的客体一般指男方的父母长辈。随着"善事父母"传统孝道的现代转型，现代家庭伦理要求夫妻双方，不仅要善事与自己存在血缘关系的父母，还要把对方的父母当作自己的血亲父母一样，尽子女之孝道，如此方能建立相对对等的家庭义务关系，构建和谐的夫妻关系。

3. "善事父母"有利于调节兄弟关系

兄弟乃手足同胞，所谓"分形连气之人"。兄弟关系是家庭关系的重要组成部分。在传统家庭伦理关系中，兄弟关系仅次于父子关系，甚至排在夫妻关系之前,居"六亲"①第二位。兄弟友爱则家庭和睦,反之"兄弟不和,家庭间尽是戾气,虽有妻子之乐,不乐矣"②。兄弟生长在同一个家庭之中,他们长期共同生活,受"善事父母"孝道文化的熏陶,形成一种无形的向心力,有利于养成相互信任、相互关心、相互帮助的手足之情。

"悌"是传统兄弟伦理的核心理念,是处理兄弟关系的道德准则和行为规范。"悌",从心,从弟,即心中有弟,意谓兄弟间彼此友爱。兄友弟恭是"悌"的具体内涵。"友"是兄对弟的道德规范,要求兄要挚爱、关心弟;"恭"是弟对兄的道德规范,要求弟对兄恭敬、顺从、谦逊、有礼。"请问为人兄?曰:慈爱而见友。请问为人弟?曰:敬诎而不苟。"(《荀子·君道》)兄要慈祥恒爱,弟要敬服不苟。兄弟同辈,有骨肉之亲,但在家族中,在继承权和发言权上,兄有着特殊的优先地位。因此,在孔子那里,往往是孝悌并提:"孝弟也者,其为仁之本与","弟子入则孝,出则悌"(《论语·学而》)。可见,"善事父母"的孝行与尊敬兄长的悌行具有内在的一致性。正是这种内在的一致性使得兄弟伦理具有了父子伦理的依据。为此,同强调子对父的孝道一样,孔子更为强调弟恭,即年幼者对年长者恭顺的一面。但弟恭以兄友为前提,"父不慈则子不孝,兄不友则弟不恭"③,强调父兄起表率作用。古人认为子事父、弟从兄,这原就是自然的本末、先后的伦次,循此为顺,反则为逆。随着"家长制"逐渐退出历史舞台,传统兄弟伦理随之也在发生变化,兄弟伦理在新的历史条件下仍沿着孝道伦理的方向不断发展。

---

① 中国传统以"六亲"代称家庭伦理关系。历史上"六亲"有特定的内容,其代表性的说法有三种:《左传》认为"六亲"指父子、兄弟、姑姐(父亲的姐妹)、甥舅、婚媾(妻的家属)及姻娅;《老子》以父子、兄弟、夫妻为"六亲";与《老子》相似,《汉书》以父、母、兄、弟、妻、子为"六亲"。本书所指"六亲"采用《老子》《汉书》的界说。《左传》的界说超越了家庭内部人与人之间的关系,姑姐、婚媾及姻娅之间的关系主体主要涉及女性,而女性最终将从家庭中分出去,这些关系在古代均属家庭关系的外延,是不受重视的。我们今天并非不重视这些关系,而是认为这些关系其实是兄弟关系的延伸。将兄弟关系处理好,其他关系都可以因此而获得参照。因此,本书不再专门讨论其他家庭伦理关系。

② 楼含松:《中国历代家训集成》,浙江古籍出版社2017年版,第3379页。

③ 檀作文校注:《颜氏家训》,中华书局2011年版,第34页。

（二）营造良好的家风

家风，即人们常说的门风，是一个家庭或家族在长期的生活过程中形成的、被所有成员共同遵守的行为规范或作风、风尚。良好的家风，不仅对家庭成员的个体修养具有重要的作用，而且对社会道德风尚的形成和发展产生重要影响。"积善之家，必有余庆；积不善之家，必有余殃。"[①]修善积德的家庭，必然会收获吉庆，而积不善乃至作恶坏德的家庭，必定会招致祸害。家风正，则家道兴，家庭幸福美满；家风邪，则家道衰，殃及子孙、贻害社会。历史上，孝道伦理作为家庭建设和国家建设的基石，全面而深刻地影响着齐家治国的实践。当今时代，家风的建构与发展依旧不能离开"善事父母"传统孝道的支撑，其合理内核与有益成分对于现代家风建设具有深远的意义。

1."善事父母"孝道伦理是良好家风产生的根源

家风的历史十分悠久，千百年来，家风以家规、家训、家书等（如《颜氏家训》《朱子家训》《曾国藩家书》等）形式广泛存在于传统社会，作用于人们生活、工作、学习的方方面面。纵观历史，我们可以清晰地看到，尽管不同的家庭或家族的家风各具特色，但是凡是良好的家风一般都蕴含一项相同元素——"善事父母"的孝道伦理。也就是说，不管时代怎么变化，对父母长辈的孝始终是中华民族不曾忘记的"初心"。

家风是一种具有中国气派、中国特色的精神文化和精神现象。而作为一种精神文化和精神现象，家风不是凭空产生的，而是伴随着家庭的诞生而诞生，随着社会文化的变化而变化的。我们可以肯定地说，家风深深根植于中国传统文化的土壤之中，而"善事父母"传统孝道伦理思想恰恰是中国传统文化的核心之一，因此，"善事父母"孝道伦理成为良好家风产生的根源具有历史必然性。这样，我们就不难理解为什么良好的家风往往都必然包含"善事父母"的孝道伦理思想了。

"善事父母"传统孝道伦理之所以成为良好家风产生的根源，不仅在

---

① 于海英译注：《易经》，华龄出版社2017年版，第20页。

于这是社会存在决定社会意识普遍原理在家风上的具体体现，还在于家风自身所具有的特点。相对于党风、政风、民风等而言，家风具有鲜明而突出的家庭性。从最初的样态来看，家风形成和作用的空间是家庭组织；作用的对象是家庭成员，而且主要是子孙晚辈；作用方式是家长通过对子女的教育，使其思想价值观内化于子女之心，外化于子女之行，形成一定的家庭行为规范和家庭风尚；作用的基本目的是调节、规范家庭成员处理家庭内部关系的行为，而在传统社会，父子关系是家庭中首要的关系。由此可见，"善事父母"孝道伦理思想成为良好家风的根源就不足为奇了。

2. "善事父母"孝道伦理是良好家风的基本内容

中国传统家风在长期的历史发展中流传和发扬，它所涵盖的内容十分广泛，包括个人修养、家庭伦理、社会理想等方面，涉及明礼诚信、尊老爱幼、勤俭持家、团结友爱、爱国敬业、奉献社会等诸多优良品质。这也是传统儒家"修身、齐家、治国、平天下"价值追求和理想人格的体现。

在良好家风的结构框架中，"善事父母"孝道伦理是核心与起点。一方面，从纵向角度看，孝道伦理贯穿于家风发生、发展的全过程，亲情仁爱的孝道伦理是家庭伦理道德的永恒主题。历史上的良好家风无不或明确或隐晦地贯穿以孝道。如"大孝者，为百行之源"（《钱氏家训》），"夫孝者，天之经也，地之义也，民之行也"（《孝经·三才章》），等等。另一方面，从横向角度看，孝道伦理关涉家风要素的各个方面，并对其他要素具有统摄作用。亲子之间朴素而纯粹的感情是维系其他家庭关系的基础，在总体上影响、制约和规定着其他关系的发生和走向。如果说爱是人类得以延续的纽带，那么孝就是它的基石；爱创造了生命，孝使生命有所负重。"由于孝道是以血缘为基础形成的感情纽带，它必须将普天下的炎黄子孙都维系在一起。同是炎黄子孙，对炎黄祖先之孝，对华夏文化之爱，使你无论走到哪里，都改变不了一颗中国心。从这一点看，孝道既是爱国，又是爱中华民族。"[①]家风从培育个体仁爱孝道之心出发，将仁爱之心、亲亲之德展现于社会行为之中，从而做到仁民而爱物、廓然大公，最

---

① 胡文飞：《与孔子对话：涅槃的凤凰》，宗教文化出版社1997年版，第161页。

终在全社会呈现出充满温情和善意的和乐面貌，打造充满活力的社会生活。

3．"善事父母"孝道伦理是良好家风发展的不竭动力

近代以来，随着社会政治经济结构的大变革，以及人们对中国传统文化的批判和西学东渐的盛行，传统家风开始由辉煌走向没落，一度淹没在社会运动、家庭变革的历史洪流之中。在经历了近现代长达一个多世纪的"撕裂"和"沉寂"之后，良好家风在新时代迎来了苏醒和复兴的重大机遇。2016年12月12日，习近平总书记在会见第一届全国文明家庭代表时的讲话中指出："家风是社会风气的重要组成部分……家风好，就能家道兴盛、和顺美满；家风差，难免殃及子孙、贻害社会……广大家庭都要弘扬优良家风，以千千万万家庭的好家风支撑起全社会的好风气。"①随后，全国各界掀起了一股热议家风的潮流，良好家风建设迎来了一个全新的春天。

在家风重塑的今天，良好家风的核心精神不能丢。如果没有对父母深沉的爱，缺乏对父母的深切感情，良好家风的传承与发展就没有现实的可能性。2001年10月，家人为习仲勋同志过88岁大寿，时任福建省省长的习近平同志由于工作繁忙无法回到父母的身边，他在给父亲的祝寿信中写道："自我呱呱落地以来，已随父母相伴四十八年，对父母的认知也和对父母的感情一样，久而弥深。希望从父亲这里继承和吸取的高尚品质很多……父亲的节俭几近苛刻。家教的严格，也是众所周知的。我们从小就是在父亲的这种教育下，养成勤俭持家习惯的。这是一个堪称楷模的老布尔什维克和共产党人的家风。这样的好家风应世代相传。"②在长期的封建社会中，经历了种种延展和异变，"善事父母"的传统孝道掺杂了一些等级观念、愚忠愚孝、迂腐保守、埋没个性等不合时代节拍的落后观念，但传统孝道所倡导的孝亲敬老的思想及相关合理有益的孝道精华，对于现代良好家风的建设仍具有重要价值，是推动现代家风良性发展的不竭动力。

---

① 习近平：《习近平谈治国理政》第二卷，外文出版社2017年版，第355—356页。

② 《习仲勋传》编委会：《习仲勋传》下卷，中央文献出版社2013年版，第642—643页。

二、"善事父母"是促进社会和谐发展的重要支撑

老年人的养老问题如果得不到很好的解决，不仅会影响到家庭的幸福，而且还不利于社会的和谐发展。"善事父母"传统孝道在中国社会治理历史上发挥了重要作用，是维护社会稳定、净化社会风气、促进社会发展的重要支撑。

（一）有利于维护社会稳定

先秦时期，中国人的最高理想是"修身齐家治国平天下"，这样的个人成长成才逻辑，就是从个人修养、家庭治理推而广之到治国平天下的逻辑过程。那么，如何修身？"百善孝为先"，孝为众德之首，尊崇孝道是提升个人修养的根本。在先秦时期，孝道不仅被赋予修身教化功能，而且还被赋予政治功能，成为治理家庭的基本标准，治理国家的基本导向，甚至上升为一种国家政策。如何做到孝道呢？"善事父母"是孝道的基本内容和要求。其有两个层面的含义：一是家庭伦理道德规范层面，主要是指对父母的赡养义务；二是治国方略层面，主要是指统治者用德行施行政治，治理国家，维持社会秩序的一种治国手段。这是由中国传统社会的具体背景决定的。中国传统社会是由血缘宗亲为基本单位构成的，统治者出于稳定社会的目的，将孝亲的血缘伦理提升为整个社会的伦理规范，并把这种伦理规范归入到统治者治理国家、社会的谋略和政治规范之中。培育以"善事父母"的孝道为核心的社会统治秩序，使得以孝道为核心的宗亲血缘伦理价值观念渗透到社会经济、政治、文化等许多方面。《孝经·开宗明义章》云："先王有至德要道，以顺天下，民用和睦，上下无怨。"这里首先从统治者自身的道德素质出发，而后推广到天下大众，最终达到治理天下的效果。《孝经》中多次论述孝道是为了"孝治天下"。《孝经》总的字数两千左右，但是，"治""顺"出现的频次很高。"治"就是治理的意思，治理家庭、国家、天下。"顺"就是维护统治秩序的意思，使"民礼

顺""长幼顺""顺天下"。为什么"善事父母"的孝道可以"治天下"？因为"夫孝，始于事亲，中于事君，终于立身"（《孝经·开宗明义章》），"善事父母"的孝道始于家庭同时又不止于家庭，上升到忠于君主，最终内化为一个人立身之本。孝道一开始是每个家庭成员必须遵从的伦理道德规范，而后上升到每个社会成员必须遵从的伦理道德规范，最终成为个人立身之本的核心价值观念。实际上，孝道的内涵和外延都扩大了，从家庭扩大到社会，"天下为一家"，从伦理规范上升为立身信念。"善事父母"的孝道，在中国历史上，既有治理家庭的功能，又起到治理社会、维护社会秩序的作用，最终内化为每一个社会成员立身之本和成人的根本价值准则。这样，"善事父母"的孝道就从个人立身成人的价值准则，维系宗亲的伦理关系，安定社会秩序三个方面来维护传统社会的稳定。

在传统社会，"以孝治国"的思想逻辑是以"以孝教民"为前提和基础的。首先进行正向教化，向百姓宣传孝道价值观念，然后对百姓进行孝道的灌输教育，最后达到以孝教化天下的目的。再者，反向惩罚，以刑罚来维护孝道的推行，提出"援孝入刑"思想，通过刑罚手段来保证孝道的推行，达到"孝治天下"的理想效果。例如《孝经》中的核心思想已经超越"善事父母"的原始含义，而是"移孝为忠"，把孝作为治理国家的手段，以期达到"孝治天下"的最终目的，即"先王有至德要道，以顺天下，民用和睦，上下无怨"（《孝经·开宗明义章》）。除此之外，《孝经》从政治统治的视角，把孝道分为从天子、诸侯、卿大夫、士到庶人五个等级，每个等级都有符合自己身份地位的规范，对于阶级统治而言，只要人人按照各自的孝道规范行事，社会就会稳定。把孝道从家庭领域延伸到社会领域，把家庭伦理规范外扩为一般性的社会规范，这样就使得宗亲社会的国家治理层次严明、安定有序。

实际上，孔子很早就指出了仁孝与社会稳定的关系："其为人也孝弟，而好犯上者，鲜矣；不好犯上，而好作乱者，未之有也。君子务本，本立而道生。孝弟也者，其为仁之本与！"（《论语·学而》）即：孝顺父母、尊敬兄长的人，冒犯上级长辈的情况很少，喜欢作乱的情况更是没有；孝悌是仁的根本，也是治理国家和做人的根本。孔子把仁孝作为做人、治家、治国的根本，从人的道德品质、道德修养、情感意志的相通性出发，推己及人，推广至社会、国家治理，实际上就是把"善事父母"的孝道作为一种"以孝治国""以德治国"的政治手段。这种孝道内化为一个人成人、行事的价值准则，外化为治理家庭、社会的道德规范，从家庭的伦理规范推广到社会的道德准则，从个体的成人价值准则推广至全体社会成员行为的标准，可谓是从点到线、从线到面达到"以孝治国"，稳定社会，促进社会和谐发展的政治目的。

（二）有利于净化社会风气

改革开放以来，利益至上的价值观对原有的伦理道德规范产生了一定的冲击，包括传统孝道在内的有的传统美德被淡化。社会风气方面出现的一系列问题引起了全社会的高度关注，并进一步引发人们重新审视传统孝道的时代价值。2014年和2015年，中央电视台连续两年推出《家风是什么》和《孝顺怎么做》专题节目。为什么要追问家风与孝道呢？事实证明，一个连自己父母都不爱的人，很少能够爱其他人；一个连自己的父母都不尊重的人，很少能够尊重其他人；一个不懂照顾自己父母的人，很少会照顾别人。当然，爱自己父母的人，也不必然会爱其他人。这是因为从"善事父母"的家庭伦理价值到社会价值还存在一个家风家教的问题，也就是说，"善事父母"的传统孝道是通过形成良好的家风家教来发挥净化社会风气的功能的。

良好家风的实质就是家庭的核心价值观，其功能是对家庭成员正确认知事物、确立正确的价值取向与行为模式进行正面的引导。而家教我们可以将其理解为家风的实践形态。在家庭中，所有的成员要共同生活和发展，实际上就结成了一个无形的命运共同体、伦理共同体。命运共同体、伦理共同体的基本精神是要求所有成员必须遵守共同的行为准则和价值标准。"善事父母"的孝道是传统家庭行为准则和价值标准的核心内容，这种孝德规范是家庭成员在养老问题上明是非、辨善恶、趋向共同的价值取向，它确保了家庭成员之间的关系和谐以及家庭在社会中得以良性地运行发展。但是，作为个体的人都有着不同的特质、性格和利益需求，所以家庭既是一个伦理共同体，同时也是一个充满矛盾对立的统一体，父母与子女之间存在性格、志趣、文化、理想、价值方面的矛盾。作为两代人，其生活的环境和教育背景都是不同的，对待事物的看法，甚至为人处世的方法和价值取向方面的冲突是不可避免的。传统社会的家庭、家族要想获得生存和发展，必须有一套行之有效的共同价值准则或者伦理道德规范来调节家族成员之间的价值分歧、行为分歧、利益分歧，于是，古人提出了以父慈子孝、夫和妻顺、兄友弟恭为主要内容的家庭伦理道德规范，其中，"善事父母"的孝道是这些道德规范中最基本、最核心的内容。人们用孝来调节家庭成员之间的关系、约束家庭成员的行为，从而稳定家庭关系。否则，家庭成员之间的矛盾冲突就会不断加剧，甚至使家庭走向破裂。"善事父母"的孝道在中国传统社会的家庭、家族中起到极其重要的作用，它不仅调节了家庭成员之间的矛盾冲突，还使长辈与晚辈之间建立了温情脉脉的亲情关系。传统社会中，作为家风教育和传承的核心内容的"善事父母"孝道是引导家庭婚丧嫁娶与子女教育的价值标准。《颜氏家训》言："父母威严而有慈，则子女畏慎而生孝矣。"为人父母者外有威严、内心关爱子女，那么子女就会对父母敬畏、谨慎与孝顺。个体成员源自家庭，其道德素养、道德品质的养成是家庭教育、学校教育和社会教育三者共同作用的结果。而家庭教育是个体道德塑造最开始、最基本、最重要的阶段。在家庭教育中，家风家规家训、先辈及长者的身体力行直接作用于个体的道德塑造。父母通过自己的价值取向和道德品质可以教化子女做有孝心的人，有修养的人。以此传承，促进良好家风的形成与发展。

在家国一体的封建社会，家风即国风，良好的家风有利于形成尊老爱幼、崇德向善的社会风气，"一家仁，一国兴仁；一家让，一国兴让"（《礼记·大学》）。"善事父母"的孝道作为家庭核心价值观，有利于维护家庭的稳定和调节家庭成员之间的关系。这种孝道深深扎根于宗亲家族，流行于社会，成为整个社会普遍遵守的伦理道德规范。儒家价值资源中的"仁孝"对培育和践行社会主义核心价值观，引导社会成员的价值认知和行为习惯，净化社会风气起着巨大涵养和引导作用。可以这么说，家风的好坏，直接影响到整个社会的风气、整个社会的文明程度。"天下之本在国，国之本在家"，历史上，国家的精神命脉和家庭的核心价值观是无法分割的，二者相互联系，辩证统一于中国人的精神之中。"家齐而后国治"，家庭是社会的细胞，家风好了，社会风气自然也就正了。"教先从家始"，"家之不行，国难得安"，"正家而天下定矣"，家庭关系搞好了，社会就会安定团结有序。家庭是人伦亲情关系表达和互动的主要场所，也是个体道德化品性培育的起点，尤其对青少年的道德教化和道德品质的培育来说，家庭教育起到学校教育和社会教育无法替代的作用。在家庭道德教育中，以孝为先，提倡"善事父母"，敬爱父母，由敬爱自己的父母进而推广到全社会形成尊老爱幼的道德风尚，由爱自己的父母推及他人，到敬爱天下人的父母，进而爱祖国爱人民。传统社会的中国通过以仁孝为核心的儒家价值观的引导，教育着全体社会成员，有利于提高全民族的道德修养，形成积极向上的社会风气和良好向善的社会环境。

（三）有利于促进社会发展

"善事父母"的孝道是我国历来倡导的民族精神的伦理道德基础。中国之所以成为四大文明古国中唯一一个文明绵延至今的国家，是因为中国优秀传统文化有着经久不衰的旺盛生命力。其中，"善事父母"的孝文化，在漫长的历史长河中对中华民族特有的民族精神的形成起到不可替代的作用。中华民族"光宗耀祖""衣锦还乡"的奋斗传统和爱家敬祖礼制的实质是孝道的外在表现，这对于中国人民爱家爱国精神的形成、中国社会的发展、民族的独立起到巨大的推动作用。

"善事父母"的孝道促进以爱国主义为核心的民族精神的形成与发展。从陆游的"位卑未敢忘忧国"到范仲淹的"先天下之忧而忧"，从顾炎武的"天下兴亡，匹夫有责"到林则徐的"苟利国家生死以，岂因祸福趋避之",从孙中山的"驱除鞑虏,恢复中华"到邓小平的"我是中国人民的儿子,我深深地爱着我的祖国和人民"……我国历史上涌现出许多爱国名人,他们热爱祖国的同时也热爱自己的父母。从这些英雄人物身上,我们能够感受到他们的孝道精神在激励着代代中华儿女奋发图强,报答父母,报效祖国。抗金将领岳飞曾说:"若内不克尽事亲之道,外岂复有爱主之忠?"意思是说,一个人如果连自己的父母都不能做到尽孝,怎么可能做到对国家尽忠呢?从岳飞的话可以看出,"忠""孝"二字是辩证统一的,二者相互联系、相互促进,不能割裂开来。抗美援朝战争爆发时,中国人民大力支持志愿军赴朝鲜抗击美帝国主义,就是为了保家卫国,保家就是尽孝,卫国就是尽忠。这种孝道精神已经内化为中华民族保家、爱国、卫国的民族精神。

"善事父母"的孝道还促进了中华民族尊老爱幼的民族特性和扶危救困的人道主义精神。"善事父母"最基本的要求在"事",即保障父母基本的生活需求;重点在于"善",即要做到全心全意地奉养,既能解决父母的基本生活需求,又能够使父母精神愉悦,在精神上给予父母关怀。"善事父母"孝道的一般意义在于首先满足父母物质上的需求,但是这还远远不够,不足以称之为"孝","孝"的关键和重点不在于"事",而在于"善"。要做到"善事",使得老年人在物质生活上富足,在精神生活上愉悦,能够安享晚年。侍奉父母要"敬",善事的重要体现是"敬"。子曰:"今之孝者,是谓能养。至于犬马,皆能有养。不敬,何以别乎?"(《论语·为政》)。"孝",让父母享有好的物质生活,这只是最基本、最初级的;重点是对父母要"孝敬",要不然与养狗养马没有什么区别。援"敬"入"孝",使得孝道的内涵拓宽了,这种孝道的内蕴使得家庭成员之间的宗亲血缘关系规定上升为一般人的规范化的道德品性。到孟子时代,"善事父母"的孝道在横向上又有拓展。孟子的道德理想是按照"推己及人"的思维方式,"老吾老以及人之老,幼吾幼以及人之幼"(《孟子·梁惠王上》),倡导孝的伦理道德观念,由家庭扩大到社会,由自己的父母联想到所有人的父母,由爱家推广到爱社会、爱国家,要求社会成员之间互帮互助、团结友爱、与人为善，这就为处理社会成员之间的关系，调节人与人之间的矛盾冲突、利益纠葛，奠定了价值准则和行为规范，促进形成团结和谐的人际关系。这样一来，整个社会就会充满着孝道的文化氛围，整个社会氛围就会更加团结与和谐。孝道由敬爱自己的父母推广到敬爱所有社会成员长辈的人道观念，促进了中华民族尊老爱幼的民族特性和扶危救困的人道主义精神的形成和发展。同样的道理，在当今时代，如果我们能够将"善事父母"的"小爱"，扩展到其他的老人，形成爱老尊老敬老的友善价值观，实现社会成员之间友爱、和谐的关系，那么，老人就能生活在健康温馨的社会环境里，就会创造出家庭、邻里、社会和睦团结和谐的良好局面。家庭是社会的细胞，家庭稳定和谐是社会稳定的健康因子，千万个家庭细胞的稳定才能带来整个社会的稳定。和睦的家庭，应当处理好家庭养老问题，协调好家庭成员之间的关系，以"善事父母"孝道为核心价值观，化解家庭纠纷，维护家庭和睦，促进社会和谐稳定。

在五千多年的历史长河中，中华民族逐步形成了尊老爱幼、自强不息、不屈不挠、勤劳勇敢、开拓进取的民族精神。民族精神是一个民族自我成长的精神标杆，是一个民族不懈奋斗的价值动力。"善事父母"的孝文化是民族意识、民族情感和民族精神形成的重要根源。中华民族精神形成的原初动力是对父母、对家庭朴素的敬爱，而后上升为对民族、对国家的热爱。这种对父母、对家庭的爱是形成爱国主义最原初的情感冲动。

综上，"善事父母"传统孝道在历史上对于促进家庭和睦，调和社会各阶级、阶层、成员之间的关系，促进民族独立、社会有序安定、发展社会生产力，培养人们爱家、爱国、爱社会和对他者的责任感等方面有着积极的作用。"善事父母"传统孝道的历史价值对于当今社会仍具有重要意义。

第三节 "善事父母"的道德悖论与困境

在我国传统社会中,随着社会的发展变化,"善事父母"传统孝道的内涵和形态也不断变化发展,并以文化价值观和基本行为规范的形式在教化人心、规范家庭伦理和社会建设等方面发挥了极其重要的作用。但是,随着历史土壤和社会气候的转变,面对全新的现实境遇,"善事父母"传统孝道逐渐失去了原有的光鲜色泽与生命力,遇到了前所未有的现实困境和挑战。也许,这对于任何一个古老的文明现象来说都是无法避免的,但是对于我们来说,我们要以科学的态度和勇气直面挑战,解决问题。这就要求我们必须认识和分析"善事父母"传统孝道的现实悖论与困境,努力寻找解决困难的方法与路径。

一、"善事父母"的道德悖论

"善事父母"是传统孝道的核心价值理念和标准。如果不能正确地处理"事父母"之"善"的问题,教条地遵循传统孝道就难免会出现类似"善事父母"与"善待自己""善待社会"相悖的现象。随着中国家庭伦理关系发生巨大变化,家庭道德建设特别是"善事父母"的问题日益突出。如何继承传统孝道精华,彰显"善事父母"的现代价值,把"善事父母"与"善待自己"统一起来,进而实现"善事父母"与"善待社会"的统一,是当代中国家庭美德建设领域一项具有重大现实意义的课题。

(一)"善事父母"的悖论性征及其成因

如果说封建社会不具备反思和排解"善事父母"传统孝道之悖论性征的物质条件,儒学伦理文化也不可能具备反思这种悖论的自觉理性,致使"善事父母"内蕴的道德悖论在封建社会还不够凸显,不易为人们所察觉,或虽被察觉却因慑于封建宗法统治的权势和道德舆论氛围而不敢言说，那么这些因素到了现代社会就渐渐消退以至于不复存在了。当代经济社会的快速发展，社会进步的客观要求，打破了传统家庭伦理关系格局，传统孝道特别是"父母在，不远游"失去约束力，解放出来的子辈家庭成员，在赢得广阔的发展空间的同时，"善事父母"的问题也凸显出来。以当代中国社会的农民家庭为例，国家统计局发布的《2022 年农民工监测调查报告》显示，2022 年，中国农民工总量约为 2.96 亿人①。这就意味着全国至少有上亿户农民家庭面临"善事父母"的伦理道德问题。若是再加上城镇居民外出打工和其他子女在异地工作而又不便带父母在身边的情况，面临"善事父母"问题的家庭就更多了。众所周知，当代中国社会和人的发展与进步，是与包括农民工在内的人才流动直接相关的，在一定意义上我们甚至可以说，没有这样的人才流动也就没有当代中国社会和人的发展与进步，然而这无疑是对"善事父母"传统孝道的巨大挑战。它提出的问题是，在新的历史境况中我们应当如何认识和把握"善事父母"的悖论性状。

1. 孝心与孝行相悖

用学理性的话语来表达就是道德价值观念选择与践行之间发生的道德悖论。这一矛盾在"父母在，不远游"的小农经济社会并不突出，因为客观的社会环境无法为人们提供太多外出发展的机遇，孝心的表达在父母身边就可以进行。而当代，我国社会的快速发展，为人们外出发展提供了广阔的空间，"远游"以图发展的观念深入人心，子女不在父母身边较为常见，这就使得子女在"善事父母"方面不可避免地陷入两难境地。仍以农民工为例，他们常年"远游"，大多是为了多挣些钱，以减轻父母的经济负担，因此，不少人只是逢年过节返乡与父母团聚，除了捎点钱财回家给父母之外，难以再有别的什么"善事父母"的行动。不仅如此，父母可能还要承担更多繁重的农活和家务。

———————————

①《2022 年农民工监测调查报告》，载国家统计局网站（https://www.stats.gov.cn/sj/zxfb/202304/t20230427_1939124.html）。

于是就造成这样的悖论:为"善事父母"而"远游"的子女,本是想用自己的打工收入来减轻父母的经济负担,以表达孝心,却把耕种劳作和家务劳作的重担留给了需要"善事"的年迈父母。可见,子女"远游"的孝行并没有充分表达"善事父母"的孝心,非但没能减轻父母的负担,还在某种程度上增加了他们的身心压力。

2."善事父母"与"善待自己"相悖

在传统家庭伦理关系中,父母视"养儿防老"为自己的生存理想,而子女长大成人后视"善事父母"为自己义不容辞的道德责任,至于能否同时"善待自己"是无所谓的。这就势必使得"善事父母"与"善待自己"处于不协调甚至相对立的状态中。

从封建社会的尽孝要求来看,子女在践履"善事父母"的过程中不仅不应考虑"善待自己"的问题,而且要以放弃自己甚至"恶待自己"为荣,这才有前文提到的"卧冰求鲤""割股疗亲"之类的行为被传颂为"美德"的荒唐事情。传统孝道内含的这种悖论特性,在改革开放和发展社会主义市场经济时期逐渐凸显。年轻的一代,很多人为了追求自己的理想和幸福,背井离乡寻找各种发展的机会。许多人也真的发展起来了,有的甚至成为都市里某些行业中的行家里手。然而在"善待自己"的同时,他们中的一些人却又是以不能"善事父母"为代价的。

3."善事父母"与"善待社会"相悖

这同样是一个古老的悖论话题,即所谓"忠孝不能两全"。不过应当看到的是,在"以孝治天下"的封建宗法统治社会里,"忠孝不能两全"的悖论并不常见,因为治家之孝和治国之忠本是一理,忠道与孝道是一致的,所谓"君子之事亲孝,故忠可移于君"(《孝经·广扬名章》)。"善事父母"在一般情况下也就是"善待社会"。因为在封建社会,社会就是由"天、地、君、亲、师"等这些至上者们组成的,"自我"的利益自然地消弭在"为他"的行为过程中,侍奉好这些至上者,就是"善待社会"。而在现代社会,情况则大不相同。每一个社会成员都是社会的有机组成部分,也就是说,为自己也就是为社会,发展自我就是为社会发展作贡献,个人的命运与社会发展紧密关联。

因此，"善事父母"与"善待社会"有时难免产生冲突，若要在家"善事父母"，就难以开创事业"善待社会"，甚至根本不可能"善待社会"。正如歌唱家阎维文在《想家的时候》中所唱的那样"想家的时候啊，更想为家做点事……就怕让家捆住了脚和手"，深情地道出人们在"善事父母"和"善待社会"之间的两难心境。

综上所述，社会经济的发展，改善了人们的物质生活状态，从而改变了人们的生活观念；社会政治的进步，改变了社会政治生活的状态，进而改变了人们在家庭乃至社会中的地位。因此，要解决当代家庭伦理生活中的"善事父母"之悖论，必须从社会生活入手，积极探讨其现代"解悖"理路。

（二）"善事父母"传统孝道的"解悖"理路

通过前文的分析，我们认为，要实现"善事父母"传统孝道的现代转型，走出其道德悖论的困境，就要把"善事父母"与"善待自己"统一起来。只有这样，才能消解传统孝道中经常出现的"善事父母"与"善待自己"相悖，进而又与"善待社会"相悖的现象，彰显"善事父母"的现代价值。这就要求我们改变观念、改善孝法，在认识和实践两个层面做到统一。

1. 认识层面的统一：改变观念

"善事父母"在当代中国社会发展中所遭遇的挑战，本身是一种社会进步。人类社会的发展史已经表明，社会的发展与进步总是要以否定以往某些散发着古朴芳香的道德文明为代价，与此同时不断地生长和发展出新的道德文明。比如，专制社会的"大一统"文明的形成以否定原始共产主义的历史文明为代价，资本主义社会的个人主义文明的形成以否定"大一统"的封建文明为代价，社会主义集体主义文明的形成则是以否定资本主义个人主义文明为代价的，如此等等。这种否定之否定的辩证运动过程，所反映的正是人类道德文明不断走向进步的客观规律。卢梭曾对人类美好的"自然状态"与"邪恶的文明社会"相对立的现象感到大惑不解，认为文明社会的发展只不过是一部人类的疾病史而已①。约翰·伯瑞嘲讽卢梭的"发现"其实是"一种历史倒退论"。这是因为，卢梭不当地将社会发展看成一个巨大的错误，似乎人类越是远离纯朴的原始状态，其命运就越是不幸，文明在根本上是堕落的，而非具有创造性的②。20世纪80年代，中国伦理学界曾争论过"代价论"的问题，一些人认为改革开放不应当以牺牲传统美德为代价，这类看法也是需要反思的。

要充分肯定"善待自己"的社会意义和道德价值。"善事父母"在当代中国社会所生成的道德悖论现象，其根本原因是社会的发展，直接原因是"善待自己"的现实认同和普遍践行。社会的发展，一方面为人们拓宽人生道路和追求新的人生价值提供了前所未有的机遇，另一方面也为人们走出家门，将"善待自己"和"善事父母"统一起来提供了思想观念和道德心理上的支撑。由此看来，"善事父母"所遇到的悖论情境与"善待自己"的现实认同和普遍践行直接相关。在看待社会和个人的关系问题上，封建社会强调的是家庭本位，随后一段时间，又忽视"善待自己"对于"善待社会"的重要性。因此，从"解悖"理路来看，今天强调"善待自己"的社会意义和道德价值是至关重要的。当然，这样说并不是要袒护那些因"善待自己"或借口"善待社会"而不愿对父母尽孝的人，相反，我们主张"父母在，已远游"的人们要"常回家看看"。

2. 实践层面的统一：改善孝法

这应是消解"善事父母"的悖论，实现其现代转型的当然路径。如前所述，"善事父母"悖论的发生，是不能将孝心、孝行和孝法有机统一起来的结果，其中关键环节在孝法不当。我们知道，孝法回答的是"怎么做"的问题，即子女怎么做，才能将自己的孝心和孝行结合起来，以达到孝顺父母的道德目的。传统孝道在解决"怎么做"的问题上规定得十分严格，最终滑进了教条主义的泥坑，我们应该吸取这个教训。

---

① 卢梭：《论人类不平等的起源和基础》，李常山译，商务印书馆1962年版，第79页。

② 约翰·伯瑞：《进步的观念》，范祥涛译，上海三联书店2005年版，第124页。

要从改变指导子女"怎么做"的思想观念开始。一要做到原则性与灵活性相结合。"善事父母"的原则就是要"养",而至于达到什么程度,则应根据不同的人、不同的条件灵活掌握。二要做到继承传统与现代创新相结合。还以"远游"的农民子女为例,如果子女认为出去挣钱不仅可以减轻父母的负担,还可以实现自己的人生价值追求,而孝顺父母又必须是自己在父母身边才能做到的事情,那么,他们就无法摆脱"善事父母"的悖论。如果子女能够将"养"的原则性与"孝法"的灵活性结合起来,结果就会完全不同。因为"善事父母",不一定非要在父母身边伺候,子女出去挣到了钱,解决了家庭的经济困难,改善了父母的物质生活,子女的奋斗成果也是父母精神享受的一部分,子女还可以通过支付一定的费用聘请陪护的形式,解决父母生活中的一些实际困难。这样既可以解决照顾父母的问题,也可以实现自己的人生价值追求,从而使"善事父母"和"善待自己"达到完美的统一。

要充分发挥社会功能,从根本上解决子女"善事父母"的后顾之忧。社会应当因势利导,为解决"善事父母"之忧作出更多的努力。第一,积极探索和创新相关的制度,从而为"善事父母"提供良好的社会环境。当前,我国社会正在进行大规模的城镇化建设和新农村建设,原来为改变生存状态和寻求发展空间而涌进城市的农民工将成为新一代城市居民,原来聚族而居、星罗棋布的村落随着新农村建设的逐步推进将为崭新的现代居民区所取代。这种前所未有的城乡结构深层调整,客观上为"善事父母"创造良好的社会环境提供了契机。比如,加快户籍制度改革的步伐,为解决高龄父母随已落户子女进城落户问题提供便利,使他们能够享受到城市老人的养老和医疗保险待遇。子女为城市建设和社会发展所作的贡献,能够让父母获得这样的待遇也是伦理公平的反映。第二,积极建立和实行相关的社会救助和保障机制,为解决"善事父母"的后顾之忧提供切实的帮助。我国新一轮的新农村建设规模巨大,现代化程度很高,农村的变化几乎是翻天覆地的。与此相适应,相关的农民合作组织与社会保障机构应运而生。比如,组建机械化程度很高的耕作队,为父母的农事劳作分忧。目前很多农村机械化耕作的条件已经基本具备,很多农民拥有机械设备,在一些地方,机械耕作组织也已形成,当地政府应该有意识地加以引导,形成有组织有规模的商业运作团队,分担老年人的农事劳作之忧。建立现代化程度很高的养老服务机构,为父母提供医疗卫生保障。在很多地方,原来也有养老服务机构,但都是低水平地解决吃住问题。当地政府应该出台相应的政策和措施,鼓励外出工作人员出资援建或扩建具有现代设施和医疗保障能力的养老服务机构,在有条件的地方还可以采用居家养老上门服务的办法改善父母的老年生活质量。

二、"善事父母"的道德困境

前文有述,"善事父母"隐含着父母养育子女长大成人,子女应当回报父母的养育之恩的基本逻辑。随着我国社会转型和经济的快速发展,家庭伦理中这种传统质朴的公平观念受到一定程度的挑战,尤其在农村,"空巢老人"、留守老人较为普遍,遗弃老人甚至殴打老人事件偶有发生。有资料显示,农村有52%的子女对父母的感情"麻木":与父母同住一个院的,有的一年也说不上一句话;有的非过年不登门,对父母的日常生活漠不关心[①]。可见,我国家庭道德建设中"善事父母"方面存在一些问题,学界及社会各界应对此予以高度关注。

(一)"善事父母"的三维境遇

一般而言,"善事父母"主要是指日常生活中子女对待父母的态度和为孝顺父母所付出的劳动两个方面。在日常的家庭生活中,人们不太关注父母子女之间发生的各种矛盾和冲突,甚至常用"家无常礼"来谅解子女在家庭生活中"善事父母"方面存在的不恰当行为,因此,讨论"善事父母"的问题,大多关注的是当父母老年时能否得到应有的生活保障。千百年来,家庭养老是我国家庭的重要功能和养老特色。传统家庭生育观念中

---

① 苏保忠:《中国农村养老问题研究》,清华大学出版社2009版,第108页。

的"多子多福"之"福"就是指在生产力低下的情况下，多了劳动力就可以获得更多生活保障，同时也多了老有所依的保证。农谚有"养儿防老，积谷防饥"一说，就是用比兴的手法告诉子辈，父母养育子女的一个重要价值追求是防止自己到老年时没有生活依靠。

随着经济社会的快速发展，我国的家庭结构和功能发生了巨大的变化，原来人口众多几代同堂的主干家庭逐步为核心家庭所取代。2010年第六次全国人口普查数据显示，平均每个家庭户的人口为3.10人，比2000年第五次全国人口普查的3.44人减少0.34人[①]。2020年开展的第七次全国人口普查数据显示，平均每个家庭户的人口为2.62人，比2010年第六次全国人口普查的3.10人减少0.48人[②]。全国人口中，"15—59岁人口为894376020人，占63.35%；60岁及以上人口为264018766人，占18.70%，其中65岁及以上人口为190635280人，占13.50%。与2010年第六次全国人口普查相比……15—59岁人口的比重下降6.79个百分点，60岁及以上人口的比重上升5.44个百分点，65岁及以上人口的比重上升4.63个百分点"[③]。这些数据至少有几个信息是值得我们关注的：一是2000年到2020年，我国平均每个家庭户的人口数呈下降趋势，三口之家是现阶段我国主要的家庭结构模式；二是从1970年至今，最初的三口之家中的子女已到了应承担"善事父母"之责的年龄。换句话说，新的历史时期，"善事父母"的传统如何被继承和创新，已经摆在了改革开放前后出生的一代人面前。因此，我们今天讨论"善事父母"的现实境遇问题，其主体主要是"70后"和"80后"这两代人。那么，这两代人在"善事父母"方面做得如何呢？就目前情况看，主要存在以下三个不同维度的问题（后文简称"'善事父

① 中华人民共和国国家统计局：《2010年第六次全国人口普查主要数据公报》（第1号），载国家统计局网站（https://www.stats.gov.cn/sj/tjgb/rkpcgb/qgrkpcgb/202302/t20230206_1901997.html）。

② 国家统计局 国务院第七次全国人口普查领导小组办公室：《第七次全国人口普查公报》（第二号），载国家统计局网站（https://www.stats.gov.cn/sj/tjgb/rkpcgb/qgrkpcgb/202302/t20230206_1902002.html）。

③ 国家统计局 国务院第七次全国人口普查领导小组办公室：《第七次全国人口普查公报》（第五号），载国家统计局网站（https://www.stats.gov.cn/sj/tjgb/rkpcgb/qgrkpcgb/202302/t20230206_1902005.html）。

母'的三维境遇")。

其一,态度之维的不愿"善事父母",使父辈陷入"老无所依"的焦虑甚至恐惧之中。这类现象的突出问题在于,子辈在心理上不愿意承担"善事父母"的义务和责任,在形式上和情感上都与父母"划清了界限",形同陌路。在具体的方式上,主要表现为三类:一是冷漠型。一些子女在家庭中以冷处理的方式对待父母,即使天天生活在一起,也相互之间不说话。这种情形多出现在婆媳关系紧张的家庭。特别是男性独生子女家庭,把父母赶出家门,他们好像从良心上过不去,但又实在无话可说,冷处理成为"最好的"办法,外表上看似"和睦"的家庭,事实上却是父辈在精神上备受冷漠的折磨。二是分居型。一些子辈建立小家庭以后,为了个体小家庭利益,以不同理由与父母分居。分居之后与父母基本不往来,只是逢年过节礼节性地"拜访",日常生活互不干涉。这种现象看似相安无事,但是在父辈遇到困难需要帮助时常常找不到子女,这些子辈常以"不知道"来逃避"善事"之责。三是遗弃型。这是最不道德的一种现象,个别子女干脆通过某种方式把父母"丢了",不再过问。"空巢老人"和留守老人中,有的事实上就属于这种被遗弃的人。

其二,条件之维的不能"善事父母",使父辈处于难得"善事"的困境。这种情况突出地表现为一种现实矛盾:子辈愿意承担"善事父母"之责,却由于种种原因,深感"力不从心""无能为力"。根据实际情况,我们可将不能"善事父母"的原因主要分为三类:一是空间距离过远所致。一些子辈由于工作和学习远在外地,不能随时"善事父母"在侧。二是时间冲突所致。这一类现象主要发生在城镇,在固定单位工作的子辈需要按时上下班,而不像农村生活方式中一家人一起"日出而作,日落而息",这就不得不让父母留在家里,成为"留守老人"。距离近的,子女可以下班之后去看看父母,而距离远的,只有在节假日才能回到父母身边。三是个人能力不足所致。人们的生活条件随着社会经济的快速发展日渐改善的同时,生活和工作的压力也无处不在。年轻人大多处于人生奋斗的第一阶段(为自己奋斗)或第二阶段(为家人奋斗),一些人的工资收入往往不能维持自己或小家庭的生活，甚至不得不从父母那里获得资助。这就导致了有的年轻一代陷入既不能在精神上给予父母慰藉，又不能在物质上补贴父母的无奈困境。

其三，能力之维的不会"善事父母"，使父辈陷于"依而有所忌"的尴尬境地。有些父辈与子辈住在一起，共同生活，从外表上看，尽享"儿孙绕膝"的天伦之乐。但是，由于子辈生活成长的环境使传统家庭道德中的许多行为规范并没有得到很好的传承，以至于子辈在"善事父母"方面，虽然乐意，却不知道该做什么、怎么做，结果是父辈虽然跟他们生活在一起，却不得"善事"，甚至还经常"受气"。这种情况也可以大致分为三类。一是在认知上不懂什么是"善事父母"。正如前文所述，传统的"善事父母"，不仅讲究孝心，还讲究孝行和孝法，只有将孝心、孝行和孝法三者统一起来才能真正实现"善事父母"孝道的价值本义，否则，就可能达不到目的甚至走向孝心之善的反面。而一些子辈停留在对"孝顺"的字面理解上，认为"孝"就是爱父母，"顺"就是听话。这是不全面的。二是在实践上不会"善事父母"。如何与父母相处，如何孝顺老人，这样的内容在传统家庭伦理道德规范中都有十分详细的说明。如近些年广为流传的《弟子规》，这种流行现象的背后正说明我们今天的社会和家庭十分需要一本能够规范人们"善事父母"的"操作指南"。三是在态度上不主动"善事父母"。有些独生子女，从小就被父母宠着长大，尽管他们知道要爱父母，但在表达上，多是当父母提出要求的时候才意识到父母的需要，缺少主动意识和行为，有时还会跟父母耍脾气、使性子，还有的让父母为自己承担很多生活上的琐事，让父母在精神上很不愉快。

（二）父母难得"善事"的伦理解析

"善事父母"存在的态度之维的不愿、条件之维的不能、能力之维的不会的三维境遇，是新时期我国家庭道德建设中客观存在的现象。众所周知，要解决家庭道德建设中的问题，既需要在宏观上多加努力，也要在微观上深入解剖，才能不留空白，全面推进。因此，必须对上述三维境遇进行深入细致的伦理分析，才能为探寻"善事父母"的实践进路提供理论基础。

道德作为社会意识形态，是一定经济社会发展的产物，不以人的意志为转移。纵观人类社会发展的历史，道德的每一次进步都是社会生产力的极大发展、生产关系发生重大变革的时期。而一旦新的道德获得社会的广泛认同，并被全体成员奉行的时候，社会的整体发展又必然处于相对稳定的时期。道德发展的这种逻辑进路表明，道德的形成是一定社会经济快速发展的必然要求，而社会的发展状态又以道德的稳定程度作为标志。自改革开放以来，我国社会的各个层面的改革还"一直在路上"。尤其是社会主义市场经济的稳步推进，经济新常态的来临，我国社会的发展再次表现蓬勃之势，社会各方利益相互激荡，人们的道德观念在这种动态发展过程中，不断寻求新的支点。

"善事父母"的三维境遇，不能简单地看成某个家庭的特殊个案，而是时代的产物。传统的"善事父母"规范在社会变革的潮流中被打破，而新的规范还没有完全确立。这种新旧交替的阵痛，在人们具体的实践探索中有三种表现：一是实践中没有问题，因而获得的认识接近真理，并很可能被广泛传播；二是实践中出现了问题，因而获得的认识是不准确的，还需要在实践中不断地检验和磨合；三是实践中的问题很大，遭到人们的质疑和批评，甚至触犯法律，触碰人们传统的道德底线。我们不能简单地对这三种实践路径的正误作出判断，在道德形成的意义上，这些都具有一定的价值。正如唯物史观所指出的那样，社会最后前进的方向，是所有的社会运动力量的合力所指向的那个方向。家庭道德规范最后的形成也一样，一定是在今天蓬勃发展的社会历史进程中所有勇于探索的力量最后形成的合力所致。

家庭伦理关系的变化以及由此引起的家庭伦理道德观念的变革，是"善事父母"的三维境遇发生的思想根源。唯物史观认为，一切以往的道德论归根到底都是当时的社会经济状况的产物。"人们自觉地或不自觉地，归根到底总是从他们阶级地位所依据的实际关系中——从他们进行生产和交换的经济关系中，获得自己的伦理观念。"①在我国社会改革开放以前的一段时期，传统家庭伦理观念尽管受到了历次思想运动的影响，但都由于落后的社会生产力水平，没能引起家庭伦理关系的巨大变化，也没有在根本上动摇传统家庭伦理道德观念。

随着经济建设步伐的加快，生产力水平获得了极大的提高，我国家庭结构发生了巨大变化，从而引起家庭伦理关系的变化。家庭人口变化的全过程在新中国成立以来几次人口普查数据上有着非常明晰的反映。人口普查数据将家庭结构这一项分为规模和类别两个部分，体现在数字上即家庭人口数和家庭代数。在1953年第一次全国人口普查中，家庭户规模为4.3人，1964年和1975年有所回升但未超过5人，1990年首次跌破4人，2000年为3.4人左右，而2010年仅为3.1人。此外，家庭代数也在不断减少，1930—1982年，一代户从1930年的2.5%升至1982年的12.8%；二代户从48.9%升至67.3%；而三代户的比例从48.5%降至19.7%。1982—1990年，大约2/3的家庭为二代户家庭，多代家庭均约占全部家庭的1/5，一代户基本保持不变。在第五次和第六次全国人口普查数据中，一代户比例由2000年的28%升至2010年的34%，二代户比例由58%降至48%。这一变化对应到家庭结构类型上，反映了核心家庭尤其是一对夫妇核心家庭占比逐渐上升，大家庭的比例渐趋下降的过程②。由此可见，我国社会的家庭结构已经由原来较为单一的主干家庭结构形式逐步转变为以核心家庭为主，伴以丁克家庭、"空巢"家庭、单亲家庭等多种结构形式。这种家庭结构形式使得传统家庭中以父子为主轴的家庭伦理关系，逐步变化为以夫妻为主轴的家庭伦理关系，原来以父子为主干的伦理关系被取代，以宗法"家长制"为主要特征的家庭伦理道德观念最终被彻底打破，人们的家庭伦理道德观念随之发生了变革。但是，在社会主义市场经济大潮的冲击下，新的家庭伦理道德观念正以激荡古今、融合中外之势，在创新中发展，在创造

---

① 《马克思恩格斯文集》第九卷，人民出版社2009年版，第99页。

② 谷俞辰、李新宇、陆杰华：《新中国成立以来家庭结构变迁及其核心研究议题与未来方向展望》，《人口与健康》2019年第10期。

中转型，《公民道德建设实施纲要》以及社会主义核心价值观的相关内容都从宏观上指明了家庭道德建设的方向。

促进东西方文明的相互借鉴是我国改革开放的重要成果之一，这一成果在我国史无前例。家庭伦理文明以其特有的方式，在一定程度上促进和带动了整个文明互鉴的过程。我们知道，每一个社会成员同时也是某一个家庭成员，其在社会生活中获得的思想观念必然会在家庭生活中反映出来，同样，也一定会在社会生活中将其获得的家庭伦理道德观念外化为社会生活中的行为规范。改革开放之初，人们的一些行为规范发生变化的起点就是家庭的宽容和接纳。

但我们也看到，两千多年的封建王朝打造的是一个相对封闭的文化帝国。近代以来的两次东西方文明交流结果并不理想，第一次以西方文明的不文明闯入为主要特征，第二次以改革开放的友好交流为主要特征。从改革开放至今，人们对于外来文明的态度在发生变化。这一次的交流，向西方文明的学习借鉴，主动性很强。社会文明，特别是家庭伦理文明的交流互鉴，稳定的成果还有待进一步沉淀，尤其是"善事父母"的行为规范，东西方的差异依旧十分明显。相比较而言，人们对于民族传统文化优秀成果的留恋远甚于西方的现代文明。说到底，东西方家庭伦理交流互鉴只有遵循"不忘本来、吸收外来、面向未来"的指导方针，才是促进确定成果早日形成的良方。

第三章 "善事父母"传统孝道当代传承的
实证研究

新时代如何进行家庭道德建设，不仅需要在理论上进行应有的讨论和推演，既对传统孝文化中"善事父母"的历史价值给予高度的肯定，又对其现实困境有充分的认识，还需要在生动的实践中，检索那些能够在时代的大潮中仍然保持旺盛生命力的活力因子，为家庭道德建设提供有价值的参考。

为此，我们通过实地走访、个别访谈，特别是充分利用现代传媒，通过网络信息检索等方式，关注了中央电视台每年春节期间播出的"感动中国人物"中推选出来的家庭代表；关注了由中央文明办、全国总工会、共青团中央、全国妇联2008年5月开始组织开展的"我推荐 我评议身边好人"活动，从推选出的"中国好人"中选择了部分"孝老爱亲好人"及其故事；关注了全国妇联2014年开始在全国开展的寻找"最美家庭"活动；关注了全国各省市妇联和文明办与全国妇联对口开展的相关活动；关注了中央电视台2013年开始的大型公益活动"寻找最美孝心少年"的结果；关注了中央电视台《今日说法》《法治在线》等栏目中有关家庭道德建设问题的案例。

这些关注，让我们看到了这样的中国家庭图景：老年父母和已婚子女分开生活成为常态。这种常态为家庭道德建设的研究和实践提出了挑战，因为"善事父母"传统孝道的传承一般需要家庭中人口较多，存在多个代际关系。显然,这种常态不具备这个基本条件。但是,考虑到我国家庭将会在新的政策条件下发生一定的变化,在强调文化自信、大力弘扬传统文化精华的大背景下,家庭优秀传统道德的继承必然会发生变化。我们可以预期未来若干年,我国家庭将逐步恢复到较为适合"善事父母"传统孝道文化传承的环境和条件。因此,我们站在历史发展的前沿,专门选择了正反两个方面的典型样本——代际关系超过三代,人口众多,具有传承"善事父母"传统孝道基本条件的家庭环境。尤其重要的是,这两个样本家庭的故事在社会上产生重大影响。因而,样本具有相当高的代表性和研究价值。

第一节　正反两面样本及其代表性澄清

没有比较,就没有鉴别。"善事父母"之德到了新时代还有哪些有价值的因子被家庭传承?通过新中国成立以来"男女平等"等现代家庭观念的洗礼,三口之家主干家庭成为我国家庭的主要结构形式,家庭伦理中"善事父母"的传统道德成长的土壤已经不再肥沃。从社会媒体报道的情况看,既有传承传统美德的家庭,孝老爱亲的故事感人至深;也有个别忤逆不孝之徒,做出令人发指的事情。从这些正反两方面的典型样本中,我们选取了两个在多方面都具有代表性的个案,作为本章讨论的主要对象。

一、正面样本之胡金凤家庭：传承"和、助、敬"[①]

胡金凤家庭,居住在浙江省衢州市衢江区樟潭街道新屋里社区。胡金凤老人和丈夫苏裕隆育有9个子女,9个子女都已成家立业,原本的14人变成了49人。多年来,9家人之间团结互助、尊老爱幼、亲密无间,尽管人口众多,却没有争吵、没有纠纷。连续10多年,每年除夕四世同堂,

---

① 根据区新:《胡金凤家庭:传承"和助敬"》整理,载《今日衢江》2016年12月13日,2版。

自编自导自演，上演精彩的家庭"春晚"；苏裕隆老人去世后，儿女们轮流照顾母亲，家中充满亲情。

（一）代代传承的家风理念——"和"

胡金凤老人早年家境困顿，家里人多粮少，胡金凤总是最后一个吃饭。第一碗饭舀给丈夫，因为他是家里的主要劳动力，第二碗饭舀给家里的老人，然后依次给孩子们舀饭，到最后，胡金凤常常只能喝一点米汤。那时候，胡金凤因长期营养不良，脸都肿起来了。9个孩子看到妈妈这样做，就会互相提醒，少吃一点，留一些给妈妈吃。父母亲的含辛茹苦孩子们都看在眼里，记在心里，养成了互相体谅、互相迁就的良好习惯。

"父亲从小就教我们要团结。"长女苏水英说，9个兄弟姐妹间，谁也不敢吵架怄气。小时候，看着父母亲含辛茹苦地养家，父母亲已经如此辛苦，儿女们不敢再为他们多添烦恼。尽管有9个孩子，但是苏裕隆却将每个孩子都送进了学校。为了能让孩子们读书，身为木匠的苏裕隆要多做很多活，从早到晚不停歇；母亲胡金凤也没有一刻空闲。孩子们看在眼里，记在心里，早早就懂事了，能帮父母多做一件事，就绝不推辞。

当时全家11个人挤住在一个旧房子里，胡金凤夫妇还是把双方父母接到了家里同住，只为了更好地照顾老人。这段经历更是深深地影响了家里的每一个人。如今9个子女都已成家立业，每个子女都有了自己的后代，原本的14人变成了49人。尽管人口众多，却没有争执和纠纷。家庭成员相处时处处谨记"和"的原则，互相尊重、互相理解、互相帮扶、互相关爱、尊老爱幼、亲密无间。

（二）代代传承的家风理念——"助"

胡金凤老人80岁那年，肚子里长了个近3斤重的脐胎瘤，取出后被检查出是癌症。做了手术后，在全家人耐心的陪护关心下，老人最终战胜了病魔。在术后的病房里，围绕在病床前的全家人从老母亲湿润的眼眶里读懂了老人的心思。胡家兄妹本来就有轮流照顾老人的值班规定，但是自那以后，全家商定，在原先的值班基础上进一步明确每天晚上也必须有人陪护老母亲。

走进胡金凤家，最为醒目的就是墙上贴的"陪妈妈值班表"。表上详细地列着值班人、值班日期等，兄弟姐妹轮流照顾母亲。值班表一年一换，墙上贴了十几。无论有什么情况，不论儿孙们有多忙，胡金凤身边每时每刻都有人陪伴。

在值班表中，特别注明了两点：三哥身体正在康复中，暂时不值班；如果轮值的人当天有事一定要找好替班人。在值班表右下角，还特别用曲线标示了一行字："母亲含辛茹苦地把我们带大，现在母亲年岁大了，我们要多陪陪她……"

在胡金凤的房间，还贴着一张子女通讯录，字特别大，上面记着每个子女的手机号码，细心的孙辈们还特意给奶奶床头的电话机作了设置，按"1"是老大的电话，按"2"是老二的电话……几十年如一日，儿女们遇到一时衔接不上的情况就轮番顶上，儿子有事不能来就儿媳妇顶上，女儿不能来就女婿顶上，都有事来不了就孙辈们顶上。

最小的妹妹苏婉先11岁时得了败血症，后来又转为骨髓炎，为了给妹妹治病，全家人每天都像上了发条似的努力赚钱。苏水英当时已经做起了裁缝，替人缝制裙子，一条裙子4角钱，苏水英和其他妹妹齐心协力，一天要做30多条，大哥、二哥也拼命赚钱。苏婉先每天需要13元的药费，这些钱都是哥哥姐姐们和父母亲一分一分地赚回来的。"大哥带着小妹四处求医，三妹也休学，陪着小妹到上海动手术。"苏水英说，为了帮小妹治病，大家都把自己的终身大事往后拖延，大哥当时就说："我宁可自己不结婚，也要将小妹的病治好！"大哥直到34岁才娶亲，二哥也到32岁才成婚。然而，没有人有丝毫埋怨。2009年，大哥得了重病，在杭州做手术时，所有家庭成员全部等在手术室门口。大家都放不下这个家的每一个成员。

2008年，全家人通过家庭会议，成立了"隆族基金会"。同年，隆族基金会还通过中华慈善网向汶川地震的灾民捐了款。每年年初，大家按照基金会章程的规定，自愿捐资，每人每年少则200元，多则500元。平时产生的一些费用就从这里面支付，包括老房子的水电费、为母亲看病买药的费用、逢年过节集体团聚相关的费用支出等。基金会管理人、胡金凤的孙子苏醒说："通过基金会的方式，一来解决了平时生活中的各项共同费用问题，二来能让家庭每个成员都感觉到无论家里大事小事，自己都能为这个家出一份力。"基金会运行到现在，第四代都忍不住了，纷纷积极参与进来，他们拿出自己过年收到的红包，少则捐资20块，多则50块、100块，一起为家庭出力。

（三）代代传承的家风理念——"敬"

逢年过节，苏家的大大小小都喜欢回家陪陪胡金凤。"大孙子以前常说，在奶奶家有一种快乐的感觉。"大孙子从小跟着奶奶胡金凤，与奶奶的感情分外深厚。每次回老家，首先就要到奶奶家看望奶奶。他喜欢给奶奶抓抓头、摸摸腿，还会帮奶奶抹去嘴角的口水，拉着奶奶的手笑着陪她聊天。

"孝顺，有时候不在乎你给多少钱，对母亲的留恋，常回家看看，陪老人说话，就是我们对老人的孝顺。"老家是苏家子孙永远惦念的港湾，无论他们走到哪里，走得多远，回家，永远是不变的情感，无论人事如何变化，对家、对父母的回归之情也永远不会改变。

苏家的良好家风也影响着每个人的生活，在苏家，姑嫂间从来没有矛盾，夫妻间也不会有"隔夜仇"。和谐、温馨、体谅、爱护的主旋律一直在9家人之间传递。"我们的孩子个个都很好教，就因为我们身处在这样一种环境下。"苏水英说。近朱者赤，近墨者黑，生长在这样一个温暖的家庭中，苏家的孩子怎么可能不和谐？

"兄弟姐妹团结一心，互帮互助，把亲情记在心间。"

"堂堂正正做人，勤勤俭俭持家。"

"以孝为先，以德为根，以善为本。"

胡金凤老人家庭朴实的家训教育铸就了和谐团结的"隆族"千福之

家。2014年，"隆族"之家在全国300多个家庭中脱颖而出，获得中共中央宣传部、中华全国妇女联合会联合授予的全国孝老爱亲"最美家庭"和中华全国妇女联合会授予的"最美家庭"荣誉称号，这正是胡金凤家庭优良家风的濡染与熏陶的成果。

二、反面样本：母亲的呼救①

2014年1月2日，在重庆万州某村，85岁老人解某某坐在自己两个儿子家门口桂花树下的石板上，离开了人世。

老人生前有四个儿子三个女儿，却没有一个儿子来为她料理后事。按当地风俗，女儿当时不能出现，只好让女婿在老人的脚下给她烧了纸钱。这件事情惊动了当地政府，他们在调解未果的情况下向公安机关报案。警察从老人头上和脸上的血迹判断，老人应是非正常死亡，便将老人遗体带去做尸检，同时将老人的四个儿子带回派出所。

经过调查，老人的死因基本查明。

就在老人离世的前一天，老人被四儿子送到大儿子家，因为他们四兄弟协议轮班赡养老人，每月一号是轮班交接的日子。所以老四一早就把老人连同她的衣物和铺盖一起送到了老大家。但是，老大媳妇回娘家了，老大出门了，家里门锁着。老四因为自己的岳母第二天过生日，家里要来人，要安排杀猪，就将母亲丢在老大家门口，离开了。

老人在老大家门口等了很久也没有看到老大回家，于是又回到老四家，但老四拒绝收留，说他的班已经值完了，不能再收留她。老人只好离开老四家，一路哭着，再往老大家走。当天下午，老人在一个村民家里短暂逗留了一会儿，村民给了她一块沙琪玛，这是老人离开人世前吃的最后一点食物。深夜来临，老大家依然没有人。老人只好拄着拐杖，在寒冷刺骨的黑夜里，走过山村高低不平的路，辗转到老二和老三的家门口，高喊

① 根据中央电视台《今日说法》2014年12月26日播出的《母亲的呼救》整理，载央视网（https://tv.cctv.com/2014/12/26/VIDE1419576960806169.shtml）。

着"救我命!"这样的呼喊,连一百米外的村民都听得清楚,两个儿子的家门却始终紧闭。在那个寒冷的夜晚,老人就这样孤零零地一个人在山村里四处游荡,无处安身。

第二天早晨,老三出门送自己的儿子去上学,看见母亲跌倒在自家门口,头上脸上有血,只是把老人拉到桂花树下的石板上靠着,自己去送儿子上学。回来后,母亲已经停止了呼吸。

当记者询问老大当晚回家有没有看见母亲的时候,老大说没有看见,而他媳妇却说回家看见了母亲的衣物,但他们都没有出去寻找母亲。老二老三说,老四和老大没有交接好,人家的事情自己也不想管。所以,即使他们清清楚楚地听到母亲的呼救,也无动于衷。

当记者问老大为什么明明知道母亲要来自己家,却还要出门喝酒晚上回家很迟且不找母亲时,老大说,因为此前母亲在他家里时,被他家狗咬了,伤得很重,所以就在他家多待了一个多月。他认为,三个弟弟应该分摊这段时间。

老人的弟弟说,在老大家的狗咬伤老人之前,老大还凶狠地打过老人,致使老人肋骨骨折。二女儿看不下去,就把母亲带回自己家去住了一个月。按当地风俗,只有儿子才能供养老人,所以四个儿子又到二女儿家,强行要求母亲必须跟他们回去,由他们四个儿子赡养。

这件事情在当地引起强烈反响。为教育广大群众履行赡养老人义务,法院专门在当地召开现场审判大会。最终认定老人的四个儿子犯遗弃罪,分别判处相应的刑罚。

三、正反两个样本的代表性澄明

我们选取的这两个样本,一个是被全国妇联表彰的全国"最美家庭",胡金凤一家感人至深的孝老爱亲故事,令人动容,一个温馨和睦的家庭形象跃然纸上;一个是通过央视《今日说法》播出的案例,解某某的惨死令人唏嘘。为什么我们选择这样的两个案例作为典型样本呢?

（一）样本代表性应具备的基本要求

在理论研究中，人们常常会选择某个案例作为自己立论的依据。一般情况下，人们不会追究这个案例是否具有代表性。但在调研类科研成果时，人们一般会对自己选取的调研对象的相关代表性做必要的说明。这是理论研究的必需步骤，否则，立论的依据就要被怀疑。如果立论的论据尚不能站得住脚，其理论的科学性显然就不具备。我们认为，作为研究对象的样本一般应具备以下三个方面的要件。

1. 具备被代表的类事物共有的基本属性

所谓类事物，就是我们所要研究的某一类对象。为了研究的方便，人们常常采用"解剖麻雀"的方式，将这类事物中具有代表性的某个样本作为对象，深入剖析其具有的特征或属性。这样做，既可以减省研究过程中因为对象的繁杂可能导致的程序繁冗，又可以减少理论整理过程中的混乱，有益于研究者"透过现象看本质"。因此，我们所称样本的代表性，也就是作为研究对象的样本，必须首先具备研究者所选取的研究对象应有的基本属性。本书以家庭道德建设中"善事父母"的状况作为研究对象，无论选择什么样本，都应当具备这三个基本元素：一是在家庭场域。即研究的对象必须在家庭的环境里，与"善事父母"有关，不能是邻里互助、敬老帮扶等内容。二是要有家庭成员的"善事父母"之行。即样本所讨论的涉及家庭成员的行为只关涉"善事父母"方面，与此之外的行为不在讨论范围之内。三是"善事父母"之果。即家庭成员在"善事父母"方面形成的结果是什么，或有没有结果。虽然一般家庭的"善事父母"之行都会有结果。但如果这个结果很平常，很普通，其研究的价值不大，就不能作为样本。显然，我们选择的胡金凤家庭和解某某家庭，无论是正面的还是反面的样本，都具备了这样的三个基本元素。

2. 具备作为研究对象所要求的基本特征

研究者在对自己的研究对象进行研究前，一般都会对其进行必要的甄别，明确哪些符合研究的需要，哪些不符合研究的需要。这种甄别所采用的尺度，就是作为研究对象所要求的基本特征。家庭道德建设中所具备的基本特征，需要满足这样的两个要求：一是家庭结构中纵向代际关系多元。比如三代或多代同堂，而不是只有两代。如果只有两代，父辈爱子女，子女孝顺父辈，一般都比较容易做到。这样的状态对于研究家庭"善事父母"的状态价值不大。而多元代际关系则不同，三代或多代同堂就会面临家庭利益的矛盾冲突，在面对这种矛盾冲突时，家庭成员的选择影响着"善事父母"的质量。二是家庭结构中横向关系丰富。独生子女家庭使得中国传统家庭结构中的横向关系变得单一化，单一化的家庭横向结构也无益于家庭道德建设的研究。因为这种结构的家庭可能产生的矛盾，其形成原因简单，处理方法也简单。需要说明的是，这样的标准并不是为了追求复杂的"故事情节"，而是因为复杂的家庭矛盾才能彰显家庭成员在"善事父母"这一重大问题上的态度和作为，其研究的价值才具备可能的普适性。

3. 选择的样本之间应具备可比性

从研究的角度看，单纯选择一个方面的样本容易形成单向度的结论。也就是说，这个结论的实用性和适用性都可能会有很大的局限性。因此，在研究的过程中，选用两个既具有反差性又具有关联性的样本，有益于丰富研究成果，使其具有广泛实用性。要达到这种效果，就必须要求这两个样本具有可比性，在某种程度上，还要具有一定的相似性。如果选用的两个样本相互之间没有关联，就不利于避免单向度研究结论的产生。

就本书而言，单纯一面的，不管是正面的还是反面的样本都不能说明家庭伦理在新时代的实然状态，应该同时从正反两个方面，挖掘样本中存在的有价值的因子，即既不能简单地因为是正面的典型就完全肯定，也不能因为是反面的典型就全盘否定，应在辅以相应的案例作为佐证的基础上，整理归纳出符合时代要求的家庭道德建设的有益元素，使之有益于形成新时代家庭道德建设的应然状态。从这个角度来说，这两个样本之间，在研究的视域中具有一定的关联性就显得十分必要。

（二）两个样本的关联性阐明

基于以上认识，我们在选择样本之初，就有意识地将样本的关联性作为重要的标准，从大量的案例中遴选出胡金凤家庭和解某某家庭，作为本书的代表性样本。考虑到研究的需要，两个样本的关联性方面有如下三个方面比较突出。

1. 两个家庭在结构上具有相似性

从纵向看，胡金凤家庭和解某某家庭都属于多元代际结构，两个家庭都有四代人。从横向结构看，两个家庭的横向关系都十分丰富。胡金凤老人有9个儿女，组建了9个单独的小家庭，祖孙四代总共49人。解某某老人有7个儿女，组建了7个单独的小家庭，祖孙四代人。我们没有在样本资料中看到具体的家庭人数，但即使按照独生子女计算，也有二三十人。也就是说，胡金凤家庭和解某某家庭都是人口众多、关系复杂的家庭。

2. 两个家庭中"善事父母"的行为结果影响大

胡金凤家庭和解某某家庭在"善事父母"的行为结果方面，虽然性质不同，但影响都很大。胡金凤家庭通过多年的积累，形成了"和、助、敬"的家风理念，且代代相传，相互影响，在当地产生了广泛的良好的影响。胡金凤家庭主动参与了妇联系统的寻找"最美家庭"的群众性活动，由于事迹感人，最终被全国妇联评为全国"最美家庭"，其孝老爱亲的故事被国内多家媒体报道，影响广泛而深远。解某某老人并没有主动宣传自己的事情，而是在其被遗弃导致惨死后，四个不孝的儿子因遗弃罪而获刑在当地引起强烈反响，引起媒体高度关注。不管是宣传性的正面报道，还是批判性的反面教材，两个家庭中子女对待父母的言行及其结果都产生了非常大的影响。

3. 两个样本间的关联性大

这两个家庭的故事，如果作为单独的研究对象，都可以在一定程度上获得单向度的研究结论。作为正面样本的胡金凤家庭，一定可以在"善事父母"方面获得良好的经验。作为反面样本的解某某家庭，必然在相应的方面具有深深的缺憾。但是我们知道，经验或缺憾都是相对而言的，而不是在单向度的意义上自说自话。因此，我们说胡金凤老人家的故事"好"、解某某老人家的悲剧"惨"，说胡金凤老人的子女孝顺、解某某老人的子女忤逆，都是两相对照的意义上得到的结果。也正是在这个意义上，两个家庭的故事，在本书研究的过程中，同时具有了样本的价值。作为研究的对象，在结果的意义上，两者相互依存，相辅相成，不可分割。

（三）两个样本的差异性辨析

当然，我们不能因为胡金凤老人和解某某老人两家的故事在研究的视域中具有关联性，就漠视两个家庭实际存在的差异，那样势必导致研究的最终结果具有很强的主观臆断性。两个样本的关联性不能替代和淹没相互独立的两个样本本身具有的差异性，尤其是这种差异性在"善事父母"的行为结果方面有着重要的影响。具体来说，这种差异性至少有四个方面是显见的。

1. 家庭中核心人物在家庭建设中的表现不同

核心人物在家庭中的影响力和凝聚力毋庸置疑。因此，核心人物的言行举止、决策和计划都会影响家庭整体的状态。两个家庭中的核心人物的生活状况，通过我们看到的故事描述是不尽相同的。其一，孩子成长的方向不同。胡金凤家庭让孩子们读书。胡金凤的丈夫是一个木匠，在儿女们成长的过程中，夫妻二人同心同德，含辛茹苦。尽管家境十分贫穷，却将每个孩子都送进了学校。解某某家庭让孩子们生活。大儿子住的三层楼房就是在老两口原来住的地方盖的，老两口因此搬进了一个破旧的房子里居住；老二、老三外出打工时，子女都留在老人跟前，由老人从小拉扯大；老四的房子也是父母帮着盖的。其二，老大的带头作用不同。一般来说，在中国家庭，长兄如父。父亲在时，长兄就是父亲的助手；父亲离世，长兄就是家庭的领头人。长兄首先来到父母身边，比弟弟妹妹们来得早，自然比弟弟妹妹们有经验，能带头。因此，一个家庭中，长子的表现十分重要。胡金凤家的大哥，在小妹得了败血症后，拼命赚钱，四处求医，"宁可不结婚，也要将小妹的病治好！"而解某某家的大哥已经六十多岁，自己也有了孙子，但是他居然动手打自己的母亲，致使其两根肋骨骨折。当他家的狗将母亲咬成重伤，在他家里多住了一个多月，他就认为这段多住的日子，应该由兄弟四人共同承担。由于其他兄弟三人不愿意承担，在轮流赡养老人的交接处断层，导致了老人惨死的悲剧。

2. 家庭所在的区域不同

人创造环境，也为环境所影响。每个家庭都生活在不同的社会环境中，家庭中的氛围、家庭道德建设的状态、家庭形成的文化样态都与所在地有必然的联系。因此，考察和比较两个家庭所处的不同环境，有益于我们理解和剖析两个家庭样本差异性的根由，有益于更进一步获得家庭道德建设的有价值元素。胡金凤家庭地处浙江衢州。衢州是一座具有1800多年历史的江南文化名城，是圣人孔子后裔的世居地和第二故乡，是儒学文化在江南的传播中心，历史上儒风浩荡、人才辈出，素有"东南阙里、南孔圣地"的美誉。也就是说，在衢州当地，民风淳朴，人们深受儒家文化的影响。家庭孝文化自然是渗透在人们现实生活的方方面面。因此，胡金凤家庭能够荣登全国"最美家庭"的荣誉榜，是情理之中的事情。解某某家庭，身处重庆市万州区高山之中的村庄，海拔平均1500米。外出打工是当地百姓改善生活的主要途径。据《今日说法》栏目组采访时记录，当地不能较好地"善事父母"的事件偶有发生。所以，当地法院专门在解某某老人所在的山村召开公审大会，就是为了警示当地的人。

3. 家庭教育的状态不同

一个家庭有一个家庭的生活样态，其中父母让子女接受教育的水平是整个家庭样态的决定因素。当然，我们不能简单地将学校的文化教育代入其中，家庭教育包括文化教育，但并不全部是文化教育。其中的家庭道德教育所涉及的文化成分要远比学校教育所涉及的更丰富。比如一般家庭中所传承的习俗文化、家庭代际间传承的家族文化、家庭生活中形成的具有文化样态的内容等。在我们选择的两个样本家庭中，从现有的资料看，家庭教育的状态是不一样的。胡金凤家庭尽管很辛苦，但都让孩子们到学校去接受了教育。在家庭教育中，胡金凤夫妻用自己的实际行动影响子女：将双方的父母接到家里来赡养；吃饭的时候，胡金凤总是让丈夫（因为他是家庭中重要的劳动力）首先吃饭；教育孩子们从小就要团结，谁也不准怄气；家里有孩子生病，不惜一切代价，表现出相互扶持、决不放弃的大爱亲情：最终形成了"和、助、敬"的良好家风理念。而在解某某老人家里，我们看不到相关的记述。从央视记者零星的问询中，我们看到解某某家庭的家庭教育基本是一片空白。唯一做到的是老夫妻两人含辛茹苦地将7个子女拉扯大，并且都扶持到成家。给老大和老四盖了房子，帮老二和老三带大孩子。虽然自己一直辛勤付出，却没有想到这些付出并没有带来回报，反而被子女抱怨给予的很少，足见这种家庭教育是失败的。

4. 社会风俗不同

社会环境对家庭的影响，既有国家大政方针层面的宏观影响，也有社会风俗层面的微观熏陶。一个家庭总是落根在某个具体的环境中，其生活的方式或多或少地受到家庭所在地的影响，不可能完全独立于周边环境。风俗常常是以潜移默化的方式、自然而然的态度渗透到家庭生活中，"善事父母"方面也如此。比如，在一些地方，父母晚年一般跟家中最小的儿子一家在一起生活。因为小儿子年龄最小，结婚成家一般也最迟，父母要让每个孩子都成家后，才能安享晚年。而到了小儿子成家立业，父母也都岁数大了，如果单独生活不方便，就会跟小儿子一家生活在一起。这样的风俗在汉民族家庭中十分普遍。作为一种风俗，这种方式是不用争议的。有的家庭中，老人到了晚年，有可能选择单独生活。只有等到老伴过世，才会选择跟某一个孩子一起生活，或者由子女轮流赡养。我们选择的样本家庭老人最后的归宿就完全不同。胡金凤老人虽然独自一个人生活，但是9个子女轮流值班，保证老人身边不断人，而且为了保证老人随时能够喊到人，还将老人身边的电话专门设置了快捷拨打号码。胡金凤老人健康长寿，与这种温馨细致的赡养是分不开的。相反，解某某老人却在四个儿子的轮流赡养过程中被冷漠地遗弃了。她有三个女儿，但因为当地的风俗，她只能由儿子赡养，即使女儿愿意赡养也不被允许。

综上所述，我们选择的正反两个样本家庭，具有一定的代表性。一是家庭结构具有代表性。就"善事父母"而言，简单的代际关系，由于其可能产生的矛盾冲突简单而易于解决，因此不具有代表性。两个样本家庭在纵向结构上，具有多元的代际关系，在横向结构方面也都有人口众多的特征。就中国家庭结构样态来看，祖孙三代同在一个主干家庭是常见的家庭结构形式。二是"善事父母"的行为结果具有代表性。样本家庭的行为结果代表了两种赡养方式的方向。一种是让老人安度晚年，尽享天伦之乐；一种是遗弃老人，没有尽孝。三是在赡养方式方面具有代表性。老人独居而由子女轮流赡养，将会成为未来社会解决赡养老人问题的一个基本方向。但是如何轮流，就很有讲究。两个样本家庭在赡养方式上，总体来看都是由不同的小家庭轮流赡养，但是，正面的样本家庭是不间断陪护式的轮流赡养，而反面的样本家庭是有缝隙的轮流赡养。无缝隙不间断的赡养，使老人有了安全感、稳定感、幸福感，从而长寿而快乐。而有缝隙的赡养恰是解某某老人失去生命的诱因。通过对这两种赡养方式的比较可以发现，样本家庭在"善事父母"方面具有极高的研究价值。

第二节 "善事父母"当代传承的经验

没有比较就没有鉴别。胡金凤家庭所以能够成为全国"最美家庭"，胡金凤老人所以能够长寿而安度晚年，不是当地政府或邻居说他们好，我们就认为他们"好"。从研究的视角来说，我们只有通过比较才能得出更为科学精准的结论。只有在与解某某老人的比较中，我们得出胡金凤老人的晚年是幸福的，家庭是美满的，这个结论才无可争议。因此，本节将基于胡金凤家庭的故事，尝试归纳"善事父母"当代传承的良好经验，以资借鉴。

一、一个核心人物是"善事父母"能够落实的关键

任何一个包含多个元素的事物，要形成集中统一的整体，都必须有一个核心才能使各个元素找到可以凝聚的方向或力量。同样的，任何一个有组织的集体，要想拧成一股绳，都必须有一个核心。这个核心，最终都必然体现在某一个人身上，我们把这个人称作核心人物。核心人物对集体中各个个体的引领力是集体能够团结的关键。而这个核心人物之所以具有引领力，主要是由于其具备权威性、影响力、行动力三个基本的素质。

（一）核心人物在家庭中具有较高权威性

核心人物在家庭中的权威性是指核心人物在家庭中拥有一定的权力和威望。家庭中的这种权力是在传统习俗中形成的。比如，在传统中国家庭中，男性是主要劳动力，掌握农业生产的主要技术，是家庭经济的主要生产者。因此，男性长者在家庭中拥有天然的权力，自然成为核心人物。权力往往强行使人屈服，威望与权力不同。威望是一个人能够使另一个人发自内心地服从和支持自己的魅力。对于有威望的人来说，其威望可以表现为个人的声望；对于服从和支持者来说，这种威望可以使其发自内心地认同和跟随。因此，家庭的权威性，一般表现为家庭中年长者的声望或魅力。由于家庭是自组织群体，家庭中的长者一般需要具备如下三个方面的素养，才可能成为家庭中有权威性的人。

1. 德行好

我们在评价一个人时，一般都会用德行如何作为第一标准。这一点，在家庭中也一样。但不同的是，在家庭中，德行是否好一般是以评价人的感觉为标准的，即看被评价的人是否对自己好。如果对自己好，一般就会认为其德行好；如果对自己不好，就会认为其德行不好。这跟社会评价中更多地看重具有社会性色彩的德行在内容和表现形式方面都存在一定的差异，表现出更直接、更具体、更透明的特征。当然，客观地说，在家庭

中，一个人对另一个人好，是亲情使然，一般都很自然，没有什么顾虑，是发自内心的。但一个家庭的长者或权威者对家庭成员的好，则要表现出公平公正，能够照顾到每一个人的感受，不能偏心和袒护。否则，就会影响其声望，降低权威性。

2. 地位高

地位高低是一个相对的概念。在家庭中的地位高，就是指核心人物在家庭中所处的位置，相对于其他成员来说比较重要。一般来说，家庭地位的高低就是关涉夫妻之间、兄弟姐妹之间，谁说话算数。家庭中的核心人物，一般都身居家庭中主要位置。换句话说，较高的地位为家庭权威者支撑起了一定的空间，这也是必要的。传统家庭观念中，男性长者，即丈夫或长兄，一般都是有一定地位的家庭权威者。但新时代的家庭倡导男女平等，夫妻和睦，兄弟姐妹之间更是平等相待，因此，这个权威者，一般就是家庭中掌握经济大权的人。有的家庭是丈夫，有的家庭是妻子。如果是子辈，一般是比较特殊的家庭，如父母亡故，或父母不能经济独立。

3. 能力强

能力强不强是在家庭中能不能拥有一定地位的关键要素。在中国传统社会中，家长制之所以能够倡行，就是因为家长在处理家庭中各项事务方面有较强的能力。一方面，家长能够通过个人的某种技艺成为家庭经济的主要来源，或能够掌握农业生产技术，成为家庭经济建设的顶梁柱。另一方面，家长在家庭中能够及时帮扶所有需要帮扶的家庭成员。从这个角度看，能力强是家庭权威性的核心要素。没有能力，就不可能在家庭中获得较高的地位，能力差也不可能拥有一定的权威。有权威的人能力渐渐削弱，也会在一定程度上逐步降低自己的权威。长者们随着年岁的增长，在家庭中渐渐丧失权威性，一般都是在能力的丧失上首先表现出来的。

通过以上分析，对照胡金凤家庭，我们就不难理解，为什么胡金凤家庭从14人发展到49人，依然能够有十分强大的凝聚力。因为从父亲苏裕隆到儿子辈的大哥，都是家庭中的核心人物，有相当高的权威性。苏裕隆是木匠，在孩子们小的时候，主要靠当木工挣钱养家。胡金凤也十分维护这位家长的地位：早年家境困顿，家里人多粮少，胡金凤总是最后一个吃饭，第一碗饭舀给丈夫，因为他是家里的主要劳动力，第二碗饭舀给家里的老人，然后依次给孩子们舀饭。这种顺序，表明胡金凤十分清楚谁是家里的"老大"，应该怎么样维护"老大"的地位。到了儿子辈，大哥十分呵护弟弟妹妹们。最小的妹妹得了败血症，全家人都像上了发条似的努力赚钱。大家都把自己的终身大事往后拖，大哥当时就说："我宁可自己不结婚，也要将小妹的病治好！"直到34岁他才娶亲。这对于他较好地继承父亲的权威地位十分有价值。按照中国传统的家庭习俗，老大在家里自然具有权威性的地位。但是在家庭中，如果老大不能以身作则，率先垂范，往往无法在家里形成应有的威望。显然，胡金凤的丈夫和长子都很好地树立了在家庭中的权威，为提高家庭凝聚力贡献了力量。

（二）核心人物在家庭中具有较大影响力

一般来说，家庭核心人物在家庭中应具有相当大的影响力。就这种影响力的内在结构分析，一般具体表现在三个方面。一是对外能代表家庭。家庭核心人物是家庭的代表者，代表家庭利益、家庭形象和家庭主权。具体来说，就是对外交往、捍卫家庭利益等方面都必须得到核心人物首肯才算数，否则就不能作为家庭的主张被执行。二是对内能决断家务。每个家庭都会产生一些矛盾，正确处理这些矛盾，平衡家庭成员间的利益诉求，就需要核心人物能够秉公判断，及时决断。在家庭事务的处理上，核心人物也应做到公平，让每一个人都能够承担一定的家庭责任，而不能有所偏袒。三是其言行举止在家庭中具有榜样示范的作用。家庭中核心人物的言行举止在某种程度上表现为一个家庭的风貌。虽然我们承认一个家庭的风貌一般是通过家风表现出来的，但是家风最初的建设，却都是通过核心人物的言行举止呈现出来的。比如一个家庭的核心人物是热情好客的，这个家庭的成员往往大多都能够做到热情好客，热情好客也渐渐成为这个家庭的家风组成部分。

家庭核心人物的影响力就外在的表现看，一般表现在社会影响力、家族影响力、家庭影响力三个方面。社会影响力和家族影响力体现的都是这个核心人物的代表性。如果一个家庭的核心人物不能代表自己的家庭,其社会影响力或家族影响力是无法实现的。也就是说,这个人是不能作为家庭核心人物的。虽然家族影响力要比社会影响力的范围小,但其内在属性是相同的,都是通过家庭核心人物的代表性呈现的。家庭影响力体现的是核心人物的决断能力和言行举止的示范性。这种影响力一方面有益于解决家庭内部的矛盾,另一方面也有益于促进良好家风的形成。

当然,我们还要看到,家庭核心人物的影响力与其个人的实际成就、工作业绩或荣誉紧密关联。客观地说,一个家庭中的核心人物如果不能在自己的工作岗位上有所作为,也很难在家庭建设中产生较大影响。而较好的个人工作实绩也必然会在社会上产生良好影响,在家族中引起良性反响,同时为核心人物在家庭中树立威望提供更强有力的支撑。

胡金凤家庭从父亲到大哥,两代核心人物是如何影响一个家庭的?一是父亲的奋斗精神影响了全家。儿女们小时候就看着父母亲含辛茹苦地养家,父母亲已经如此辛苦,不敢再为他们多添烦恼。尽管有9个孩子,但是苏裕隆却将每个孩子都送进了学校。为了能让孩子们读书,身为木匠的苏裕隆要多做很多活,从早到晚不停歇;胡金凤也没有一刻空闲。孩子们看在眼里,记在心里,早早就懂事了,能帮父母多做一件事,就绝不推辞。二是哥哥的榜样示范影响了弟弟妹妹们。在最小的妹妹得了败血症之后,一家人都努力拼搏,为救治妹妹挣钱。大哥说,宁可不结婚,也要把妹妹的病治好,直到34岁他才娶亲。这个行为也感染了弟弟妹妹们。当大哥生病在杭州治病时,全家人都站在手术室门口,大家都放不下家里的任何一个人。

(三)核心人物在家庭建设中具有较强行动力

家庭核心人物在家庭中既有较高的地位,也有相应的重大责任。因此,家庭中核心人物在家庭建设中的行动力要比其他成员更快、更好、更强。具体来说,这种行动力表现在三个方面。一是家庭事务的执行力。每个家庭都有很多繁杂的事务，每个家庭成员都应该积极地为处理家庭事务而出力。卓越的执行力是处理家庭事务的必备素质。如果执行力不好，就会使家庭中大量的事务堆积起来，容易导致家庭建设中产生矛盾。二是困难成员的帮扶力。家庭核心人物是家庭的主心骨，是家庭的顶梁柱。家庭成员有困难，必然首先来找核心人物。如果核心人物没有能力处理，或不积极主动处理，就会破坏家庭凝聚力，降低核心人物的家庭声望。当然，必定会有核心人物无法帮忙的事情，这要看核心人物的态度和借用外力的能力。态度不积极，会损害求助的家庭成员的向心力，甚至伤害家庭成员间的感情。不善于借用外力，则反映出核心人物的实际能力还有待进一步提高。三是家庭发展的推动力。家庭建设不是靠某一个人来完成的，而是靠全体家庭成员一起努力。一起做就要有组织、有计划、有步骤，核心人物就是这个组织的领跑者、计划的制定者、步骤的推动者。既要做管理人，也要做参与者，还要做鼓动者。

在胡金凤家庭里，我们看到了一幅人人努力、共建家园的温馨图景。"走进胡家，最为醒目的就是墙上贴的'陪妈妈值班表'。表上详细地列着值班人、值班日期等，兄弟姐妹轮流照顾母亲。值班表一年一换，墙上贴了十几张。无论有什么情况，不论儿孙们有多忙，胡金凤身边每时每刻都有人陪伴。"这是全家人陪护胡金凤老人的生动画面。"为了给妹妹治病，全家人每天都像上了发条似的努力赚钱。苏水英当时已经做起了裁缝，替人缝制裙子，一条裙子4角钱，苏水英和其他妹妹齐心协力，一天要做30多条，大哥、二哥也拼命赚钱。苏婉先每天需要13元的药费，这些钱都是哥哥姐姐们和父母亲一分一分地赚回来的。"这是帮助病重小妹时感人的场景。在这样的图景中，核心人物一直在场，起着引领和推动作用，其他人个个努力，从不懈怠和逃避。如果没有这样的行动力，很难想象能够让49口人的大家庭具有很强的凝聚力。

二、一串实用理念是"善事父母"能够实现的准绳

思想是行为的先导。任何行为的发生都与人的思想有关，家庭道德建设也不例外。"善事父母"之德源于人们对家庭孝德的理解和认知。因此，在"善事父母"方面用什么来凝聚家庭成员的思想，是每一个家庭核心人物需要思考的问题。在人们的生活实践中，家庭核心人物大多选择了近似于传统家训的样式。从子女小时候的行为规范开始，培育子女的基本德行，至子女成长，教育其为人处世之道，都有一系列的理念或观点。翻阅中华典籍，从孔子的家训开始，到《颜氏家训》《朱子治家格言》，再到《曾国藩家训》，这些堪称我国历史上关于家庭道德建设的典范。其中的思想，又被历代名门望族继承和传播，至今仍可以在一些地方看到相关遗迹。比如，安徽黄山地区的宗族聚居区就有慎终追远的风俗，社有屋、宗有祠，许多望族修建大量祠堂，宗祠之下还有支祠、家祠等，与"善事父母"密切相关的孝文化被写入宗族族谱。宗祠里都藏有宗谱，其内容一般包括敦孝悌、睦宗族、勤职业、慎婚娶、严继祧、重坟茔、崇祭祀等。祠堂具有维护宗族繁衍的社会功能，孝文化于其中维护着封建宗法礼制[1]。

当然，我们不能奢求每个家庭在"善事父母"方面都能有一部鸿篇巨制，作为论述家庭道德建设的家训文本。在古代，一般只有名门望族才可能拥有。比如山西省闻喜县礼元镇裴柏村的裴氏家族，就是曾经闪耀在古老三晋大地上、有着优良家风的望族大户。裴氏祖先留下的《裴氏家训》仍然深刻在后代的骨子里，沿用至今。我们不能否认，即使在今天，这种情况依然具有样本的作用。但也应该看到，在新时代的中国社会，千百万的普通家庭，只能在某种程度上借鉴或模仿这些传统文化中的优秀元素。这一点，我们从胡金凤家庭中也可窥见一斑。因此，结合传统家风建设和胡金凤家庭的成功经验，我们认为，良好的家庭伦理道德建设理念在"善事父母"的思想凝聚力方面的表现应有三个相关的方面可以看得见、可模

---

① 宋冬梅：《徽州文化中的家风家训与当代创新》，《地方文化研究》2019年第3期。

仿、能传承。

（一）宏观层面有传世家训

家训一般是以系统的理论形式表述一个家庭中核心成员的治家思想。家训的根本旨在治理家庭，其反映的是家庭中核心人物对家庭及家庭成员成长的认识和理解。其内容具有全面性、系统性、针对性、实践性等特点，一般朗朗上口，易于记忆，便于学习和实践。因此，家训一般具有高屋建瓴的理论高度，对家庭的建设和发展，对家庭成员的成长都具有引导性。在家庭中，对家庭成员具有凝聚人心、调节矛盾、和谐代际间关系等现实作用。在"善事父母"方面，更是具有规范行为的约束力。

中国古代家训历史悠久、源远流长，内容丰富，形态多样。在表现形式上主要有两种，一是文本形式的传播形态。在历代名臣事略、古今方志、家谱、文集、碑碣、碑刻、名人诗文等文献中，都可见大量家风家训，或单独刊印，或附于宗谱，或镌刻于石碑。除家训之外，还有家范、家诫、家诲、家约、遗命、家规、家教等名称，不一而足。二是言传身教型传播形态。在我国古代，人们信奉儒家"弟子入则孝，出则悌，谨而信，泛爱众而亲仁，行有余力，则以学文"（《论语·学而》）的教义，普通百姓人家不太注重文化学习，而看中日常为人处世的言行举止的修养。因此，俗话说的"不识字"的现象，十分普遍。但即使不懂文化，也可以在行为上学习效仿楷模，且代代相传。

根据报道，胡金凤家庭就有很好的家训传承："兄弟姐妹团结一心，互帮互助，把亲情记在心间。""堂堂正正做人，勤勤俭俭持家。""以孝为先，以德为根，以善为本。"胡金凤老人家庭朴实的家训教育铸就了和谐团结的千福之家。这个家训虽然就三句话，但是从不同侧面反映了胡金凤家庭核心人物的治家思想。一是以善德为根本；二是对长辈要敬孝，即"善事父母"要做好；三是同辈间要团结互助；四是在外为人要堂堂正正；五是在家要勤俭。这五个方面反映了一个家庭整体建设的基本需要。对于家庭成员的成长来说，基本涵盖了全部生活内容。当然，我们不能否认，与传统的名门望族的家训相比，内容确实显得单薄，但这并不影响其作为家庭核心人物思想的地位和价值。

在历史上，这样的案例并不少见。比如，中国十大著名家训之一的《章氏家训》，也言简意赅，共196字，其涉及劝学、修身、齐家、立业四个方面的主要内容是：耕读传家，勤俭持家，忍让安家，嫖赌败家，凶暴亡家，不存猜忌，不听离间，不生愤事，不专公利。其核心内容是耕读和勤俭，最核心的思想在于教育子孙后代知书达理，修身立命，遵守规矩，为家族争光。内容虽然少，但一直被章氏子孙奉为传家宝。在《章氏家训》的熏陶影响下，章姓家族，代有杰出人才，如明代经学家章潢，近代国学大师、民主革命家章炳麟等。历史上虽然章氏分支庞杂，发展近千年，但崇文重教的核心理念，始终凝聚着宗族的发展主线，秉承家训做人做事，已成为章氏族裔的独特内涵和自觉意识①。

可见，家训的内容不在于字数多少，关键在于管用。对于家庭中"善事父母"的伦理道德建设来说，能够起到凝聚、指导、训诫的作用，就是好的家训。就这一点来看，新时代家庭伦理道德建设，可以从确立家训开始。每一个家庭都可以努力凝练出适合自己家庭、可以世代传承的家训，在文化传播空前繁荣，人们的文化素养空前提高的新时代，这一点是完全可以做到的。

（二）中观层面有治家理念

所谓理念，就是理性化的想法、理性化的思维活动模式或者说理性化的看法和见解。它是对客观事实的本质性反映，是事物内在属性的外在表征。与系统化、理论化的家训相比，治家理念系统性较差，但更实用、更具体，也更容易被普通百姓人家接受和传播。比如《易经》中说，积善之家，必有余庆；积不善之家，必有余殃。清代民族英雄林则徐留给后辈的告诫说："子孙若如我，留钱做什么？贤而多财，则损其志。子孙不如我，

---

① 宋冬梅：《徽州文化中的家风家训与当代创新》，《地方文化研究》2019年第3期。

留钱做什么？愚而多财，则增其过。"①诸如此类的认识，都属于治家理念。

就内容而言，治家理念揭示的是家庭建设中的普遍规律，涉及的面很广。也就是说，凡是在家庭建设中具有普遍规律性的内容，都可能被总结归纳出来，作为家庭建设的理念被运用到实践中。比如，在我国广大的农村，人们习惯用比兴的手法，总结人生的经验和治家规律。在家庭教育中，人们付出什么就会得到什么，这一实践规律被认知后，就逐步形成了"种瓜得瓜，种豆得豆"这一理念。过于宠溺子女，往往使子女养成很多不好的品质，长大后往往不懂得感恩，而使多年的养育和期待落空，于是就有了"惯子不孝，肥田收瘪稻"的告诫。大量的生活实践使人们懂得，凡事抓紧，提前做好功课，有益于获得良好的结果，于是有了"一年之计在于春，一日之计在于晨，一家之计在于和，一生之计在于勤"的世代劝诫。显然，在中国广袤的大地上，千百年来，人们的实践启迪无数的智慧，为人们治理家庭提供了用之不竭的思想资源。

胡金凤老人家的治家理念就是"和、助、敬"。在这种理念的支配下，胡金凤老人一家和睦相处，团结互助蔚然成风。"当时全家11个人挤住在一个旧房子里，胡金凤夫妇还是把双方父母接到了家里同住，只为了更好地照顾老人。这段经历更是深深地影响了家里的每一个人。如今9个子女都已成家立业，每个子女都有了自己的后代，原本的14人变成了49人。尽管人口众多，却没有争执和纠纷。家庭成员相处时处处谨记'和'的原则，互相尊重、互相理解、互相帮扶、互相关爱，尊老爱幼、亲密无间。"这一生动的家庭生活图景，很好地注解了胡金凤老人治家理念的现实价值，也生动地说明，胡金凤老人一家之所以能够如此和睦地生活在一起，是因为有这些很实用的治家理念，使一家人在思想上认同，行为上趋同，从而使整个家庭治理得井井有条，和顺温馨。

因此，从治家理念来看，良好的家庭建设还需要一个重要的因素，就是核心人物在理念的层面上能够有效总结出适合个体家庭建设需要的内

①杨括：《林则徐传》，北京时代华文书局2016年版，第159页。

容,以便家庭成员共同遵守。如果不能总结提炼治家理念,家庭建设单靠直接的生活经验,就会难以适应现实的家庭建设需求。因为现实的生活是丰富而多元的,没有针对性强的理念与时俱进地引领家庭建设,则家庭建设往往会迷失方向。

(三)微观层面有认识观点

从传世家训和治家理念的起源看,最先都是从人们对生活的认识开始的。人们对生活实践的认识,总是从个体亲身体验的点滴开始的。在大量的具有普遍规律的生活实践基础上,再逐步总结归纳出相应的理念。在此基础上,通过提炼和升华,更深入地揭示出具有指导性的思想,从而形成传世家训。这一发展的路径,符合人们认识事物的基本逻辑。

对于家庭来说,家庭成员的成长常常是在贯彻治家理念的过程中,通过个人的生活体验,逐渐形成相关的认识观点,从而在实践中逐步实现家庭核心人物的愿望。这些认识观点通常与个体所经历的生活实践相对应,以零星的思想认识表现出来,体现出鲜明的个体性、实用性、实践性、针对性等特点。这种现象也是自古有之。我们今天依然可以在一些地方见到的堂额、匾额、牌楼、楹联、祠堂等各种建筑遗存上的语言表述,大多具有这种认识观点的意蕴。如楹联中的"猪多粮足农家富,子孝孙贤亲寿高","百行孝为先,论心不论事,论事贫家无孝子;万恶淫为首,论事不论心,论心终古少完人"。诸如此类,十分鲜活而生动。对于指导家庭成员具体的"善事父母"之行具有很强的实践价值。

这一点,我们也可以在胡金凤老人家庭中看到很多记述。如:"母亲含辛茹苦地把我们带大,现在母亲年岁大了,我们要多陪陪她……""通过基金会的方式,一来解决了平时生活中的各项共同费用问题,二来能让家庭每个成员都感觉到无论家里大事小事,自己都能为这个家出一份力。""孝顺,有时候不在乎你给多少钱,对母亲的留恋,常回家看看,陪老人说话,就是我们对老人的孝顺。"这些观点看似简单,却在具体的生活实践中指导着胡金凤老人的子女规范自己的行为,逐步成长,有效地促成了一个全国"最美家庭"的诞生。

由此，我们可以得出这样的基本结论，在家庭道德建设过程中，引导和推动家庭成员结合家庭核心人物提出的治家理念，对个人的生活实践进行必要的总结，形成个人的认识观点，不仅有益于家庭伦理道德建设，也有益于个人成长。

三、一片良好环境是"善事父母"得以实现的保障

据报道，胡金凤老人家的良好家风也影响着每个人的生活，姑嫂间从来没有矛盾，夫妻间也不会有"隔夜仇"。和谐、温馨、体谅、爱护的主旋律一直在9家人之间传递。"我们的孩子个个都很好教，就因为我们身处在这样一种环境下。"可见，家庭的兴衰与环境密切相关。家庭是社会的细胞，家庭这个细胞的生存状态和健康状态，反映了社会机体的整体状态。反过来，社会机体的整体状态也会影响甚至决定家庭这个细胞的状态。从宏观上看，只有社会机体全部受损，才会伤及所有的家庭细胞。如果社会机体是健康的，一般情况下，个别家庭细胞的损伤，并不会影响社会机体的健康。因此，社会机体的健康是每一个家庭细胞健康的保障。就"善事父母"而言，如果整个社会在这方面都是良性的，家庭的"善事父母"就是良性的。如果整个社会在这方面有问题，家庭的"善事父母"就会变得艰难，甚至处于逆境。具体来说，社会、社区和家庭是影响家庭"善事父母"状态的三重外部环境。三者虽然范围大小不同，但层层递进，相互影响。

（一）社会环境良好

社会环境包含的内容很多，如舆论环境、生态环境、文化环境等。从学理上看，道德能够起作用的途径主要有三类：社会舆论、传统习惯和内心信念。所以，就家庭道德建设而言，社会舆论环境最具价值。社会舆论的状态如何，我们可以从三个方面进行检视。

1. 社会主流媒体舆论

社会主流媒体传播的是社会管理者的声音，表达社会主流意识形态，具有导向性价值。检视主流媒体针对某一现象的态度，一看有没有，二看强不强，三看多不多。就"善事父母"论，首先要看主流媒体对此类事件有没有关注。作为社会生活的一部分，反映家庭状态的相关事件时有发生，哪怕是写实性的报道，都能够反映主流媒体对此类事件的态度，其导向性价值毋庸置疑。社会主流媒体报道的强度和数量对舆论氛围有重要影响。在全媒体时代，通过主流媒体对某一事件，特别是家庭中"善事父母"方面的事件，进行全覆盖式的宣传报道，营造良好的舆论氛围，让所有人了解事件的真相，有利于调动人们的主观能动性，从而产生良好的舆论效应。胡金凤老人的家庭之所以能够从千百万家庭中遴选出来成为全国"最美家庭"，就是得益于全媒体的有效介入。这个结果既有益于胡金凤老人家庭更加和睦，又有益于传播良好的家风，对良好社会风气的形成也起到了积极作用。

2. 生活区域的舆论

人们总是生活在某一个特定的区域内，与宏观的社会环境影响相比，人们受所生活的区域影响更大。生活区域内的舆论对一个人的影响更直接。比如，如果人们在生活中对自己和家人的穿戴十分注意，如果有谁穿戴得不够理想，就会说："你穿成这个样子，人家怎么说？"这里面的"人家怎么说"关注的就是生活区域内的"人家"——邻居、街坊、同事、领导等的态度。也就是说，"人家"的态度影响到个人的穿戴审美观。从深层次角度来说，就是周围人的态度会影响人们生活价值观的选择，足见生活区域内的舆论力量不可低估。

因此，一个家庭"善事父母"方面做得如何，可以通过生活区域内的舆论传播，弘扬正能量，贬遏负能量，宣扬真善美，鞭挞假恶丑，为社区内每一个家庭"善事父母"之德的畅行保驾护航。

3. 家庭内部的舆论

家庭内部舆论氛围是由家庭成员共同营造的，但其核心人物的价值观对每个成员都会产生直接的影响。因此，在这个意义上，家庭内部的舆论导向是由家庭核心人物决定的。"母亲含辛茹苦地把我们带大，现在母亲年岁大了，我们要多陪陪她……"这就是胡金凤老人家庭内部的舆论，让所有的子女都主动地前来陪护病中的老人。因而，一个家庭"善事父母"的状态，主要看这个核心人物的价值取向。如果他在家庭中表现出对父母长辈的尊敬，并及时纠正不尊敬长辈的言行，就会使整个家庭拥有浓厚的"善事父母"氛围。如果相反，核心人物都无视长辈，其他成员的不良言行就不会得到及时纠正，整个家庭无法形成尊老爱老的风尚。

（二）社区环境温暖

社区环境是一个人基本生活的主要环境。社区环境的好坏，既反映一个社区的管理状态，也反映社区成员的生活状态。因此，温暖的社区环境是一个家庭幸福的基本条件，也是一个家庭"善事父母"之德能否实行的外部保障：既能对"善事父母"之德及时予以表彰，又能对没有"善事父母"的家庭及时给以提醒和监督，还能对不能"善事父母"的家庭及时进行帮扶。

何谓温暖的社区环境？至少需要满足三个方面的条件。

1.居住环境干净整洁

在我国，环境保护意识已经深入人心。人们对自己生活的环境十分在意，购买住房时不仅考虑价格因素，还要考虑房屋所处的位置、小区的卫生状态、物业管理水平等。住所看似是一个简单的生活条件，但这个条件是一个家庭能否或在多大程度上做到"善事父母"的重要条件之一。其他人家的条件都好，唯独"我"家的条件不好，这不仅会给家庭成员的心理造成阴影，也会使家庭中的长辈感到"不如人"的悲凉。

2.精神环境没有污染

社区不仅仅要注重物化环境建设，也要十分重视精神文明建设。良好的文明环境有益于促进小区的文明创建，对于家庭生活来说，更是有益于正能量的传播。在中国的农村社区和城市社区，都有关于婚丧嫁娶的民俗，这些民俗既有表达民族风情向善的一面，也有落后低俗的一面，如对于在一些地方流行的大办丧事的陋习应该予以破除。

3. 邻里之间团结互助

俗话说，"远亲不如近邻"，说的就是乡邻之间是可以互相依靠的好帮手。邻里团结是营造社区温暖环境的重要抓手，我国自古就有重视乡邻关系的传统。安徽桐城的六尺巷记载的就是邻里之间为了团结相互谦让的故事，流传至今，成为乡邻之间谦让相助的佳话。2001年我国颁布的《公民道德建设实施纲要》，也强调家庭美德应注意"邻里团结"。客观地说，任何人都不能离开环境独立存在。邻里环境是家庭生存最直接的环境，良好的邻里关系，也为家庭的良好生活营造环境。就"善事父母"而言，邻里相助更是生活实践中必不可少的内容。

（三）家庭氛围和睦

家庭"善事父母"的质量与家庭氛围是否和睦密切相关。很难想象一个每天都处在矛盾漩涡中的家庭，还能够处理好"善事父母"之事。所以，和睦的家庭氛围，不仅是"善事父母"的条件，也是"善事父母"的途径。子曰："色难。有事，弟子服其劳；有酒食，先生馔。曾是以为孝乎？"（《论语·为政》）这是孔子对弟子子夏的答复，认为子辈在家里，尽管有事抢着做，有好吃的好用的，都让父母先享用，但子辈难看的脸色营造的紧张氛围，使得这种孝顺的行为大打折扣。因此，家庭和睦，是"善事父母"的基本保障。

1. 良好沟通是家庭和睦的关键

人与人之间的和睦关键在良好的沟通，家庭和睦也如此。家庭成员之间应该无障碍地沟通，表达自己的所思所想，说出自己的委屈和不快。如果沟通不畅，就会造成思想障碍，久而久之就会形成家庭成员间的隔阂，导致很多不应有的矛盾。"代沟"一词，就是说明家庭代际间的矛盾，仿佛一道鸿沟横亘在不同代际之间，难以逾越。心理学指出，在子女进入青春期，开始真正用自己的眼睛看世界的时候，会有很多个性化的发现和思考，此时，就需要父辈能够耐心地听取他们的意见。但是，有些家庭在此时漠视子辈的认识和反应，甚至会用否定的语言来评价子辈的"新发现"，代沟由此产生。因此，家庭和睦要求家庭成员之间能够顺畅地表达自己的思想认识，尊重彼此的观点和情感状态。核心人物在这种沟通中居于重要的协调或枢纽的地位。

2. 相互关怀是家庭和睦的根本

家庭成员间的相互关怀是家庭成员相互吸引、彼此认同的根本。家庭成员是以血亲关系共同生活在一起的，彼此照顾、相互关怀是应有之义，不需要理由，不需要回报。家庭成员就是在日复一日的相互照应中，加深彼此的情感认同。在胡金凤老人家里，兄弟姐妹之间、老人之间、代际之间，都能够相互照顾，彼此呵护，且相互感染，形成了一种良好的相互关怀、不分彼此的温馨环境。"大孙子以前常说，在奶奶家有一种快乐的感觉。"大孙子从小跟着胡金凤，与胡金凤的感情分外深厚。每次回老家，首先就要到奶奶家看望奶奶。他喜欢给奶奶抓抓头、摸摸腿，还会帮奶奶抹去嘴角的口水，拉着奶奶的手笑着陪她聊天。一幅儿孙绕膝图跃然纸上。

3. 相互谦让是家庭和睦的保障

俗话说，"牙齿还有和舌头打架的时候"。在人们的生活实践中，很少有从不发生矛盾的家庭。问题在于，每个家庭处理矛盾的方式不同。思想认识方面的矛盾可以通过沟通来解决，而因利益的冲突发生的矛盾，相互谦让才是最好的解决办法。在利益面前，从不让步，就会使矛盾激化。解某某老人的悲剧，与她的四个儿子互不相让有着直接的关系。而在胡金凤家庭，当11岁的小妹得了败血症，一家人齐心协力，没有一个人退缩。"全家人每天都像上了发条似的努力赚钱"，"大哥带着小妹四处求医，三妹也休学，陪着小妹到上海动手术"，为了帮小妹治病，大家都把自己的终身大事往后拖延。这种谦让和互助，与解某某家庭的悲剧形成鲜明对比。

第三节 "善事父母"当代传承的缺憾

中国家庭道德建设存在的问题在不同的历史时期以不同的形式表现出来。首先是20世纪80年代以彩礼变化表现出来的家庭伦理问题新动向。从"老三件"到"新三件"的变化中，既可以看到人们生活水平的提高，也可以看到婚姻中物质化倾向带来的家庭矛盾日渐突出的问题。其次是20世纪90年代前后以离婚率逐年上升为主要表现的家庭伦理冲突。最后是20世纪90年代中后期至21世纪以来，在社会主义市场经济条件下，以"善事父母"成为家庭道德建设突出问题为标志的家庭伦理挑战。可见，家庭伦理道德建设的突出问题逐步从横向的夫妻之间深入到纵向的代际之间。中国家庭由原来的以父子关系为纽带的主干家庭结构形式，走向以夫妻关系为主轴的横向家庭结构形式，传统家庭解构性的深刻变革悄然发生。人们在面对现实变化的同时伴随着疑惑："善事父母"的问题到底出在哪里？

借助解某某事件，我们深入剖析其家庭中暴露出的"善事父母"问题的根源，总结这种事件发生的主客观原因。希望通过原因分析，为更好地"善事父母"提供借鉴。

一、部分群体"善事父母"之德的缺失

"善事父母"并非现代社会的产物。自有人类社会以来，就有类似的规范要求。正如孔子言："子生三年，然后免于父母之怀。夫三年之丧，天下之通丧也。"（《论语·阳货》）"夫孝，天之经也，地之义也，民之行也。"（《孝经·三才章》）意思很明显，为什么要给父母守孝三年？因为一个人从出生到能离开父母的怀抱，也要三年。因此，为父母守孝三年，是天下人都应该做到的事情。孔子从人的成长离不开父母说起，论述

人要讲道义和感恩是天经地义的。但是，客观地说，天经地义的事并不意味着所有人都自然懂得和知晓。如果在家庭中没有相关的教育和影响，子辈就可能出现"善事父母"之德的群体缺失。

前述反面样本中，面对惨死在家门口的母亲解某某的遗体，四个儿子居然没有一个人愿意主动出头承担治丧之责。直到当地政府出面干预后无果，最后报警，通过法律才使此事尘埃落定。解某某老人此前一晚，曾经在二儿子和三儿子家门口大声呼救，一百米之外的乡邻都能听到，却喊不出自己的亲儿子出来开门，就这样在深夜冰冷的山路上不慎跌倒，导致头部大面积出血，悲凉离世。是什么致使这四个也为人父的儿子能够下得了这样的狠心，毫无同情心地遗弃了自己的母亲？我们认为，就是他们"善事父母"之德的群体缺失所致。具体来说，至少有三个方面的缺失。

（一）对必须"善事父母"的无知

"善事父母"作为传统孝道的核心要求，内含非常质朴的家庭伦理的公平观念：父母生、养、育子女，子女长大成人后应当回报父母。这种伦理和谐的理念和主张，完全可以与今天的思想道德体系相承接，列入建设社会主义和谐社会的总体布局。传统孝道有着丰富的内涵，据《礼记》记载，曾子曾把对父母的孝分为三个层次："大孝尊亲，其次弗辱，其下能养。"（《礼记·祭义》）意思是说，孝的最高层次是尊敬父母，次之是不让父母受辱，最后是赡养父母。这种"善事父母"的看法和主张，在今天看来仍然是适用的，并未过时。不论是在"尊亲""弗辱""能养"哪个层次或三者兼而行之，尽孝，都是天伦之理、人之常情。

但遗憾的是，从解某某老人家庭成员的表现看，她的儿子们对这些内容毫无知觉。从整个案件的调查过程看，结合网络上一些相似案例，我们发现，对"善事父母"无知的家庭大致存在相同的原因。

第一，父辈年迈且文化程度低。父母是子女的第一任教师，父母的知识越多，子女的知识一般也越多。在类似解某某案例中，父母大多年迈，且没有文化，对传统家庭伦理知之甚少。既没有很好地继承传统文化，又没有得到较好的关于家庭伦理的教育。所以，他们所能够传承的大多只有"养儿防老，积谷防饥"之类的民谚俗语的教诲。

第二，相关教育严重缺失。从解某某案例的相关报道中，我们看到的多是父辈含辛茹苦地把子女养大，却看不见父辈如何教育子女成长的印迹。这一点和胡金凤老人家庭形成鲜明的对比。胡金凤老人夫妻用自己的行为表达了对自己父母的尊重和敬爱，"当时全家11个人挤住在一个旧房子里，胡金凤夫妇还是把双方父母接到了家里同住，只为了更好地照顾老人。这段经历更是深深地影响了家里的每一个人。"这种身教重于言教的家庭教育方式，使子女懂得了必须"善事父母"。尽管解某某在子女成长的过程中，也付出了作为父辈应该付出的劳动，将子女拉扯大，帮助他们成家立业，但她的四个儿子对此却没有感恩之心。

第三，对没有被"善事"过于包容。在中国家庭，大多数父母为子女可以无限付出，不计回报，而有的子女却可以根据自己的情况选择报答父母的程度。这一方面体现了中国家庭中父辈们的大爱感人至深；另一方面也令人反思：父辈对没有被"善事"有较高的包容度，但子女不能因为被包容就不"善事父母"。

（二）对不愿"善事"结果的无畏

一般说来，在法律许可的范围内，人们做任何事情都可以自由选择，比如选择职业、选择工作种类等，这是人的基本权利。但是，也有很多事情是无法选择的。如果选择不做，就必须接受惩罚。比如在工作岗位职责范围内的不作为，法律规定的应尽义务没有做到，都是如此。但问题在于，有的人对可能接受的惩罚并不畏惧，因为他们对这样的规定和要求一无所知。

解某某的四个儿子最后因为犯遗弃罪被判刑，他们面对记者询问时都感到委屈。在他们看来，他们并不是不养母亲，而是他们协商好了，每个人照顾一个月，自己的服务期结束了，母亲就不该自己管了。至于"别人家的事情"，与自己无关。之所以如此，主要有以下几个方面原因。

第一，对法律义务的无知。所谓法律，通常是指由立法机关制定，并由国家强制力（主要是司法机关）保证实施的，以规定当事人权利和义务为内容的，对全体社会成员具有普遍约束力的一种特殊行为规范（社会规范）。我国《老年人权益保障法》第三条明确规定，禁止歧视、侮辱、虐待或者遗弃老年人。第十三条又规定，老年人养老以居家为基础，家庭成员应当尊重、关心和照料老年人。这都是国家关于保护老年人权益的硬性规定，必须执行。不执行就必须接受惩罚。解某某老人的儿子们只知道自己在协议范围内履行了义务，却不管这个义务履行的质量如何。

第二，对"善事父母"中敬养的无知。从价值结构看，"善事父母"要求子女对父母要做到养体和养心两个方面，即所谓"修宫室，安床笫，节饮食，养体之道也"（《吕氏春秋·孝行览》），"孝子之养老也，乐其心，不违其志，乐其耳目，安其寝处，以其饮食忠养之"（《礼记·内则》）等。在孔子那里，养心尤为重要，"今之孝者，是谓能养。至于犬马，皆能有养。不敬，何以别乎?"（《论语·为政》）就是说，人们一般以为能养活父母就是尽孝了，这是连养犬马类的动物都能够做到的，如果没有对父母心怀敬意，那与养犬马类的动物有什么区别呢? 可见，孔子对子女的孝行十分强调养心的内在要求。这种对于孝行的认识符合人们的生活逻辑，极具实事求是的认识品质。可见，解某某的儿子们对"善事父母"内涵的无知，在赡养母亲的日子里，他们并没有做到"敬"，只是在商定的时间内完成了让母亲活着的任务。

第三，对赡养义务的曲解。义务就是个体应当做的事，个人在社会生活中，需要履行各种义务。在法律意义上，义务是与权利相对的，包括作为义务和不作为义务。伦理学中所指的义务主要指道德义务，是指在社会道德生活中，道德主体应尽的义务。"善事父母"就是子辈应尽的一种道德责任和使命。如何才能尽到赡养老人的义务? 在法律条文中，我们并没有看到具体的要求。而作为一种道德责任和使命，按照中华民族的习俗，一般是指让老人衣食无忧，不感到孤独无助，能够安度晚年。即孔子所谓"生，事之以礼。死，葬之以礼，祭之以礼"（《论语·为政》）。显然，解某某的儿子们认为自己一个月的轮值期满了以后,照顾母亲就是"别人家的事情",自己就可以不管,是十分荒谬的。

(三)对没有"善事"的无耻

无耻,就是对应该做而没有做到的事情缺少羞耻感。"善事父母"就是任何一个人都应该做到的事情,如果没有做到,就应该感到羞耻,应该感到深层次的道德自责。这是一个人内在良知的外在反映。解某某的四个儿子,在被判刑之后依然感到委屈,并没有为自己的道德缺失感到羞愧。如此无耻,源于他们缺少履行"善事父母"这一道德责任的内在自觉性,主要表现在以下三个方面。

第一,缺少道德遵守的内在自觉。道德遵守靠的是人的内心信念,这种自觉是一个人对道德规范的坚定信念在内心的反应。如果没有道德遵守的内在自觉,就不可能有与道德缺失相对应的良知感应,相应的心理反应就不会发生。未承担自己应该承担的义务,未尽到自己应尽的责任就不会感到是一种缺失,与之对应的羞耻感就不会有。解某某的悲剧就是源于她的儿子们缺少履行"善事父母"这一道德义务的内在自觉,其实质是道德良知的根本缺失。

第二,没有道德选择的行动自觉。"善事父母"是一种家庭义务,更是道德选择的自觉行动,通过政府部门或通过法律强制的"善事"行为,不仅会在被动"善事"的过程中出现各种状况,还会在情感上使父母受到深深的伤害。只有主动自觉的赡养,才会使父母在精神世界得到很好的慰藉。解某某的四个儿子是在当地政府的干预下才达成轮流赡养协议,一个家庭赡养老人一个月。这种被动的行为,直接导致了老人在两家交接时出现问题。

第三,缺乏道德谴责的内在机制。道德通过社会舆论、传统习惯和内心信念起作用,这里的内心信念在道德行为的发生过程中,至少有两个作用:一方面,直接推动道德行为的发生;另一方面,当行为没有发生时,会通过自我谴责进行自我修正,从而促使道德行为的正常发生。社会舆论和传统习惯对于道德行为的发生来说都是外在的作用力,只有内心信念发自主体内心。如果社会舆论和传统习惯所指向的道德规范没有在人的内心形成坚定的信念,那么,与这种道德规范相应的道德行为就不会发生。解某某悲剧发生的根本原因就在于她的四个儿子的内心都缺乏应有的道德谴责机制。

二、物质利益至上引发的道德缺场

面对利益纷争,人们应该采取何种态度?在家庭利益冲突出现的时候,家庭成员应如何应对呢?前文的反面样本值得我们深入探究。

解某某因为在大儿子家里被狗咬伤,就在大儿子家多待了几个月。大儿子认为这样的损失应该由几个兄弟共同分担,所以,当母亲被送到他家的时候,明知道当天母亲会来,大儿子夫妻二人还是都出门去了。且晚上回家看到了母亲的行李也不询问母亲人在哪里。大儿子这种逃避行为表面上反映的是人们面对利益得失时的取舍,实际上却折射出其道德行为选择的价值判断。如果物质利益至上,必致道德缺场。

解某某的儿子们将"善事父母"之事与家庭利益挂钩,有利可图时向前跑,无利可图时向后退。不愿意"善事"的理由是父母给自己的少,给其他兄弟的多。以下三个层面的分析,或许可以帮助我们找出他们这种道德缺场的根由。

(一)利益追求的合理性辩证

马克思主义认为,人们奋斗所争取的一切,都与他们的利益有关[1]。也就是说,人们对于利益的追求与人们的现实生活密切相关,没有人能够回避利益而存在。所谓利益,就是人们为满足自身物质的或精神的需求而追求的现实存在。就存在的形式而言,人们追求的利益有物质利益和精神利益之分。其根本的属性在于能否满足人们的现实生活需要,常以主体能

---

[1]《马克思恩格斯全集》第一卷,人民出版社1956年版,第82页。

够感受到的某种"好处"表现出来。人们总是对那些有益于自己的"好处"心怀欲念，但是人的社会属性决定了人不能随心所欲。一般说来，应遵循三个基本准则。

1. 得之有道

对于利益的正常追求，是人之常情，这一点孔子的论述鞭辟入里。他说："富而可求也，虽执鞭之士，吾亦为之。如不可求，从吾所好。"（《论语·述而》）又说："饭疏食饮水，曲肱而枕之，乐亦在其中矣。不义而富且贵，于我如浮云。"（《论语·述而》）还说："富与贵，是人之所欲也；不以其道得之，不处也；贫与贱，是人之所恶也；不以其道得之，不去也。君子去仁，恶乎成名？君子无终食之间违仁，造次必于是，颠沛必于是。"（《论语·里仁》）孔子以人们对于富贵的追求为例，深刻阐述了人们对于利益的追求必须正当。这一思想作为中华民族优秀的传统文化精华至今还有着深刻的影响，并被简略地概括为"君子爱财，取之有道"广为传播和践行。

2. 护之有理

当人们得到某种"好处"，自然会对其呵护有加，法律法规和道德准则都对正当的利益予以保护。我国宪法明确规定了"公民的合法的私有财产不受侵犯"的基本原则，以法律的形式确定私有财产等个人正当利益受到法律保护。但我们也应看到，保护正当利益只是问题的一个方面，另一方面，不能为了保护个人利益无视一切。比如，解某某家庭中的四个儿子，为了保护个人利益不受损失，即使母亲无家可归，也不愿意承担赡养的责任。这种借"保护"之名行自私之实，且伤风败俗之举，就要受到道德的谴责，甚至是法律的制裁。

3. 舍之有度

舍和得虽然是一对矛盾，但在一个统一体中，舍和得是相互依存的，不舍不得，有舍就有得。不可能只有舍而没有得，也不可能只有得而没有舍。在利益面前，如何处理舍和得的关系，是一种人生的智慧，也涉及道德价值的选择。得而有道，得之心安，舍而有度，舍与得相伴。就家庭利益来说，舍去一部分个人利益，得到的就是家庭的温暖亲情，虽然形式不同，但舍和得都能看得见，体会得到，对于家庭建设十分有益。几乎在所有的家庭中，父母的无私奉献都是诠释舍最好的范例。即使是解某某的儿子们，我们也能够相信，他们在对待自己的子女时，也会无私奉献，重舍轻得。只是他们将赡养母亲当成了分外的付出，变成了令人发指的自私之人。

（二）家庭伦理中的利益冲突

同一个主干家庭，应是同一个利益主体。当子女均未成家时，父母和子女在一起共同生活，利益冲突一般不会成为家庭的突出问题，也不会出现"善事父母"的突出难题。当子女长大成人，建立了自己的小家庭，离开父母独立生活后，原来的家庭利益被分割，兄弟姐妹之间，父辈和子辈之间都有了各自的利益。这时，不同的利益追求就可能导致大家庭产生矛盾。特别是在父母年迈、失去劳动能力、没有生活来源时，如何"善事父母"，从子女的小家庭利益中分割一部分出来作为"善事父母"的份额，就要子辈正确处理各种利益关系。处理得好，家庭和睦；处理得不好，家庭矛盾层出，父母难免受到伤害。因此，正确处理家庭伦理中的利益矛盾，应考虑如下三个层面。

1.应树立共担"善事父母"之责的意识

对于一个主干家庭来说，利益是共有的，每一个成员都天然地享有家庭利益，这是家庭利益的共享属性决定的。"同胞之亲，打断骨头连着筋"，生动地诠释了割不断的同胞亲情。家庭的利益，既有物质利益，也有精神利益。物质利益一般是可以分割的，比如房产、田地、家具等。精神利益包括家庭的风气、父母的精神等。物质利益可以共享，精神利益更是可以共享。正是在这个意义上，每一个家庭成员应如同在父母身边生活时分享父母之爱那样，共担"善事父母"之责。

2.切实分担家庭责任

家庭的利益是共有的，家庭的责任也应由所有家庭成员分担。不管子女是否与父母一起生活，都应分担家庭责任，这是任何一个中国家庭建设过程中的常理。及至子女的小家庭建立，父母在时，大家庭及其利益依然实际存在。因此，分担大家庭的责任，依然是每一个家庭成员的应尽义务。胡金凤老人的家庭，在子女成长后，分别建立了9个小家庭，依然能够团结得很好，就是因为大家都对原有的大家庭有高度的认同感。他们通过家庭会议，成立了"隆族基金会"。每年年初，大家按照基金会章程的规定，自愿进行集资。平时的各项费用就由基金会支付，包括老房子的水电费、为胡金凤看病买药的费用、逢年过节集体团聚相关的费用等。当胡金凤老人生病的时候，他们列出"陪妈妈值班表"，表上详细地列着值班人、值班日期等，兄弟姐妹轮流照顾母亲。无论有什么情况，不论儿孙们有多忙，胡金凤身边每时每刻都有人陪伴。

3. 善让而不是独占

当人与人之间发生利益冲突时，谦让是解决矛盾冲突的良方。我国自古有"孔融让梨"的故事，告诫人们要学会谦让。"让"不仅体现一个人的良好美德，也是解决矛盾的智慧之举。在家庭中，难免会出现一些利益冲突，兄弟姐妹间要善于谦让，而不要在利益面前贪图独占之私。如果解某某老人的四个儿子相互让一让，不计较老人是否在自己家里多待几日，悲剧就不会发生。

（三）物质利益至上必致道德缺场

追求物质利益是人之常情，因为物质利益是人们维持生存所必须的。但是物质利益至上却超越了这种常情，将物质利益追求作为一切行为的宗旨。为了追求物质利益，不顾一切，舍弃一切，则为人们所不齿。

1. 物质利益至上会忘义

子曰："富与贵，是人之所欲也；不以其道得之，不处也。"（《论语·里仁》）又说："不义而富且贵，于我如浮云。"（《论语·述而》）即"君子爱财，取之有道"，提醒人们爱财有理，但不应舍弃道义。因为物质利益是看得见的表象，在物质利益背后，还隐含着看不见的道义，这其实是利益的题中应有之义。将利益分为物质利益和精神利益，只是为了研究的方便，多数情况下，没有单纯的物质利益，也没有单纯的精神利益。比如，父母的爱是一种精神利益，家庭成员可以共享，但这种精神利益又可以附着在物质上面表现出来。如父母外出回家给孩子们带点外地的土特产，就是一种将精神利益见之于物质利益的表现。孩子们得到了土特产，享受到了父母爱的滋润，但如果分配不公平，有的人多，有的人少，看似物质上的不平等，却会让子女感到精神利益受到损害。我们常常听到子女倾诉"父母偏心"，就是指父母精神利益的分配不公。解某某老人悲剧的发生，就是因为每个儿子都觉得母亲对自己不够好，而对其他兄弟比对自己好。这种抱怨的背后，反映的是物质利益分配的不公。因此，当人们把物质利益作为至上追求的时候，就看不见了精神利益，即所谓"见利忘义"。

2. 物质利益至上会伤情

我们说物质利益的背后反映的是精神利益，在家庭中，这种精神利益主要是以亲情表现出来的。大量的家庭纠纷案件，表面上看是子女们为争夺父母的财产而闹得不可开交，其实是长期堆积的情感伤害的爆发。解某某老人生前最后一个晚上，在无人收留的时候，认为二儿子会收留她，所以她在二儿子家门口呼救。可是二儿子却认为，母亲其实什么也没有给自己，对其他兄弟比对自己好。事实真的如此吗？解某某夫妻两人为大儿子盖了房子，在二儿子和三儿子外出打工的时候帮他们带大了孩子，为四儿子盖房子买了材料。这些事反映出老人在无私付出时总想"一碗水端平"，却不料没有一个儿子认为母亲对自己是公平的。其实，父母的爱是一样的，为什么到了子女那里却变得如此不同？究其根源，就是他们将这种看得见的物质上的不平等与父母给予的精神利益画上了等号，生硬地将父母本来平等的精神利益理解成不平等。正如孔子所云："放于利而行，多怨。"（《论语·里仁》）在现实的生活中，凡事都用可见的物质利益作为尺度，最终多会抱怨不公平。

3. 物质利益至上会害德

人们的品德是看不见的内在素养，这种素养总是通过人们的行为表现出来。换句话说，看得见的是人们的行为，看不见的是这种行为反映的内在品质。通过前文的分析，我们看到，在家庭中，追求物质利益至上，反映出来的是内心对亲情的误解和冷漠，会直接伤害"善事父母"之德。解某某老人的四个儿子就是因为都觉得自己得到的物质利益少，所以才协商轮流赡养母亲，最终导致了惨剧的发生。

三、忤逆行为之害的治理缺位

忤逆行为是家庭中代际矛盾的集中表现，表现为多元样态：或语言的抵抗，或行为的冲撞，或意志的违背等，不一而足。但忤逆行为的指向是确定的，就是对父母长辈的不孝顺。忤逆行为发生的根源多为子女成长过程中教育不当，多数发生在子女青春期。一般情况下，通过父辈和子辈的共同努力，忤逆行为会在子女的成长过程中得到矫正，但也有部分会一直持续到子女长大成人。忤逆行为的本质表现为子女的过于自我：在思想认识上以自我为中心，难以沟通；在行为上"唯我独尊"。忤逆行为导致的结果，一是不能"善事父母"，二是不愿"善事父母"。

改革开放以来，特别是社会主义市场经济体制确立以来，我国在经济发展领域大量引进外资的同时，西方文明也进入了国人的视野。张扬个性，减少束缚，自由成长，一时成为一些家庭对独生子女的教育理念。少数人并没有论证其是否正确就开始在家庭教育中使用，就是因为其极大地迎合了家长宠爱独生子女的心理。这种盲目宠爱导致个别家庭教育无力，忤逆行为频发。从家庭建设来看，忤逆行为应引起全社会高度关注。但从家庭到社会，对这种行为之害的治理还存在一定缺位。

（一）家庭治理无力

忤逆行为发生在家庭，家庭治理是第一位的。但很多时候正是家庭治理的无力才导致了忤逆行为的张扬，以至成为一方大害。心理学认为，人的言行及基本品质的形成多在青少年时期，当孩子进入青春期，开始用自己的眼睛看世界的时候，如果没有受到良好的教育，常常会导致其言行的失范。家庭中子女言行的叛逆多为这种失范的重要表现形式。

1. 代际沟通不畅

代际矛盾的发生主要是因为沟通不畅。子女不能很好表达个人的思想认知，父辈不能很好表达个人意见或态度，或者双方就某个问题意见相左，不能达成一致，都是沟通不畅的表现。一般来说，当代际沟通出现问题的时候，父辈应首先注意矫正自己的言行，努力使自己的表达能够让子女理解和接受。因为子女毕竟年幼，生活阅历和知识经验较少，他们对问题的认识和看法比较肤浅在所难免。子女应多听父辈的教诲，不懂应当主动问询，这样就自然会让沟通变得顺畅。但在实际生活中，我们发现，有些父辈往往缺少耐心，缺少"蹲下身来"与子女平等对话的态度，表达简单直接甚至粗暴。一些父辈还相信"棍棒底下出孝子"，对子女的要求过于严苛。有的子女为了逃避责罚，学会了撒谎，学会了软抵抗，甚至学会了反抗。一旦子女成年，他们积攒的怨气甚至仇恨，都会以不同的形式表现出来。

2. 行为规范不严

人们常把孩子的成长当成树苗的生长一样，要想让一棵小树长成自己希望的样子，就要从幼苗开始培育。因为幼苗时期，枝条柔软，容易定型。及至长大，变得僵硬，再想定型，就要伤筋动骨了。心理学研究也发现，孩子的行为规范更容易养成，而至成年，常常比较困难。所以要教育子女，规范他们的行为习惯，应抓住子女儿童时期。如果孩童时代没有注意规范行为或及时矫正不良行为，就可能导致子女在未来的成长过程中行为缺乏约束力。家庭忤逆行为的发生，多是在儿童期没有养成良好的习惯所致。比如对长辈的尊敬。中国家庭自古至今都有子女尊重长辈的要求，看到老人应当主动打招呼表达尊重，提倡"老吾老以及人之老"。另外，对子女日常的行为都有较为细致的规定："弟子入则孝，出则悌，谨而信，泛爱众而亲仁"(《论语·学而》），"称尊长，勿呼名；对尊长，勿见能"，"长者立，幼勿坐；长者坐，命乃坐"(《弟子规》）。但也有少数家庭不再重视这类要求，以致子女从小就没有规矩。事实上，这些看似小事，但在行为方式方面，却给孩子在思想意识层面灌输了"无规矩不能成方圆"的习惯和认识。否则，及至子女长大成人，习惯了没有行为规范，就容易变得忤逆而毫无自知。

3.教育说理无力

教育的内容不合适，或方法不妥当，都可能使子辈在心理上出现抗拒，导致教育说理无力，尤其当忤逆行为发生时，教育说理更显得毫无作用，这也是一些家庭出现暴力的原因之一。当然，教育说理为什么无力值得认真反思。一方面，可能是教育说理的内容本身就有问题。比如子辈的婚姻问题，大多数家庭父辈都会在子女长大后主动操心，这本无可厚非，父辈们也认为这是分内的责任。但如何让子辈接受父辈的建议，与父辈选择的对象结婚却十分不易。新中国以前，子女婚姻一般遵从"父母之命，媒妁之言"。父母甚至不需要征求子女的意见，就可以让子女完婚。但在现代社会，子女会拒绝父母包办婚姻。这就要求父辈认真对待，把好事办好，就需要说理的内容合适，方法得当，否则就可能适得其反。另一方面，也可能是子女已经年长，对父母不再有依赖，甚至有的父辈已进入老年，需要子辈赡养。这种情况下，教育说理可能导致子辈的漠视和抵触，甚至直接发生语言和行为的冲突。解某某老人生前就曾被自己已经65岁的长子殴打，导致肋骨骨折，这就是典型的忤逆行为。无法想象一个自己也有了儿孙的人怎么能够下得了手，如此对待自己年迈的母亲。究其根源，应是从小就缺少行为教养，否则，不可能发生这样的恶性事件。

（二）外力帮扶较弱

家庭的状态与社会环境的影响密切相关，子女的教育在一定程度上需要借助社会环境的影响力。我们可以从环境变迁中人们的行为变化来说明这一点。以前年轻人之间的爱情一般都是"地下活动"，不会在大庭广众之下，表现出卿卿我我的状态。如果有年轻人当众表达，就会被人们认为是"不检点"，甚至认为是"耍流氓"，绝大多数年轻人都会自觉约束自己在这方面的行为。随着西方文化的涌入，西方的爱情表达方式也被传播进来，年轻人的情感表达开始多元化，人们的思想接受度也开始变得宽松。大庭广众之下年轻人的过于亲昵行为，从过去的可能被当众指责逐渐被"视而不见，听而不闻"所取代。家庭子女的教育如果失去了环境影响力的帮助，就会成为教育的孤岛，不仅力量单薄，而且还要受到外来不良行为方式的挑战。当然，我们不能简单地批评社会环境的影响力缺失，客观地说，社会环境对于家庭教育的影响力较弱至少有三个方面的表现。

1. 他人不便介入

对于每个人来说，都有个人私密的空间，在没有得到允许的情况下，任何人都不能随意侵入这个空间。比如有的小孩在读书后开始写日记，这个日记就是其私密空间，没有得到小孩的允许就翻看，就是随意侵入私密空间。有些家长无视孩子的这种心理需求，随意翻看孩子的日记，甚至翻看后还要点评，对其中认为不对的事情还要纠正，等等。诸如此类的行为都会被孩子认为是侵犯，孩子是会有行为反应的。同样的，家庭就是家庭成员共同生活的独立空间，也有其特有的私密性，无论从法律的角度，还是从伦理的角度，在没有得到允许的情况下，任何人都不能随意侵入别人的家庭空间。即使家庭中发生了"善事父母"方面的问题，其他人也不便随意介入。从别人的角度来说，并不知道这个家庭中真正发生了什么。中国家庭素有"家丑不可外扬"的习俗，没有得到"善事"的父母们，一般也不会轻易告诉外人自己遭受的痛苦，所以其他人的介入是很难的。

2. 相关行为不告不理

我国《刑法》第二百六十条虐待罪规定：虐待家庭成员，情节恶劣的，处二年以下有期徒刑、拘役或者管制。犯前款罪，致使被害人重伤、死亡的，处二年以上七年以下有期徒刑。第一款罪，告诉的才处理，但被害人没有能力告诉，或者因受到强制、威吓无法告诉的除外。也就是说，即使在家庭中犯有虐待罪，如果被虐待者忍气吞声，没有寻求法律保护，有关部门也不能主动介入，除非被害人"没有能力告诉，或者因受到强制、威吓无法告诉"。可见，对于家庭中没能"善事父母"的行为，如果当事人不告发，法律也无法主动起作用。我们不能简单地批评这是法律的缺陷，因为当事人如果不告发，一般就意味着能够接受，即表明其不需要法律的帮助。

3. 外力软弱无力

当一个家庭发生了"善事父母"的负面事件，外力能在多大程度上起作用？外力的主体主要分三类：一是左邻右舍。俗话说，"远亲不如近邻"。由于空间距离十分靠近，家庭内发生的有关家庭不和睦的重大事件，一般首先会被左邻右舍知道。像夫妻争吵、家庭暴力等事件，因其动作、声响较大，很少有不被左右邻居知道的，一般都会得到邻居的及时干预或救助。二是家庭中的核心人物或族内长者。如果家庭中有核心人物，家庭成员间因为"善事父母"发生纠纷，核心人物就可以及时站出来干预和协调。一般来说，这种协调是可以起到缓解作用的。在家庭内部产生一些矛盾是十分正常的，所谓"家家都有一本难念的经"。但是，如果没有人及时站出来协调，家庭内部的矛盾就有可能从小矛盾积成大矛盾，甚至变得不可调和，直接影响家庭和睦。我们前面列举的正反两个样本家庭，胡金凤家庭就有核心人物的协调和引领，家庭和睦幸福，而解某某家庭没有核心人物，两位老人的境遇完全不同。在有家族聚居的地方，如果单个家庭出现"善事父母"的问题，则可以通过族内长者出面协调，提出解决方案。三是基层政府相关部门。在通过其他途径无法调解家庭矛盾的情况下，当地政府有义务出面。基层政府直接为人民服务，人民群众遇到困难，也愿意通过政府寻求解决办法，政府出面具有权威性。但是，尽管这三个方面都能够在一定程度上缓解家庭内部矛盾，使问题得到一定程度的解决，可说到底，这毕竟是家庭矛盾，家庭成员在执行过程中如果采取消极的态度，难免会出现忤逆事件。解某某老人就是因为四兄弟在轮流赡养的过程中态度消极，才导致悲剧的发生。

（三）法律治理滞后

法律和道德作为人的行为规范，从两个不同的层面规范人们的行为。"善事父母"之德既反映一个人的道德良知，也反映其所在家庭的伦理道德风貌。如果家庭成员不能自觉尽到"善事父母"之责，法律就会站出来，作为道德的最后防线，为当事人争取权利。问题在于，法律面对家庭内部矛盾，一般不是主动发生作用的，而是被动的，甚至是滞后的。这既是由家庭矛盾的特殊性决定的，也是由法律自身的功能属性决定的。法律至少有两大功能十分明显，一是对可能发生的违法犯罪行为的防范，二是对当事人权益的保护。法律能够起作用的前提是当事人知法。如果当事人不知法，法律的防范和保护就可能是滞后的，甚至可能导致正义的缺场。此外，有三个方面的原因，可能导致法律治理的滞后。

1. 家庭矛盾的产生原因多样化

从结果上看，如果子辈不能"善事父母"，则会导致父母晚年悲凉。但是，导致这种结果的原因，每个家庭都会不同。"清官难断家务事"，很多家庭的矛盾，局内人感到棘手，局外人更难说清。如果我们说家庭教育不足导致了"善事父母"不力，但很多"善事父母"做得很好的人家，子女接受的教育并不多。在"最美孝心少年"的评比结果中，我们就能够看到不少这样的案例，很多孩子小小年纪就能够懂得感恩，令人感动。比如，2019"最美孝心少年"赵泽华，只有七岁，却懂得心疼父母每天卖包子很累，五岁半就知道主动帮父母擀包子皮①。显然，不能简单地将家庭矛盾归咎为家庭教育不足。家庭矛盾的产生还有很多其他原因，如父母自身的言行影响力不够，父母对待子女的态度过于严苛，父母在子女成长过程中不能用心陪伴，子女在成长过程中缺少自律，缺少自我向好的追求等。既有主观原因，也有客观原因，既有父母的原因，也有子辈的原因。而这些原因往往都是法律无法涉及的范围，只有通过道德良知来协调。

---

① 《2019"最美孝心少年"赵泽华：7岁男孩每天擀几百个包子皮》，载央视网（http://tv.cctv.com/special/special/2019zmxxsn/index.shtml）。

2. 忤逆行为未触犯法律的禁止性规定

子女的忤逆行为形式多样，轻重不一，情节较轻的情形较为常见，如不听父母的话，言行举止对父母不够尊敬，责骂父母等。这类忤逆行为的结果大致相同：子女对父母有相关照顾，只是照顾得并不周到，父母活得并不舒心。一般来说，面对这些情况，父母都选择忍气吞声，常常以类似"再坏，都是自己养的，怪不得别人"的心理暗示来安慰自己。从内心来说，他们可能也担心过于追究可能导致彻底被抛弃，而使自己的晚年生活无着落。这些忤逆行为因为情节较轻，没有触犯法律的禁止性规定，法律基本是无力的。

3. 法律所涉及的内容有限

我们知道，法律是统治阶级意志的表现。在我们国家，人民当家作主，法律所体现的意志，就是人民的意志，法律就是为保护人民的权益而制定的。但法律不可能包罗万象。此外，法律具有概括性，它是人们从大量实际、具体的现实生活中高度抽象出来的。因此，法律所涉及的内容具有一定的局限性就在所难免。家庭"善事父母"中的忤逆行为如果没有形成一定的规律性，只是存在一些杂乱的、形式各异的不孝之行，且还没有造成一定后果，可能就没有相应的法律条文对其加以规制。

第四章 "善事父母"传统孝道当代传承的观念创新

"善事父母"传统孝道的观念创新是中国家庭在历史发展过程中的必然选择。思想观念是人的行为指南,新时代家庭道德建设更加迫切地需要人们的思想观念跟上时代的节拍。多年来,学界对"善事父母"传统孝道的梳理,为我们今天探索传统孝道观念的创新提供了很多有价值的参考。2014年初举行的"家风大讨论"和每年一次的寻找"最美家庭"的群众性活动,为我们进行"善事父母"传统孝道当代传承与创新研究提供了思想基础,开启了实践航程。

但是观念创新又是艰难的,绝不是一蹴而就的。一方面,道德的意识形态属性,决定了其发展本身就具有滞后性。另一方面,我国正处于社会主义建设的转型时期,新时代社会经济发展日新月异。计划生育政策的调整给家庭发展、道德建设将会带来哪些变化,依然需要实践来证明。家庭将会在社会发展的大潮中变成何种状态,也需要积极地实践,认真地讨论。

我们以为,只有将家庭放在一定的时代和社会大背景中,将作为家庭主要成员的子辈①放在家庭代际之间和社会成员之中来思考"善事父母"传统孝道的观念创新,遵循一定的原则与要求、方法和标准,才有可能避免善待自己与善待父母、善待子女、善待爱人、善待社会之间出现道德悖

---

① 为了便于表述和区别,本书所指子辈专指在三代之家中处于中间一辈的人。

论，使"敬"以尊重父母、"爱"以关注父母、"养"以陪伴父母等思想观念成为人们能够接受并尽力提倡和推行的新时代的家庭孝道。

第一节 "善事父母"观念创新的原则与要求

"善事父母"观念创新是继承和发扬传统孝道文化的重要途径。"善事父母"的家庭伦理规范是人作为"人"的最基本要求，是人的本质属性的必然体现。但是我们知道，人的本质是一切社会关系的总和，因此，子女与父母之间的关系只是子女作为人的本质属性的一部分。从整体与部分之间的关系来看，应将家庭放在社会与时代的背景下，将子女放在整个家庭的环境中来思考。因此，要子女"善事父母"，不能单纯地局限在子女与父母的关系这一范围内，还需要充分考虑子女的其他社会关系。所以在"善事父母"观念创新的过程中必须遵循父母为主兼顾其他的原则，要努力做到"善事父母"与"善待子女"相融合、"善事父母"与"善待爱人"相结合、"善事父母"与"善待自己"相协调、"善事父母"与"善待社会"相统一。

一、遵循父母为主兼顾其他的原则

"善事父母"传统孝道的观念创新，并不是简单地在文字上寻求与过去不同的表述，而是在内涵上应努力做到两个方面。一方面，要"去粗取精，去伪存真"。尽力将传统孝道中的精华保留下来，且能够结合时代的变化和现实社会生活，让新时代的人既容易接受，也容易践行。另一方面，要摒弃传统孝道在内涵的确立上存在的一个重要缺陷。从《论语》到《孝经》，从历代著名家训到《弟子规》等，其中关于孝的论述，都是将主体作为独立的个体来论说的，并没有涉及个体与周围环境的关系，"善事父母"被作为单向度的子辈孝顺父母的行为要求，这显然与事实不相符。

无论是父辈还是子辈都是生活在一定的环境中，生活在一定的社会时代，要使子辈的"善事父母"之行成为完美的爱的表达，让父母真正享有"老有所养"的美好晚年，子辈必须顾及其所生存的现实环境，所涉及的周边关系，否则，就容易造成不应有的损失，甚至可能会"好心办坏事"。为此，我们认为，"善事父母"传统孝道的观念创新应遵循父母为主兼顾其他的原则。

首先，从"善事父母"的道义逻辑看，遵循父母为主兼顾其他的原则是"善事父母"的题中应有之义。前文说过，《墨子》认为"孝，利亲也"，其含义是孝是对父母有好处的事情，即"善事父母"之孝是通过子女承担支撑和奉养老人的道义之责来体现的。从道义的相互性看，父母养育子女，子女应当赡养父母。正如孔子在回应弟子宰予为什么给父母守孝三年时所言："子生三年，然后免于父母之怀。夫三年之丧，天下之通丧也。予也有三年之爱于其父母乎！"（《论语·阳货》）意思是说，你长到三岁的时候才离开父母的怀抱，如果没有父母三年的辛苦养育，你连长大都不可能。父母去世，守孝三年不是理所应当的吗？在中国的农谚中，有"养儿防老，积谷防饥"一说，简单明了地告诉人们，养育子女，不仅仅是为了传宗接代，更是为了老有所依，老有所养。因此，从道义上来说，"善事父母"的观念创新，无论创新到什么程度，都应当将父母放在主要位置，不能出现为了创新观念而置父母于不顾的现象。丢失道义而论传统孝道的观念创新显然荒唐至极。

其次，从"善事父母"的价值逻辑看，遵循父母为主兼顾其他的原则是"善事父母"价值实现的基础条件。"善事父母"的价值本意在于子辈要感恩父母的养育，只有通过自己的孝敬，才能达到感恩的目的。就价值实现的过程看，父母是价值实现的客体，子辈是价值实现的主体。主体与客体同时共存于"善事父母"这个行为过程的统一体中，没有主体，就没有客体；没有客体，主体自然就不存在。两者相互依存，不可分割。显然，如果不以父母为主，"善事父母"的行为过程就不存在。因此，"善事父母"传统孝道的观念创新，应将父母放在主要地位，然后再考虑其他关系，否则就会喧宾夺主，甚至可能会使"善事父母"之行流于形式，借"善事父母"之行，实则为满足其他利益需求，让"善事父母"成为掩人耳目的幌子。

最后，从"善事父母"的实践逻辑看，遵循父母为主兼顾其他的原则是"善事父母"实践理性的必要条件。在"善事父母"的实践过程中，无论遇到什么样的困难，都应该将赡养父母放在首位，在保证父母能够得到"善事"的前提下，再兼顾其他的各种关系或利益。不能一遇到困难或冲突，就将父母的利益、父母能否得到"善事"作为平衡其他利益的砝码。比如，有的子女在养育自己的子女与赡养父母产生冲突的时候，总是把自己子女的利益放在第一位，而把对父母的赡养和陪伴放在次要的地位。出现部分留守老人、"空巢老人"难得"善事"的现象，其中潜在的原因就是有些子辈有自己的利益追求，在出现利益冲突时父母只能让位于子辈的利益需求。事实上，古人对此并非没有考虑，"父母在，不远游，游必有方"（《论语·里仁》）就是对子辈的相关忠告。这里的"方"就是要将年迈的父母安置好，不能使父母难得"善事"。因此，父母为主兼顾其他的"善事父母"原则，强调将父母的利益放在主要地位，就是要保证父母能够得到赡养，在此前提下，再兼顾其他关系和利益。不遵守这个原则，置父母的利益于不顾，最终会导致父母难得"善事"。

二、要做到"善事父母"与"善待子女"相融合

实现"善事父母"与"善待子女"的有机融合是家庭伦理道德关系发展的必然要求。我们要充分把握"善事父母"与"善待子女"两大家庭伦理道德范畴之间的内在联系，在客观分析和认识"善事父母"与"善待子女"两大家庭伦理道德范畴差异的基础上，探索"善事父母"与"善待子女"两大家庭伦理道德范畴和谐相融之路。

（一）"善事父母"与"善待子女"的差异与联系

"善事父母"与"善待子女"是两个不同的家庭伦理道德范畴，既存在明显的差异，也有着深刻的内在联系。把握两者之间的差异与联系是实现二者有机融合的重要前提。

1."善事父母"与"善待子女"的差异

从家庭伦理上看，"善事父母"是子女对父母爱的表现，是爱在家庭中由下向上传输表达的善果；而"善待子女"则是父母对子女爱的表现，是爱在家庭中由上而下传输表达的善果。在家庭伦理中，"善事父母"是每一位子女应尽的基本义务，而"善待子女"同样是每一位父母应当履行的基本责任。从家庭伦理代际责任体系范围来看，父母"善待子女"与子女"善事父母"之间的差异并非单纯的主体与客体不同，其中一个重要的差异是不证自明的，即父母爱子女是天然的，是人性无私的特点在家庭伦理关系中的必然体现。简言之，父母爱子女是无私的，是不求回报的，"善待子女"在父母看来就是爱自己，甚至远远超过爱自己的程度。而子女爱父母，虽然也是人性善在家庭伦理环境中的集中体现，却难以做到无私和彻底。虽然"善事父母"也并非父母要求回报，但在很多人看来，这正是回报父母的一种态度和行为。

2."善事父母"与"善待子女"的联系

"善事父母"和"善待子女"都是家庭伦理道德的基本要求和主要表现，都是家庭伦理情感在家庭成员之间的传输与表达，都是家庭伦理道德建设的主要内容。一般而言，"善事父母"与"善待子女"两大伦理规范是相辅相成、和谐相融的。从家庭两代成员之间的关系来看，父母"善待子女"，把爱无私地输送给子女，将子女养大成人，子女作为父母缔结婚姻的结晶和家庭发展的结晶，伴随着父母的关爱与心血长大成人，必然也会在情感上依赖父母、关心父母，通过自己"善事父母"的行为来回馈父母的爱。可见，父母"善待子女"一般都会催生子女成人后"善事父母"。通常而言，子女"善事父母"的行为则会被父母所接受、理解，并由此坚定自身之前"善待子女"的情感与行为，从而进一步让父母更加认可子女，在现实中更好地"善待子女"。从家庭三代成员之间的关系来看，"善待子女"的良好行为也会在家庭建设中产生优良的影响，让子女在成长过程中逐步形成将来"善待子女"的意识与能力，让子女能在家庭环境中明确自己未来"善待子女"的责任与义务；同样的，作为家庭中间一代人善事养育自己的父母，对自己正在善待的子女后代来说，既是家庭伦理建设的榜样，也是家庭关系融洽、营造子女健康成长环境的必由之路。在这种环境下成长的子女受到父母"善事父母"的示范影响，必然也会形成爱父母之心、"善事父母"之行。

（二）"善事父母"与"善待子女"的关系现状

从理想的角度看，"善事父母"与"善待子女"和谐融洽应当成为家庭伦理关系的应然状态，但是"善事父母"与"善待子女"之实然状况并非如此。鉴于中国当前家庭伦理代际的实际状况，为便于清晰地表述，我们仅以家庭两代伦理关系和家庭三代伦理关系为样本，通过表格的方式，来描述当前我国家庭伦理建设中"善事父母"与"善待子女"的关系现状。

1. 第一种类型：子辈"善事父母"与父母"善待子女"

这种类型主要是从家庭两代伦理关系的视角出发的，主要有以下几种情况：（1）子女"善事父母"且父母"善待子女"。二者状态皆为善，这是家庭代际伦理关系最为和谐的状态。（2）子女"善事父母"但父母不"善待子女"。二者呈现出不对称状态，是不和谐的家庭伦理关系模式。（3）父母"善待子女"但子女不"善事父母"。二者同样呈现出不对称状态，也是家庭伦理关系的不和谐状态。（4）子女不"善事父母"且父母不"善待子女"。二者状态皆为非善，这是家庭代际伦理关系中最不和谐的一种状态，是家庭伦理关系中极为严重的病态模式（见表4-1）。

表4-1　子辈"善事父母"与父母"善待子女"的家庭伦理关系

关系模式	关系性质		关系状态
	父母	子女	
子女"善事父母"且父母"善待子女"	善	善	和谐
子女"善事父母"但父母不"善待子女"	非善	善	不和谐
父母"善待子女"但子女不"善事父母"	善	非善	不和谐
子女不"善事父母"且父母不"善待子女"	非善	非善	病态

注：表中所列"关系模式""关系性质""关系状态"均为表述家庭伦理关系，下表相同。

在以上四种家庭伦理关系模式中，第一种关系最为融洽，是"善事父母"者应当追求的家庭建设目标，因为为人父母者必为人子女，为人子女者一般也终将为人父母，父母期望的家庭伦理关系，也正是子女将来所期望的家庭伦理关系。其他三种关系模式都是不和谐的，甚至是病态的，是"善事父母"者应当极力避免和改正的。

2. 第二种类型：子辈上"善事父母"与下"善待子女"

这种类型主要是从家庭三代伦理关系的视角出发的。这种类型的"善事父母"和"善待子女"之间的关系较上一种类型呈现出更为复杂的状态，主要有以下几种情形：（1）子辈"善事父母"且"善待子女"。（2）子辈"善事父母"却忽略"善待子女"。这种情况还可以再细分为两种：一为子辈以"善事父母"为先而忽略"善待子女"，出现这种情形主要是因为子辈的能力问题；二为子辈"善事父母"但不愿"善待子女"，出现这种情形主要是因为子辈的态度问题。（3）子辈"善待子女"却不"善事父母"。这种情况也可以再细分为两种：一为子辈以"善待子女"为先而忽略"善事父母"，出现这种情形主要是因为子辈的能力问题；二为子辈"善待子女"但不愿"善事父母"，出现这种情形主要是因为子辈的态度问题。（4）子辈不"善事父母"且不"善待子女"（见表4-2）。

表4-2 子辈上"善事父母"与下"善待子女"的家庭伦理关系

关系模式		关系性质		关系状态
		子辈与父母	子辈与子女	
子辈"善事父母"且"善待子女"		善	善	和谐
子辈"善事父母"但不"善待子女"	以"善事父母"为先而忽略"善待子女"	善	—	不和谐
	子辈"善事父母"但不愿"善待子女"	善	非善	不和谐
子辈"善待子女"但不"善事父母"	以"善待子女"为先而忽略"善事父母"	—	善	不和谐
	子辈"善待子女"但不愿"善事父母"	非善	善	不和谐
子辈不"善事父母"且不"善待子女"		非善	非善	病态

在以上四种情况中，同样只有第一种家庭伦理关系模式最为和谐，是家庭伦理建设的目标。其他三种家庭伦理关系模式中，有的是由于子辈能力不足，有的是由于子辈的态度（价值观）不正确，从而导致家庭伦理关系的不和谐，甚至出现病态模式，这都是我们在家庭伦理建设中需要避免的。

（三）"善事父母"与"善待子女"的和谐出路

在家庭代际伦理关系的建设中，"善事父母"与"善待子女"同样都有重要的价值和意义。"善事父母"与"善待子女"二者不可偏废，都应成为子辈在处理家庭伦理关系时所要平衡的对象，只有如此，才能保证家庭代际伦理关系的健康、稳定、和谐，才能真正尽到子辈"善事父母"的责任与心意。

1. 基本目标：家庭代际情感的合理表达

就第一种类型而言，家庭代际情感的合理表达的基本目标具体体现为父母爱子女，子女也爱父母，是典型的父慈子孝的家庭伦理关系。从人类天性角度看，父母爱子女一般而言是无需赘言的。但是现实中也确实存在着少数人不尽父母的基本职责，对子女放任不管，从而恶化了家庭关系，导致子女年长后也不愿意"善事父母"。而由于子女自身及其他多元因素，子女爱父母、"善事父母"也出现了个别非正常现象。这些情况都是作为家庭子辈必须避免的。

就第二种类型而言，家庭代际情感的合理表达的基本目标具体体现为子辈既爱父母也爱子女。从家庭代际伦理关系视角来看，子辈是家庭的核心，承担着上孝父母、下养子女的重任。这种代际关系的和谐实质上是家庭情感伦理和谐表达的必然结果。作为中间一代人的子辈既要爱自己的父母，也要爱自己的子女；既要尽到赡养老人的责任，也要履行培育子女、抚养子女的义务。

2. 重点突出：保障基本需求的前提下有所倾斜

就第一种类型而言，保障基本需求的前提下有所倾斜的策略就是要求"善事父母"与"善待子女"相互协调。首先要明确的是，不管是哪一方，没有爱的情感认同和情感付出，绝对是不正确的。其次要理解的是，爱有差别，父母爱子女与子女爱父母虽都是家庭亲情的集中体现，但是爱的方式、爱的程度都是有所不同的，不能要求父母爱子女和子女爱父母在方式、程度等方面绝对相同。最后要理解的是，家庭伦理的社会差异性。这要求子辈不管是作为父母还是作为子女，在进行横向比较时都要在了解自身家庭实际情况的基础上理解子女或父母，在情感上更加包容对方。

就第二种类型而言，保障基本需求的前提下有所倾斜的策略就是要求作为中间一代人的子辈必须要坚持处理好"善事父母"与"善待子女"两者之间的关系。首先要明确的是，"善事父母"与"善待子女"都是子辈不可推卸的家庭伦理责任。作为社会主体，每个人都处于一定的社会伦理关系尤其是家庭伦理关系中。因此，子辈必须在家庭生活中承担起应有的责任。其次，子辈要善于把握"善事父母"与"善待子女"两大责任之间的平衡度。一般而言，除了个别在道德上堕落而不愿意赡养父母和抚养子女的人外，绝大多数人作为人类的类本性传承者，还是有着主动履行家庭责任和义务的意愿的，否则就难以为人。所以，面对能力差异和社会环境的复杂多样性，子辈应按照实际需要的原则尽力做到重点照顾和两者兼顾，既不能因为照顾父母，而完全忽略了对子女的抚养教育，这也不符合家庭代际伦理发展的规律；也不能因为"善待子女"而忽略了对父母的赡养与关爱，这也不是家庭伦理和谐的目标所指，亦不是子辈及其子女所希望看到的情形。简言之，子辈要善于把握"善事父母"与"善待子女"两大责任之间的平衡度，既要重点关照，也要不偏废。

三、要做到"善事父母"与"善待爱人"相结合

对于子辈而言，父母与爱人都是极为重要的家庭成员，父母养育自己长大成人，爱人则和自己共建家庭，陪伴自己一生，两者都是不可或缺的。但是由于父母与爱人来自不同的原生家庭，且与子辈之间的相处性质及模式都是不同的，所以子辈必须处理好"善事父母"与"善待爱人"之间的关系。大量的事实证明，如果处理不好，常常会影响到子辈"善事父母"行为的实际效应。

（一）"善事父母"与"善待爱人"的差异与联系

"善事父母"与"善待爱人"也是两个不同的家庭伦理道德范畴，既存在明显的差异，也有着深刻的内在联系。子辈在践行"善事父母"的过程中也必须要做到"善待爱人"。因而子辈要充分把握两者之间的差异与联系，这是实现二者有机结合的基本前提。

1. "善事父母"与"善待爱人"的差异

从家庭伦理关系上看，不同于"善事父母"和"善待子女"都是上下辈分之间的纵向家庭情感关系，"善事父母"是基于父母与子辈在家庭伦理中的上下辈分间的纵向家庭情感关系，而"善待爱人"则是基于子辈与爱人之间的横向家庭伦理关系。子辈"善事父母"的责任主要根源于家庭的血缘关系，也有部分情况并不是基于家庭血缘关系，而是单纯根源于家庭抚养与赡养关系基础上的情感关系。子辈"善待爱人"是基于双方恋爱、婚姻关系和家庭纽带等要素而形成的情感诉求与情感责任。

子辈"善事父母"的责任具有天然确定性，即一般而言，自子辈生命

孕育成功开始，便在现实世界里确定了与父母的血缘关系，赡养父母、"善事父母"成为子辈成人之后的情感责任。而"善待爱人"则是在子辈的婚姻关系确立后产生的，具有后天的确定性，即在子辈婚姻关系确定前，子辈"善待爱人"的责任并未产生，且无法确定。子辈"善事父母"的家庭伦理规范的核心要求是孝敬父母，尽为人子女的人伦之责。而"善待爱人"的家庭伦理规范的精髓是忠贞与担当，即对爱情的忠诚、包容和对家庭的担当。

2. "善事父母"与"善待爱人"的联系

"善事父母"与"善待爱人"都是从子辈情感出发的家庭伦理诉求和伦理责任，正确处理好"善事父母"与"善待爱人"的关系是子辈实现家庭和谐的必由之路。一方面，"善事父母"与"善待爱人"两者都是家庭伦理关系建设不可或缺的重要部分。一个完整家庭的基本伦理关系包括与父母的关系、与子女的关系和与爱人的关系。"善事父母""善待子女"和"善待爱人"都是家庭伦理关系最基本的组成单位，这三种关系是每一个社会主体所必须面对的家庭伦理关系，处理好这些关系则是每一个社会主体通向幸福家庭生活的必经之路。另一方面，"善事父母"与"善待爱人"在家庭伦理关系建设中也有相互促进的作用。一个真正懂得爱自己父母的人，也必然要学会爱自己的爱人，和自己的爱人一起善事双方的父母；同样，一个真正懂得爱自己爱人的人，也必然要学会让自己的父母接受、喜欢自己的爱人，形成一个真正充满爱的家庭。

（二）"善事父母"与"善待爱人"的关系现状

从应然的角度看，"善事父母"与"善待爱人"的关系应当是和谐的，因为父母和爱人都是爱的主体，双方的爱虽然具有不同的情感属性但有着共同的情感目标。从实然的角度看，随着时代的快速发展，两代人之间的观念差异、生活习惯差异、家庭环境造成的个性禀赋差异等，导致了不少家庭中父母与爱人的关系并不是十分融洽，进而也导致了子辈"善事父母"行为的受阻。综合起来看，主要有以下几种情况。

1. 既"善事父母"也"善待爱人"

由于父母、子辈和爱人等多方面的原因，子辈能正确处理好"善事父母"和"善待爱人"之间的关系，整个家庭关系十分和谐，这是我们当代家庭关系建设中所要力求追寻的目标。在这种家庭关系下，子辈能最有效地"善事父母"，且父母也能愉快地接受子女的尽孝。子辈能协调好"善事父母"和"善待爱人"之间的关系，能够使爱人理解和接受自己"善事父母"的观念与行为，也能够使父母理解和接受自己"善待爱人"的观念与行为，从而使整个家庭伦理关系处于一种和谐融洽的状态。这是一种非常美满的家庭伦理关系。

2. "善事父母"先于"善待爱人"

不少人受到中国传统孝文化的影响，将"善事父母"排在家庭关系的第一位，将"善待爱人"放在次要的位置。从人伦传承与发展的角度看，这种做法似乎无可厚非，但是从现实来看，要建设和谐美满的家庭关系，真正实现孝敬父母的目的，这种认识和做法有待商榷。我们对这种做法的评价是"孝心可贵但方法不当"①。父母最大的心愿是看到儿女事业有成、家庭美满、子孙满堂，但是若子辈在处理家庭关系时，一味地强调"善事父母"，把父母的需求总是放在第一位，而不顾及爱人的看法、意见，久而久之必然会导致夫妻关系出现矛盾，严重的甚至导致婚姻破裂，这种结果并不符合父母希望自己的子女结婚成家的初衷②。也就是说，简单地"尽孝"有可能变成"不孝"，会失去"善事父母"的本义，进而陷入"好心办坏事"③的道德悖论。

---

① 前文有关于孝心、孝行、孝法相统一的论述，这里是一种简略的说法。

② 在中国家庭传统文化中，父母期待子女结婚成家，不仅仅是为了传宗接代，也是为了子女有一个美好的归宿。如果子女为了孝顺父母，而使自己遭受磨难，这是父母不愿意看到的。现实生活中，家庭养老的过程中会发生一些父母不愿意和子女共同居住的问题，父母不想给子女"添麻烦"，是其中重要的主观原因之一。

③ 好心，只是好的想法，是主观愿望，但要使这种主观愿望得到实现，还需要实施与这种主观愿望相一致的行为，只有这样才可能达到好的结果，使好事办成。在生活实践中，很多时候行为的发生与初始的愿望不一致，常常导致最终结果与好心相背离的结局。所以，"好心办坏事"也是其中一种常见的现象。在家庭道德建设中，我们应尽力避免出现这种情况。

3."善待爱人"先于"善事父母"

这方面有两种情形：一是从生活范围上看，一些年轻人习惯小家庭生活而忽略父母。在今天的社会中，随着社会的进一步发展，家庭规模越来越小。这是当代家庭伦理发展的一种趋势，无可厚非。但是令人忧虑的是，有一些年轻人在组建家庭后在思想上和情感上过于强调二人世界或包括孩子在内的三人世界，他们这个小世界的生活是完全将父母排除在外的，有的人甚至同父母的联系和交流都日渐减少，更谈不上去关心和孝敬父母了。

二是从家庭关系上看，一些年轻人将"善待爱人"始终摆在"善事父母"的前面，将爱人的想法、需求总是放在第一位，甚至要求父母同自己一起来满足爱人的一切需求。如有的年轻人为了结婚让父母帮忙凑足彩礼钱。有的年轻人甚至在婚后也是如此，为了自己小家庭的生活和谐，让父母给自己和爱人买房买车、出钱出力，成了"啃老族"。甚至有少部分人在父母需要自己的关怀和帮助的时候，却由于爱人的阻挠而放弃了作为子女应承担的责任。这种"爱人优先"的做法是不可取的。

（三）"善事父母"与"善待爱人"的和谐出路

从现实来看，现代家庭伦理关系中较为突出的矛盾之一当属"善事父母"与"善待爱人"之间的矛盾，主要体现为婆媳关系冲突。有学者指出："婆媳关系是家庭关系中的一种特殊关系，它不像亲子关系那样具有天然亲近特点，也不像夫妻关系那样拥有深刻的感情基础和相互抚助的义务。它是由亲子关系和婚姻关系连接在一起的一种姻亲关系……婆媳矛盾与冲突对家庭的伤害是很大的，要么伤害亲子之情，要么伤害夫妻之情，降低了当事人的家庭幸福指数，危害着家庭的稳定、幸福与下一代的成长。"[1]婆媳关系冲突表面上是父母与爱人之间的矛盾关系，但这一冲突如果得不到妥善解决，必然会影响到整个家庭伦理关系的和谐发展，也必然会导致子辈无法真正实现"善事父母"。对于子辈而言，需要有足够的智

---

① 王秀贵：《婆媳关系变迁历史及文化研究》，《人民论坛》2013年第23期。

慧和能力去化解父母与爱人之间的矛盾，正确处理父母与爱人的关系，把握"善事父母"与"善待爱人"之间的平衡度，进而实现"善事父母"之伦理目的。

1. 善于处理父母与爱人的关系

一要充分认识到正确处理父母与爱人的关系对于"善事父母"的重要性。子辈要处理好"善事父母"与"善待爱人"的关系，才能真正做到"善事父母"。而要实现"善事父母"与"善待爱人"的有机融合，关键在于正确处理父母与爱人的关系。父母和爱人都是子辈生命中重要的人，父母是生育养育子辈的至亲，爱人是深爱子辈并共同建设家庭、将要陪伴子辈一生的人，不能处理好父母与爱人的关系则必然导致子辈家庭关系呈现不和谐的状态，要么爱父母而忽略爱人，影响自己家庭的长远发展与建设；要么爱爱人而忽略父母，导致自己不能尽到人伦之孝道，致使与父母关系不和，出现家庭矛盾，甚至可能会出现"子欲养而亲不待"的人伦悲剧。

二要善于加强父母与爱人之间的沟通，帮助双方相互理解。善待父母不是单纯满足父母提出的要求，或自以为是地为父母做一些事情。善待父母要求子辈能处理好家庭关系，让父母和爱人融洽相处。在这方面，子辈要做的不仅仅是父母和爱人之间的传声筒，而是要善于加强父母与爱人之间的沟通、交流，推动双方之间的互相理解、互相信任、互相妥协。因为父母和爱人毕竟不是同一个家庭环境出来的，加上代际差异、区域差异和习性差异等，出现不同的观点和思想的碰撞与摩擦必然是常有的事情，这就需要加强双方的交流，通过妥协、商量达成一致，唯有如此，才能既"善事父母"又"善待爱人"。

2. 把握"善事父母"与"善待爱人"之间的平衡度

子辈还需要把握"善事父母"与"善待爱人"之间的平衡度，只有这样才能达到"善事父母"的目的。把握这个度的标准一是要照顾好感情，二是要办好事情。人与人之间，既讲感情，也讲利益。利益常常由一定的事情来表现。相互之间感情再好，事情没有办好，也会伤害感情；事情办好了，感情就容易融洽了。在家庭中也一样。当然，这两条标准并不是一定要同时达到的，在二者不能兼顾的时候，至少要满足其中一个标准。当"善事父母"与"善待爱人"之间出现矛盾的时候，尤其是无法通过完成一件事情使父母和爱人都称心如意时，那么就要在为一方办好事情的同时，还要为另一方提供心理疏导和感情关怀。这就要求子辈不能以单方面的要求为绝对标准，也不能将父母和爱人的需求对立起来。当父母和爱人的需求对立或产生冲突的时候，要尽力去沟通化解矛盾，在无法完全达成一致意见的时候，一般可以通过在一方需求得到满足后及时对另一方给予适当弥补的方式来达到平衡。

四、要做到"善事父母"与"善待自己"相协调

子辈在"善事父母"的过程中，还需要高度重视子辈自身在家庭伦理关系建设中的核心地位与核心价值。离开了子辈自身，"善事父母"伦理诉求也就失去了其本质意义，故而子辈应努力促进"善事父母"与"善待自己"两大家庭伦理道德规范协调并进。

（一）"善事父母"与"善待自己"的差异与联系

要实现"善事父母"与"善待自己"两大家庭伦理道德规范协调并进，首先就要深刻认识和充分把握"善事父母"与"善待自己"的差异与联系，为"善事父母"伦理诉求的实现奠定良好的基础。

1. "善事父母"与"善待自己"的差异

从家庭伦理关系上看，"善事父母"是作为子女的主体由自己向父母传输和表达爱的必然结果，是一种从主体内部到主体外部对象的异体化的情感表达；而"善待自己"则是子辈爱自己的重要体现，是一种从主体到主体的内在化的情感表达。"善事父母"是子女作为具有自然属性的人的天然情感表达的重要方式，是作为具有社会属性的人维系人类社会道德品性健康发展的重要纽带。"善待自己"则是子女作为具有自然属性的人的

本能，是作为具有社会属性的人实现自我进步、促进社会发展的必然手段。从外在的表现上看，"善待自己"是向内的，为自己的；"善待父母"是向外的，是为他的。两种行为是相对独立的。

2. "善事父母"与"善待自己"的联系

虽然从"善事父母"与"善待自己"的内涵上看，两者具有较大的差异，但是作为同属于家庭伦理关系范畴的两种情感表达，它们之间有着不可忽略的内在联系。一方面，"善事父母"是子女不可推卸的家庭责任和情感责任，是自己成为人所必须履行的基本义务。要"善待自己"，让自己成为真正的具有社会价值的人，首要的要求就是必须做到"善事父母"。另一方面，子辈"善待自己"是父母缔结婚姻、建设家庭最真实、最根本的伦理期待。努力使子女成为有价值的人，进而承担起家庭建设和社会发展的重任，这是人类世界所有父母的共同祈愿。而作为子女，努力完成、实现父母的愿望正是"善事父母"的基本要求之一，因此，"善待自己"是"善事父母"的必然要求。人们从"善待自己"中获得"善事父母"的能力，从"善事父母"中获得情感的慰藉和精神的升华。很难想象，一个不能"善待自己"的人能够"善事"自己的父母。因此，两者又是相互联系，对立统一的。

（二）"善事父母"与"善待自己"的关系现状

虽然"善事父母"与"善待自己"具有内在的一致性，但是从现实来看，"善事父母"与"善待自己"的关系现状也呈现出多样性的特征。主要有以下几种情形值得我们注意。

1. 子辈既"善事父母"也"善待自己"

子辈既"善事父母"也"善待自己"这种情形是最为和谐的，是家庭伦理关系的最优模式。第一，子辈能将"善事父母"的中华传统美德视为自身处理家庭伦理关系的重要准则，将敬爱父母、孝顺父母的伦理诉求融合到自身的思想观念和行为抉择中去，并以"善事父母"作为自身伦理道德建设的标准来衡量自身行为的规范性，使自己的言行举止都符合孝敬父母的好儿女的基本要求。第二，子辈能正视"善待自己"对自身发展和对提升父母幸福感的意义与价值，明确将"善待自己"作为自我成长与家庭发展的重要手段，并以更加成熟的自我来回报自身的努力和父母的恩情，以实现子辈"善事父母"与"善待自己"的有机统一。

2. 子辈"善事父母"先于"善待自己"

子辈"善事父母"先于"善待自己"这种情况在现实生活中并不少见。在这种类型中，子辈总是将"善事父母"的伦理诉求放在个人发展甚至家庭建设的首要位置，而将"善待自己"的伦理诉求降至次要位置。当子辈在实现"善事父母"与"善待自己"两种伦理诉求的过程中出现矛盾或冲突时，子辈倾向于优先满足"善事父母"这一伦理诉求，而对于"善待自己"的伦理诉求，子辈要么推迟满足，要么降低满足标准，甚至有人会选择牺牲"善待自己"的伦理诉求。

诚然，从中华民族传统美德的角度看，子辈对"善事父母"的主张无疑是值得肯定的。"善事父母"的孝文化对中华民族的繁衍发展、文化兴盛有着不可替代的重要价值和深远影响，继承和发展传统孝文化是新时代每一个中国人的责任和义务。因此，从思想观念的角度看，子辈"善事父母"先于"善待自己"的价值理念是值得肯定的。但是在践行"善事父母"传统美德的过程中，如果时时刻刻都将"善事父母"的伦理诉求摆在"善待自己"的伦理诉求之前，甚至为了达到"善事父母"的伦理诉求而忘却"善待自己"的伦理诉求，我们认为，这种做法不可取，尤其是当子辈长大成人具有客观的价值判断能力和社会行为能力的时候。

如前文所述，"善事父母"与"善待自己"这两种伦理诉求具有内在统一性，这种统一性集中体现在父母与子女之间的爱上。换句话说，要想很好地爱父母就要学会爱自己。一个完全没有自己的伦理诉求的人，也难以做到真正爱父母，实现父母的天伦之乐。在现实生活中确实存在这样的情况，如有的子女为了孝敬父母而听从父母的安排放弃自己的职业理想，有的子女为了顺从父母意愿而按照父母的要求甚至放弃自己的婚姻，等等。这些情况下的"善事父母"是不是真正的孝敬父母，我们认为是值得商榷的。无条件地主张子辈"善事父母"先于"善待自己"的伦理诉求，其实并不是孝的真正体现，因为这最终可能会导致子辈失去基于主体健全人格而言的人生发展机会或成就家庭幸福的机会，所以这种"孝敬"实则是"愚孝"，是具有健全人格的主体需要避免的。

3. 子辈"善待自己"先于"善事父母"

在处理"善待自己"和"善事父母"两种伦理关系方面，在现实生活中还存在一种情况，就是子辈将"善待自己"置于"善事父母"的伦理诉求之前。即当子辈在实现"善事父母"与"善待自己"两种伦理诉求的过程中出现矛盾或冲突时，子辈倾向于优先满足"善待自己"这一伦理诉求，推迟满足"善事父母"的伦理诉求，或者降低满足"善事父母"的伦理诉求的标准，甚至也有人会选择牺牲"善事父母"的伦理诉求。

从应然的角度看，在多数情况下，子辈主张"善待自己"的伦理诉求先于"善事父母"伦理诉求的观念是有悖于中国传统美德的。没有父母的生育之恩、养育之情，子女是不可能成长成才的，作为子女理应优先考虑"善事父母"的伦理诉求。因此，对于个别只顾自身和自己小家庭的子女，大家基本上都是持批评和谴责的态度。当然，对于这些情况，我们还是要客观冷静地分析。一种情况是子女在主观上就不愿意赡养父母，在其价值观念中就没有"善事父母"的概念。如在现实生活中，个别子女只管自己的小家庭而不愿意赡养父母，视父母为累赘、麻烦，恨不得父母远离自己的小家庭。对于这类情况我们是要予以严厉批评的，甚至国家相关部门也要及时干预，对于那些教而不改者应当给予严厉的惩罚。另外一种情况是子女在客观上缺乏赡养父母的能力。如有的子女为了自身的发展或家庭生计不得不远离家乡外出谋生，从而与父母长期分离，导致父母成为"空巢老人"。对于这类情况，社会除了要给予适当批评和同情之外，国家民政部门也应当及时干预，从社会福利建设方面伸出援助之手，以弥补子辈"善事父母"能力之不足。

（三）"善事父母"与"善待自己"的和谐出路

实现"善事父母"与"善待自己"伦理诉求的有机统一，第一，要有明确的实践思路，要从子辈思想意识、主观意志、社会实践等方面着手提升子辈协调"善事父母"与"善待自己"伦理关系的能力；第二，子辈要明确在实践中把握"善事父母"与实现自我成长和家庭发展的有机统一。

1. 实现"善事父母"与"善待自己"和谐统一的基本思路

要实现"善事父母"和"善待自己"的和谐统一，需要从三个层面进行努力：一是子辈的主观意识层面，子辈既要有"善事父母"的意愿，也要有"善待自己"的意识，在思想观念上认识到"善事父母"和"善待自己"的内在关系，在主观意识层面不存偏废之意。二是子辈的主观意志层面，子辈要有既"善事父母"也"善待自己"的意志和决心。在承担"善事父母"和"善待自己"的家庭伦理责任过程中，面对可能会出现的问题时，子辈要有履行家庭责任的坚定意志。三是子辈的实践能力层面，子辈要有实现"善事父母"和"善待自己"的现实能力。如若空有主观意愿，而缺乏实现主观意愿的意志和能力，子辈是难以实现任何目标的，在实现既"善事父母"也"善待自己"的目标时也自是如此。

2. 实现"善事父母"与"善待自己"和谐统一的基本要求

要实现"善事父母"与"善待自己"的和谐，必须充分实现"善事父母"与自我成长、家庭发展的有机统一。

（1）"善事父母"与自我成长的有机统一。在明确"善事父母"成为子辈的价值理念的前提下，子辈应将实现自我发展与成长作为重点追求的伦理目标。如有的子女为了减轻父母的负担，早早就辍学在家帮忙干活或是外出务工赚钱，由此失去了受教育的机会，可能会影响其一生的发展。这种做法虽然无可厚非，但也并不值得鼓励。当"善事父母"与自我成长发展之间出现冲突的时候，一般而言，要尽可能地从长远的视角出发，从大局出发，做出合理合情的抉择。通常而言，子辈要在保障最低层次的"善事父母"的情况下，把握住实现自我发展的机会，以便在将来更加长远的生活中更好地报答父母的恩情。

（2）"善事父母"与家庭发展的有机统一。爱的最基本含义是情感的付出，当然还包括情感付出基础上的物质付出、时间付出、精力付出等。对于一个人而言，爱是无限的，但是其精力、时间、财富等却是有限的，所以子辈要充分有效地把握好实现"善事父母"的伦理要求所要投入的情感、时间、精力和财富的度与量，尤其是在协调"善事父母"与"善待子女""善待爱人""善待自己"等家庭伦理诉求的关系时，更要把握好。"善事父母""善待子女""善待爱人""善待自己"都是子辈在家庭伦理建设中必须面对的主要任务，子辈应当坚持"善事父母"的优良美德，但是也应该统筹兼顾，协调好家庭伦理发展各要素之间的关系，做到以"善事父母"来带动家庭建设，以有序的充满活力的家庭发展来提升子辈"善事父母"的能力与水平。

五、要做到"善事父母"与"善待社会"相统一

与前面三组关系不同，"善事父母"与"善待社会"的伦理道德诉求有着明显的区别。"善事父母"属于家庭伦理范畴，"善待社会"则属于社会伦理范畴。但是这两种伦理关系的立足点都是作为社会一份子的子辈应承担的责任，即家庭责任和社会责任，这两种责任都是子辈不可推卸的基本责任。这就要求子辈在承担这两种责任的时候必须协调好两者之间的关系，实现"善事父母"与"善待社会"两种伦理诉求的有机统一，进而更好地实现子辈"善事父母"的伦理目标。

（一）"善事父母"与"善待社会"的差异与联系

"善事父母"与"善待社会"对于同一个主体来说是不同的伦理道德范畴，二者存在明显差异的同时也体现出深刻的内在联系，把握两者之间的差异与联系是实现二者有机统一的必然要求。

1."善事父母"与"善待社会"的差异

"善事父母"是主体应承担的家庭伦理责任,"善待社会"是主体应承担的社会公共伦理责任。这两种伦理责任存在着较大的差异,主要表现在以下两个方面。

一是从伦理责任的范围来看,"善事父母"是子辈在基于血缘关系所构成的家庭范围内所形成的私人化的伦理责任,而"善待社会"则是子辈作为社会成员基于其本质属性在社会范围内开展活动而应承担的公共化的伦理责任。简言之,"善事父母"是子辈对父母尽孝道,"善待社会"是子辈对社会尽职责。

二是从伦理责任的对象特征来看,"善事父母"的对象是父母,子辈与父母的关系具有确定性、具体性,而"善待社会"的对象是社会,子辈与社会之间的关系则具有较大的模糊性和抽象性。

2."善事父母"与"善待社会"的联系

客观地说,"善事父母"与"善待社会"之间也存在密切的联系。

首先,"善事父母"与"善待社会"都是子女必须遵守的伦理规范和必须实现的伦理诉求。"善事父母"是人在家庭伦理关系中的必然选择结果,"善待社会"是人在社会伦理关系中的必然选择结果。

其次,"善事父母"与"善待社会"都是社会主体实现人的本质的必然要求。我们知道,人的本质是一切社会关系的总和。人在社会中的一切关系自然包含了人的家庭关系和社会公共关系,实现这两种关系中的基本伦理诉求是实现人的本质,完成人的自由全面发展的题中应有之义。所以实现人的本质要求,人必须做到"善事父母"与"善待社会"相统一。

最后,"善事父母"与"善待社会"都是社会主体实现人生价值的必然要求。人之所以区别于动物而作为社会的主体存在,必然是以实现一定的人生价值为目标的。在人所追求的众多目标中,建设美好的家庭和构建和谐的社会都是其中的重要目标,因而"善事父母"与"善待社会"亦成为实现人生价值的重要途径。

（二）"善事父母"与"善待社会"的关系现状

从现实来看，子辈在履行为人子女责任和为社会成员责任的时候均有不同的职责标准，这就使得子辈在处理"善事父母"与"善待社会"的关系方面呈现出多样化的状况，其中引人注意的主要有以下几种情况。

1. 既"善事父母"也"善待社会"

从"善事父母"与"善待社会"的关系来看，最理想的状态就是子辈既"善事父母"也"善待社会"。从理论的角度看，一般而言，"善事父母"的满足并不妨碍子辈去实现"善待社会"，反之亦然。父母养育子女自然希望子女长大成人后既能承担起家庭责任，也能承担起社会责任，能够为社会发展作出积极的贡献。而作为人的综合体的社会也希望每一个人都能"善事父母"，这样整个社会才能和谐发展。所以每一个主体都应该朝着既能"善事父母"，也能"善待社会"的和谐状态去努力。像这样的情况在现实生活中也是多数人的真实写照，他们既能通过努力工作奉献社会，也能通过关心父母而力尽孝道，这样才使得当今中国社会呈现出越来越和谐的总体趋势。

2. "善事父母"先于"善待社会"

在现实生活中，也存在这样一种状态，就是子辈在处理"善事父母"与"善待社会"的关系时，总是把"善事父母"放在第一位，而将"善待社会"置于其后。从传统伦理规范的角度看，对于多数人而言，这种观念是可以接受的。正如中国传统文化所强调的"老吾老以及人之老"。作为子女首先应当孝敬自己的父母，如果一个人连自己的父母都不能以孝待之，那他怎么会对与自己没有任何关系的老人好呢？所以在这方面我们要注意的是，我们认可"善事父母"先于"善待社会"的伦理观念，但是我们不能赞成的是因"善事父母"而忽视、漠视"善待社会"，更反对只"善事父母"而"恶待社会"。这就要求我们要充分认识到自身、家庭与社会之间的密切关系，子辈不能只强调"善事父母"的责任，而忽略"善待社会"的责任，更不能为了"善事父母"而做出破坏社会公共规范、有损社会公共利益的事情。如有人因家贫无钱医治病重的父母，转而偷窃他人财物或从事其他违法犯罪活动以谋取经济利益，这种做法虽然值得同情，却是极端错误的，这样的人不仅不能真正做到"善事父母"，最后必将因违法犯罪而受到法律制裁，甚至连侍奉父母的机会都被剥夺，真正变成不孝之人了。

3."善待社会"先于"善事父母"

在处理"善事父母"与"善待社会"的关系时，有一种情况是值得我们学习和发扬的，那就是子辈将"善待社会"置于"善事父母"之上。坚持这种理念的子辈必然是深刻认识个人、家庭与集体、社会之间辩证关系的人，他们将集体的公共的利益置于个人的、家庭的利益之上，是大公无私、公而忘私的高尚之人。在每一个时代都有无数这样的人出现，正是他们的出现，才引领着每个时代的社会风尚的进步与发展。如在近期涌现出的一批批优秀中华儿女中的一员——年轻的中国共产党党员黄文秀同志，她在硕士毕业之后，放弃了在大城市高薪就业的机会，回到农村担任贫困村驻村第一书记，为带领群众脱贫殚精竭虑，甚至忍痛告别重病卧床的父亲，深夜冒雨奔向受灾群众，却不幸遭遇突如其来的山洪，年轻的生命永远定格在扶贫路上。从某种意义上讲，黄文秀同志是个"不孝"之人，在其父病重之时都不能相伴膝下，不仅不能悉心照顾父母，还因工作失去了生命，这对其父母来说绝对是致命的打击，所以她是"不孝"之人；而从另一种意义上讲，黄文秀同志是一个大孝之人，她牵挂着更多像他父母一样可敬可亲的父老乡亲，为了群众的根本利益而牺牲家庭的利益，舍弃了照顾父母的责任，担当起服务社会的重任，是人民群众心中的好女儿，所以她又是一个大孝之人。这种将"善待社会"的伦理诉求放在个人诉求、家庭诉求之前的做法是我们新时代社会所倡导的新风尚，是值得肯定和学习的榜样。

（三）"善事父母"与"善待社会"的和谐出路

"善事父母"与"善待社会"的和谐统一是每一个家庭成员伦理至善

的基本要求。每一位社会主体不仅要承担基本的家庭责任，同样也要承担起应承担的社会责任，不能因"善事父母"而忽略甚至"恶待"社会，而应该既"善事父母"，也"善待社会"，实现二者的有机统一。

1. 正确认识"善事父母"与"善待社会"的内在逻辑

"善事父母"与"善待社会"在一定程度上具有相互促进的作用。这两种伦理规范虽然诉求各异，但都引人向上向善，在完善人的人格发展方面都秉持着一致的方向。在家庭中，子辈应当成为父母的好儿女，且父母也都希望自己的子女能被社会所认可，成为对社会有用的人；在社会中，子辈应当成为社会的好成员，且社会也更加欢迎能"善事父母"的子辈。所以"善事父母"的实现会让子辈形成优良的道德品格，有助于子辈实现"善待社会"；反之，"善待社会"要求子辈有更大的伦理格局，兼容着"善事父母"的伦理诉求，同样有助于子辈更好地承担"善事父母"的伦理责任。

2. 树立责任意识，提升子辈"善事父母"与"善待社会"的能力

一方面，要让子辈树立"善事父母"与"善待社会"的观念，在思想上确立"善事父母"与"善待社会"的责任意识，使"善事父母"与"善待社会"成为子辈学习、工作的努力方向和行动目标。另一方面，则要提升子辈"善事父母"与"善待社会"的能力。"善事父母"与"善待社会"都需要子辈付出相应的时间、精力和财力等，子辈自身的素质与能力则直接关系到子辈在"善事父母"与"善待社会"中的"支付能力"。所以子辈需要不断地自我发展，使自己成为能够肩负家庭建设和社会发展之重任的人。

3. 正确把握"善事父母"与"善待社会"之间的平衡度

子辈还需要正确把握"善事父母"与"善待社会"之间的平衡度。首先，我们当然非常赞扬和提倡坚持"善待社会"先于"善事父母"的做法，但是这并不能成为普遍性的强制性要求，只能在不断提升人的道德觉悟的过程中不断推广这一理念。其次，基于当前的国情和时代背景，我们希望子辈既能"善事父母"也能"善待社会"。一方面，不要因为"善待

社会"而忽略了自己父母的情感需求，因为这是每一个人作为子女最基本的责任。另一方面也不能因为"善事父母"而过于迁就父母甚至因此而忽视了自身所应承担的"善待社会"的责任，更不能因"善事父母"而破坏社会公共利益而成为一个"恶待社会"之人。简言之，"善事父母"以不危害社会为前提，"善待社会"要尽可能兼顾"善事父母"。

第二节　"善事父母"观念创新的方法

创新是理论与实践进步的灵魂。"善事父母"的孝道伦理在理论与实践层面都必须与时俱进，开拓创新才能适应新时代家庭伦理道德发展的需要。但是需要注意的是，创新作为一项理论探索和实践活动，需要在科学的方法论的指导下进行，不讲方法的创新活动很有可能是低效的，甚至无效的。

一、立足实践，反映社会变革

从辩证唯物主义和历史唯物主义的视角来看，物质与意识的关系表现为物质决定意识，意识反作用于物质。所以作为人类意识内容的观念，其创新必然离不开对社会物质实践及其变革的有效把握。

（一）"善事父母"观念创新与社会实践变革的关系模式

"善事父母"观念创新必须充分立足于社会实践，只有立足于社会实践的观念才能反映社会的实际状况，才能符合社会发展的需要。从现实来看，"善事父母"的观念与社会实践并未时刻保持统一，而是呈现出多元的样态，主要有以下三种类型。

1."善事父母"观念与社会实践同步

在这种情况下，"善事父母"的伦理观念能清楚地反映社会实践及其变化，社会进步的同时，人类伦理道德也在进步，这样的"善事父母"观念指导下的"善事父母"的行为、内容、效果都能符合社会发展的要求。如在温饱都难以满足的社会中，"善事父母"自然是以养活父母为主要内容，而在小康社会中，子辈"善事父母"的行为选择则应当更多倾向于关怀与陪伴。由此可见，"善事父母"的观念应该与社会实践的变革同步而行。当"善事父母"观念与社会实践变革同向而行时，既能充分反映社会实践变革的需求与意义，又能充分立足社会实践来满足子辈实现"善事父母"的情感诉求。

2."善事父母"观念超前于社会实践

意识是人类大脑对客观实践的一种主观反映，是大脑机能的主要表现。而人作为社会实践的主体，在开展社会实践的过程中，在尊重和利用自然规律和社会规律的基础上表现出巨大的灵活性和多样性。所以人类的思想观念充满着对美好生活的期许，这在很大程度上成为人类辛勤劳作、创新创造的不竭动力，也成为社会发展进步的推动力量。但是客观实践具有自身的规律性，不以人的意志为转移，人类的观念可能就会出现超前或滞后于社会实践的特征。同样的，在"善事父母"的观念创新过程中就可能会出现超前于社会实践的情况。

在这种情况下，"善事父母"观念创新成效并不一定能用好坏来评价，而应视具体情况而定。一般而言，对于绝大多数人来说，"善事父母"观念与社会实践保持同步是最为理想的模式。对于超前于社会实践却能合法合理地"善事父母"的个体而言，我们并不能予以非议。但是我们要注意的是不能以这种超前的"善事父母"的理念来要求他人仿效，更不能要求社会来配合自己以便达成个体性的目的。

3."善事父母"观念滞后于社会实践

"善事父母"的观念可能会出现超越社会实践的情况，也有可能会出现滞后于社会实践的情况。当"善事父母"的观念滞后于社会实践时，子辈"善事父母"的行为及其效果并不一定得到父母、家庭以及社会的认可。尤其是对于父母而言，他们也同样身处社会实践变革的熔炉之中，社会实践的变革对他们的生存与发展同样也提出了新的要求，因而父母在新的条件下必然会产生与社会发展相适应的新期望。如极少数毕业后选择留在家乡找工作的大学生，因为各种因素一直未曾找到合适的工作，便整天躲在家中上网娱乐，并以"父母在，不远游"为借口留在家中。这种"善事父母"的观念在今天的社会实践中已然不具备普遍的适用性。现代社会交通异常发达，网络普及，沟通便捷，年轻人正处于树雄心立壮志、为社会发展勇闯新路的大好时光，应当以更符合社会实践要求的价值观念来指导自己的行为。我们认为，年轻人积极响应社会号召，服务社会发展，实现人生价值也是"善事父母"的一种方式，尤其是大学生毕业时父母一般尚不需要子女朝夕照顾。所以对于"善事父母"观念滞后于社会实践变革的情况，子辈是要极力避免的。

（二）"善事父母"观念创新与社会实践变革的关系调适

"善事父母"观念创新与社会实践变革有着内在联系。通常而言，观念创新是社会实践变革的先导，社会实践变革又决定着观念的更新。对于"善事父母"观念创新与社会实践变革的内在联系而言，一方面，"善事父母"的观念创新能够引领社会实践变革，因为"善事父母"本身也是一种社会实践，在观念创新下的"善事父母"行为变化自然成为社会实践变革的一部分；另一方面，"善事父母"观念的创新也受制于变革中的社会实践。社会实践及其变革的物质性决定了"善事父母"观念创新的方向与水平。所以在"善事父母"观念创新与社会实践变革的关系调适方面，我们可以从以下两方面努力。

1. 主动适应社会实践变革

子辈在创新"善事父母"观念过程中要积极适应社会实践变革的趋势与方向。这就要求子辈首先要在思想上充分认识到"善事父母"观念创新与社会实践变革的内在逻辑关系，充分认识和把握"善事父母"观念创新与社会实践变革的理想模式，做到"善事父母"观念不滞后于社会发展，且不盲目追求"善事父母"观念超前于社会发展，努力实现"善事父母"

观念创新与社会实践变革的平衡融合。其次，子辈要充分立足社会实践，认识社会实践对当代社会子辈"善事父母"的要求，进而确立适应社会发展状况的"善事父母"的新观念。最后，子辈还要主动把握社会实践的变革规律与变化趋势，及时调整、更正、更新自己的"善事父母"的价值理念，做到"善事父母"观念创新与社会实践变革的动态平衡。

2. 参与社会实践变革

子辈在创新"善事父母"观念时不仅要积极适应社会实践变革的趋势与方向，还要积极参与社会实践变革。社会实践变革是由无数的社会主体实现的，社会实践虽然对社会意识起决定作用，但是社会意识也能积极地反作用于社会实践，换言之，主体的观念创新也能促进社会实践变革的深化与发展。我们可以运用马克思主义关于认识与实践的辩证关系理论来说明这一问题。马克思主义告诉我们，实践是认识的基础，实践是认识的来源，实践是认识发展的动力，所以观念的创新必须积极融入实践；马克思主义还告诉我们，认识对实践具有反作用。正确的观念（认识）是社会主体对客观事物及其规律的正确反映，能指导社会主体提出正确的实践活动方案，因而对社会主体的实践活动有巨大的推动作用。因此，子辈不能简单地接受社会实践变革的结果，不能被动地适应社会实践变革产生的新诉求。对于"善事父母"而言，子辈要主动地参与社会实践变革，在实践中创新"善事父母"的内容、方法，进而以新的"善事父母"观念来引领社会实践的发展，依此循环，呈螺旋状前进态势。总之，"善事父母"的观念创新必须遵循马克思主义认识论与实践论的基本原理要求，将观念创新与社会实践变革有机结合起来，以观念创新来引领社会变革，同时达到社会实践变革基础上的观念创新之目的。

二、删减增益，回归道德本性

众所周知，人们的思想观念源于人们所处时代的社会实践。人们的思想意识、价值观念都是人们适应所处时代社会发展的结果。随着时代的发展和社会的进步,人类的社会实践在不断变革,这对人们的思想意识与价值观念同样有着更高的要求,维系家庭稳定与发展的家庭伦理观念也需要随之更新。从另一个层面看,社会变革对人们道德价值观念变革的要求并不是全盘否定旧有的价值体系,而是要摒弃不适合新时期社会发展要求的道德观念,保留和发扬传统道德观念中的合理成分,并在此基础上按照新的历史条件的要求生成新的道德观念。因此"善事父母"观念创新的另一个重要方法就是删减增益,即批判性继承与创新性发展,回归道德本性,实现"善事父母"观念在内涵和外延上的丰富与发展。

(一) 批判性继承

批判性继承,即去其糟粕,取其精华,这是实现"善事父母"观念创新的重要途径之一。中国孝文化产生于几千年前的中国古代社会,其发源条件、形成目的、作用方式、实践价值都与那个时代是紧密相关的。这就意味着中国传统孝文化在新时代中国社会应用中有一个时代的适应性问题,这是当今社会主体不得不考虑的。从现实社会变化和家庭伦理发展的角度来看,"善事父母"的伦理观念主要受到了以下两个方面的深刻影响。

第一,社会历史条件的变革。中国从古至今经历了多种社会形态,在不同的社会形态中,"善事父母"的观念和要求均有所不同,尤其是在中国进入社会主义社会之后,传统的孝文化关于"善事父母"的内涵与要求发生了较大变化。在这里我们需要予以高度重视的是,封建社会孝文化是立足于封建社会统治思想以维护封建统治阶级即封建帝王等少数人利益的,其封建礼教涵括的孝敬父母的伦理要求只不过是封建等级制上的重要一环,虽具有人伦特性的合理成分,但是在封建社会中只不过是封建王朝维护社会秩序、实现统治阶级利益的工具而已。

第二,家庭结构和功能的变化。在传统社会以血缘关系结成家庭的模式中,父母作为家庭建设的先驱者为抚养子女和家庭发展作出了贡献,子女则承担起继承父母基业和赡养父母的义务。在传统社会中,统治阶级为了更好地统治社会民众,在以小农经济为主导的中国社会中普遍实行宗族政治和乡绅政治，利用血缘关系、亲缘关系和地缘关系来强化封建礼教在民众心中的地位，使广大民众内化封建礼教而不敢僭越，始终做到忠于父母、忠于家族，进而忠于君王。这样的社会环境和礼教文化容易导致出现"愚孝"父母的"愚民"。随着我国社会改革不断深化，经济结构发生变化，小农经济模式被打破，中国传统社会中形成的以血亲关系为基础的大家庭模式走向崩溃，逐步被小型化、核心化的家庭取代。家庭结构和功能方面都经历着前所未有的变化，家庭规模缩小，从以血亲为家庭结构核心的模式转变为"婚姻主位"的家庭模式。因此，在家庭结构和家庭功能发生变化的背景下，"善事父母"的内涵与要求必然要发生新的变化。

从上文论述可以看出，中国传统孝文化既有基于人性道德的合理成分，也有立足于特定时代服务于统治者的阶级局限性和历史局限性。这正如我国著名伦理学家罗国杰先生所指出的："中国传统道德具有鲜明的矛盾性和两重性。它既有民主性的精华，又有封建性的糟粕……对于中国传统道德，我们既不能全盘否定，也不能全盘继承。全盘否定势必导致历史虚无主义，全盘继承势必导致复古主义。这两种倾向都是错误的。正确的态度是以历史唯物主义为指导，坚持批判继承、弃糟取精、综合创新和古为今用的方针。"[①]对于今天继承传统文化，发扬孝道，提高社会主体"善事父母"的能力而言，我们要做到的一个基本要求就是在批判中继承。

一方面，我们要批判、摒弃那些不适应当今时代和社会本质要求的传统孝道文化。众所周知，社会主义社会是人类社会形态最高形式——共产主义社会的初级阶段。虽然我们目前仍处于社会主义初级阶段，但是作为以实现人的解放为目的、坚持人民当家作主的社会主义社会，其本质性质要求社会的一切伦理规范都必须服从促进人的自由全面发展这一基本原则。这就意味着"善事父母"的伦理诉求也同样要促进人的自由全面发展。以此为标准来审视中国传统社会中的孝道文化，我们便能有效地筛查出那些不合时宜、不符合社会要求的成分，如传统孝文化中为了维护封建等级制度所强调的"尊卑有别"。父母虽然养育了子女，但是父母和子女

① 罗国杰：《罗国杰文集·下卷》，河北出版社2000年版，第497页。

在人格上是平等的。而传统孝文化坚持的始终是"长者本位"占绝对主导地位，甚至提出"父要子亡，子不得不亡"，子女如果做不到，就是不孝的表现。这完全抹杀了子女作为人的平等性与独立性，将子女视为父母的附庸，是有悖于社会主义社会的伦理规范的。对于这类传统孝文化规范，我们必须彻底批判和清除。

另一方面，我们要继承、弘扬那些体现人类道德本性的孝道文化精髓与规范。中国传统孝文化是勤劳的中国人民在长期的历史发展和生存繁衍过程中积淀而成的，其之所以能历经沧桑流传千年而仍然影响深远，自然是因为其中存有合理的、有益的成分。这些合理的、有益的成分正是我们要继承和发扬的。如有研究指出，传统孝道的积极因素主要有赡养、尊敬父母；尊敬长辈、尊老爱幼；父母有错，婉转规劝；建功立业，为父母争光等。这些孝道思想在古代适用，在今天也是适用的，并没有因为时代的变化而失去其应有的价值。在传统孝道思想中，孝敬双亲、尊老爱幼、夫妻和谐、兄弟和睦、爱国爱家等，都是其精华成分，我们应当继承并发扬光大。因此，"善事父母"必须继承中华传统孝文化中的美德部分，为今天"善事父母"伦理观念的丰富与发展奠定坚实基础。

（二）创新性发展

"善事父母"观念的创新是继承传统孝道的应有之义。在社会主义社会道德建设过程中，继承和创新本就是相辅相成、相得益彰的两个不可分割的方面。而从一定意义上讲，继承是创新的基础与前提，创新是继承的方向与结果。

首先，在反思传统孝道文化困境的基础上推进"善事父母"内涵的创新发展。推进"善事父母"观念创新，一个重要原因就在于传统的孝道文化不能适应今天社会家庭伦理发展的需要。传统孝道在实践中遭遇了内容过时、伦理困境、道德与法律的冲突、理智德性与伦理德性的矛盾等理论与现实方面的困境。这些困境限制、制约了社会主体的道德认知与伦理意识的更新与发展，使社会主体对伦理道德规范的理解停留在传统的层面上，最终导致主体在新的历史条件下的道德活动效应受挫。故而，应该反思传统孝道文化所面临的困境，并通过多层次的外在审视、内在觉察，以去伪存真、去粗取精、除劣留善，促进传统孝道文化在新时代重获德性价值和实践力量，这也是创新"善事父母"本质内涵的一种方式。

其次，在审视当代伦理规范冲突的基础上推进"善事父母"伦理价值的创新发展。有研究指出，"当前孝道困境的产生并不主要是子女追求自身利益目标的'自利'行为与社会主导的孝道价值观的矛盾，子女孝道困境的根基可能在于社会倡导的多元价值观之间的矛盾性"①。当今社会的文化多元化、价值多样化的特征已经越来越明显，并在社会伦理规范体系中日益体现出来，关于社会规范、家庭规范、个体规范的伦理都呈现一定的多样性，社会伦理、家庭伦理和个体伦理甚至在一定程度上产生了冲突，使得社会、家庭和个人在"善事父母"的价值、方式、内容等方面都有着不同的认识。而个人、家庭和社会是有机联系的整体，对同一个事物有不同态度必然导致冲突的产生，进而影响子辈"善事父母"的孝心的坚守与孝行的实践。因此，在文化多元化的新时代，应以马克思主义理论来指导中国传统孝文化的坚守与发展，坚定中国传统孝文化自信，深刻阐释"善事父母"的传统孝文化对新时代中国特色社会主义道德建设和精神文明建设的价值与意义，确立"善事父母"在中国社会伦理规范中的重要地位。

再次，在立足实践的基础上推进"善事父母"内容的创新发展。文化是一个时代的风向标，反映着每个时代的生活面貌。"善事父母"的孝文化内容的创新必须紧紧立足每个时代的社会实践，反映社会发展中人类自身再生产的基本需求。在适应时代变化和社会实践变革的前提下实现"善事父母"内容的创新，我们可以从以下几个方面进行努力：一是回应当前"善事父母"孝文化的焦点问题，以解决现实遭遇的问题来化解社会对"善事父母"的焦虑，实现"善事父母"内容的创新发展。二是响应社会主义道德建设要求，以社会主义核心价值观为指导，推进"善事父母"内

---

① 苗瑞凤：《孝道研究现状与发展趋势》，《中国老年学杂志》2017年第37卷第20期。

容的创新发展。三是审视世界各民族孝文化的内容、特点与形式，充分吸收世界其他民族孝文化中的有益成分，丰富以中华孝文化为主导的"善事父母"孝文化内容并推进其创新发展。在推进"善事父母"内容的创新发展方面，有学者做了较为典型的总结："'事父母'标示了'孝'的伦理德性维度，而'善'使'孝'内显为实践品性，这种实践品性以'善事父母'展开为儒家思想中的'孝生以敬、孝老以顺、孝病以忧、孝死以哀、孝祭以思'五个向度，'敬、顺、忧、哀、思'成为'善'的实践内质。"①这一概括较为全面地阐释了"善事父母"伦理诉求的主要内容。

最后，在立足时代的基础上推进"善事父母"方式的创新发展。不同的时代对"善事父母"的内容有不同的要求，同样的，不同的时代对"善事父母"的方式也提出了不同的要求。即使以同样的内容来实现"善事父母"，采用不同的方式会达到不同的效果，而且传统的方式也不一定都能适应现代社会环境的变化。尤其是在今天信息发达的网络时代，"善事父母"的方式也必须与时俱进，跟上时代变化的节奏。同时由于社会治理水平的不断提升，"善事父母"的实现方式也开始由传统的家庭伦理支撑转向同时吸收社会力量的支持，社会公共伦理也将弥补个体在实现"善事父母"方面的不足。有学者就曾提出类似的看法，认为"善事父母"问题的解决可以借助除传统的邻里乡亲、居（村）委会之外的社会力量，如心理咨询、社会工作等，发挥其在消解孝道困境方面的积极作用，并进一步扩大其发挥作用的方式方法②。由此可见，确立子辈在"善事父母"方面承担主要责任的前提下，还可以通过社会帮扶的方式提升子辈"善事父母"的能力与水平，在全社会共同营造"善事父母"的良好氛围。

---

① 尤吾兵：《传统儒家"善事父母"之"善"的实践内质》，《中南民族大学学报》（人文社会科学版）2012年第32卷第1期。

② 苗瑞凤：《孝道研究现状与发展趋势》，《中国老年学杂志》2017年第37卷第20期。

第三节 "善事父母"观念创新的标准

方法指的是为获得某种东西或达到某种目的而采取的手段与行为方式，而标准则是评价社会主体达成的目的是否符合要求的基本标尺。标准的特点是具有公共性，不仅能被社会主体共同认可，还能被社会主体共同使用和反复使用。有了明确的标准有助于社会主体更好地从事"善事父母"观念创新的活动，也能更好地评判"善事父母"观念创新活动的效果。

一、合理性

按照客观规律办事是马克思主义理论的实践性的集中体现。然而人是有主观能动性的社会主体，人们能够反思其社会实践，总结实践经验，进而修正对社会实践的主观认识，促进人类更好地按照客观规律办事。而人们通过发挥自己的主观能动性修正自己的思想认知的过程，实际上就是进行观念创新的过程。然而人们进行观念创新并不能脱离社会实践，而是必须和社会实践紧密结合起来，且必须符合一定的客观规律。在推进"善事父母"观念创新的过程中，必须符合合法规、合情理、合事理三个基本要求。

（一）合法规

推进"善事父母"观念创新必须符合国家法律的基本要求。法律是一个国家全体社会成员共同利益的集中体现，也是社会公共伦理的底线要求。因而法律是社会中每一个成员都必须遵守的基本规范，遵守法律是每一个社会成员最基本的责任与义务。因此，每一个社会成员，不论其身份、地位、职业，也不论其所开展的社会实践内容是什么，都无一例外地要遵循国家法律的基本要求。这既是维护国家、社会、集体公共利益的必经之路，也是维护社会个体自身基本利益的重要方式。个体在推进"善事父母"观念创新的过程中，也同样必须遵守国家的法律法规，以确保"善事父母"的内容符合国家法律法规的基本要求，否则就会导致"善事父母"观念创新的失败，也会导致"善事父母"无法实现。

（二）合情理

"善事父母"观念创新的核心意义在于推进子辈履行孝敬父母的责任，推动子辈更好地表达对父母的情感与关怀。在推进"善事父母"观念创新的过程中，还必须保证"善事父母"观念符合情理，即符合人类的情感需求及其表达规律与表达艺术。之所以如此，其根本原因是"善事父母"是人类家庭情怀交织的重要表现。从父母孕育生命到子女呱呱坠地开始，子女就是在父母的照顾下不断长大，直至成人，父母生育子女、养育子女、教育子女，甚至还要帮助子女建设家庭、发展事业等，可以说子女的成长倾注着父母一生的心血，因而子女要感激父母、敬重父母、孝敬父母。这就是"善事父母"伦理诉求最根本的来源。在"善事父母"的观念创新过程中，不管时代怎样发展、社会如何变革，也不论子辈自身条件如何变化，"善事父母"的观念都必须保证能够正确传递子女对父母的敬爱之情，还必须保证在创新后的"善事父母"观念指导下的"善事父母"之行为、方式与结果都符合天下父母在情感世界的普遍期望。因此，"善事父母"观念创新的合情理标准要求子辈必须清楚地把握自身对父母的情感回馈，并且充分把握父母对子女的情感需求。

（三）合事理

合事理，就是合乎事物自身发展的规律。马克思主义告诉我们，现实的世界是物质的世界，是客观的世界，而在现实的客观的世界中去开展社会实践是必须按照客观规律办事的。开展"善事父母"的观念创新同样也必须按照客观规律办事，因此，合事理也就自然而然地成为判断子辈"善事父母"观念创新的一个重要标准了。检验"善事父母"的观念创新的成效,最终还是要落实到"善事父母"的具体行为上。如果"善事父母"的具体行为违背了客观事物发展的规律,那么必然会遭到客观事物发展规律的反噬,自然达不到"善事父母"的应有效果。所以子辈"善事父母"观念创新的过程中必须一方面充分考虑到自身认识客观事物规律的能力,以及把握和运用客观事物规律的能力;另一方面还要确保"善事父母"观念创新过程中所选择的具体善事行为是符合客观事物发展规律的。

二、实用性

实用性强调的是"善事父母"观念创新的积极的实际价值以及获得其价值实现的可能性与便捷性。一般而言,人类的社会活动尤其是生产活动都具有一定的价值和使用价值。通过劳动形式开展的创新活动因其凝聚了人类的一般劳动,因而具有价值,但是否具有使用价值和社会效用还需要社会来评判。有使用价值的创新观念要想具有实用性,不仅要符合合用的标准,还要符合精练和易用的要求。

(一)合用

社会主义道德建设是当前社会主义伟大事业建设中一个重要组成部分,"善事父母"观念创新的目的之一就是更加有效地推进社会主义道德建设,因此,"善事父母"观念创新必须真正有助于提升社会主义道德水平。首先,"善事父母"观念创新要有助于提升子辈自身的道德水平,这一点是毋庸置疑的。孝敬父母作为传统美德是每一个社会主体都应当具备的道德素养,子辈正是因为有着最基础的道德情感和道德素养,才能有目的、有计划地开展"善事父母"的观念创新。而"善事父母"的观念创新能更加有效地提升子辈对"善事父母"这一孝道伦理的认识与理解,并通过子辈"善事父母"的社会行为实践,进一步提升子辈孝敬父母的意识与能力。其次,"善事父母"观念创新也能在一定程度上提升父母的道德水平。"善事父母"的观念创新最大、最直接的受益者是践行"善事父母"观念的子辈之父母，父母通过感受子女的孝心、孝意与孝行，能正面感受"善事父母"的道德伦理力量，深化其自身对家庭道德伦理的认识，也会反过来推动父母继续关心子女，推动家庭伦理建设和谐发展。最后，"善事父母"观念创新有助于提升整个社会的道德水平。社会是由个体组成的，个体道德水平的提升必然会促进社会整体道德水平的提升。"善事父母"观念创新既然能促进子辈自身及其父母道德水平提升，基于人类道德情感的共通性，必然能得到其他个体的认同与传扬，进一步在全社会形成更大范围的"善事父母"的环境，也能更好地提升全体社会成员的道德水平。

（二）精练

"善事父母"观念创新实用性标准必须遵循的一个重要要求是精练。精练原指提纯升华，在这里主要指的是简练扼要。"善事父母"的美德脱胎于中国传统封建礼教，封建社会中的"善事父母"实现方式与封建等级制度和封建等级思想密切相关。而封建统治者为了维护统治地位，通过各种烦琐复杂的礼节程序来固化臣民依附于封建礼教的忠孝意识。这就意味着封建社会中各种烦琐的"善事父母"行为并不一定是子女尽孝的情感表达，很多是统治者维护其阶级利益的工具，有的还会在很大程度上劳民伤财，无端损耗子辈的时间和精力。因此，在今天"善事父母"观念创新的过程中，首先要摒弃的就是各种繁文缛节，并结合当前社会实践，提出符合时代要求的、精练有效的"善事父母"的内容要求与实现方式。这也要求子辈在"善事父母"观念创新的过程中不做历史的简单重复者，不当经验的纯粹复制者，而必须开动脑筋，通古贯今，辩证扬弃，去粗取精，以虔诚的孝道之心证纯粹的孝道之意，以孝道之意求纯粹的孝道之行，以精练有效的"善事父母"之行为承担"善事父母"之责任。

（三）易用

易用是"善事父母"观念创新实用性标准的另一个要求。合用是"善事父母"的观念创新的核心要求，保证"善事父母"观念创新的价值和方向。精练则强调"善事父母"观念创新要更好地体现创新的价值，而易用则是推进"善事父母"观念创新的目的性要求。如前所述，观念来自实践，实践的变化决定观念的变化，而观念的创新则是为了更好地指导实践。"善事父母"观念创新的目的就是更好地帮助子辈孝敬父母。因而"善事父母"观念创新最终还是要落实到"用"这个层面上来。"用"有两个层次的含义：一则为子辈吸收、内化所创新的"善事父母"观念，使之成为子辈履行孝道的价值规范；二则为子辈践行、应用所创新的"善事父母"观念，开展"善事父母"之实际行为，切实承担"善事父母"的伦理责任。因此，一方面，"善事父母"观念创新必须坚持易用的价值导向，使所创新之"善事父母"价值观念让全体社会成员易于认识、易于学习、易于理解、易于掌握。既不能让大家对创新的"善事父母"观念望而生畏、敬而远之，也不能让大家对创新的"善事父母"观念不能理解，难以消化。另一方面，"善事父母"观念创新还必须坚持使用简单、便于操作的价值导向，使所创新之"善事父母"价值观念易于践行。

三、普适性

马克思曾在批评旧哲学时指出"哲学家们只是用不同的方式解释世界，问题在于改变世界"[①]，所以理论研究人员开展理论创新的最终目的也是将其创新的成果广泛地运用于社会实践中，以达到改造社会的目的。"普适性是理论研究的目标……一个理论若能超越场域限制，被推而广之，从一个局部性的知识升级为具有普遍性的知识。这是很多理论研究者的夙

---

① 《马克思恩格斯文集》第一卷，人民出版社2009年版，第502页。

愿"①,在开展"善事父母"观念创新的过程中,必须将普适性作为一个重要标准。要使得"善事父母"观念创新成果具有普适性,就必须保证新的"善事父母"观念能普遍体现父母的情感需求、子女尽孝的责任、社会公共道德和时代发展要求。

(一)普遍体现父母的情感需求

"善事父母"观念创新必须普遍体现父母被爱的情感需求,这要求"善事父母"观念创新必须体现出父母作为善事对象在情感需求上的共同性。虽然个体及其组建的家庭都具有丰富的个性特征,父母对于子女尽孝的内容和方式都有着不同的诉求,但是从人类情感的共通性角度看,父母对子女尽孝的价值期望都是一致的。父母在年老以后都希望子女能关爱自己、赡养自己,这既是人在物质生命层面的生理需求,也是人在精神层面的情感需求。表面上看,人在物质生命层面的生理需求的满足要优先于人在精神层面的情感需求的满足,但实际上父母对精神层面的情感需求满足比物质生命层面的生理需求满足期待更高,这是父母实现人生价值的一个关键的评判尺度。因此,"善事父母"观念创新必须将普遍体现父母被爱的情感需求作为首要的准则,只有普遍符合父母情感期望的"善事父母"观念及其行为才能得到社会的认同,才能够在社会中普遍推广。

(二)普遍体现子女尽孝的责任

"善事父母"观念创新必须普遍体现子女尽孝的情感责任。从子女的角度看,"善事父母"是一项基本义务。子女受父母养育而成长成才,成为一个新的个体,拥有了实现自我发展的能力与机会,这一切都离不开父母无私的付出与支持。所以子女孝敬父母是一种情感的回馈,是一种爱的反射,是子女作为人的责任。当然,由于每个个体自身特性及其实践能力的差异性,子辈在履行孝敬父母责任的能力方面也存在着差异性。"善事父母"观念的创新不仅要体现子辈为人子女孝敬父母的情感需求,而且还

---

① 张涛甫、徐亦舒:《寻求对话:在舆论研究的特殊性与普适性之间》,《新闻大学》2017年第5期。

要能体现出子辈"善事父母"的根本意愿和基本能力。不符合这两点要求的"善事父母"观念即使再新颖、再奇特，也不可能得到有效推广。

（三）普遍体现社会公共道德

"善事父母"观念创新不仅要兼顾父母被爱的情感需求和子女尽孝的情感责任，还要充分体现社会公共道德的价值诉求。从某种意义上讲，父母被爱的情感需求和子女尽孝的情感责任都是社会公共道德规范的内容之一。"善事父母"观念创新时必须保证"善事父母"的观念与行为既能兼顾父母被爱的情感需求和子女尽孝的情感责任，又不违反社会的公共道德规范。对于违反社会公共道德的"善事父母"观念与行为，即便能满父母被爱的情感需求，也能实现足子女尽孝的情感责任，也必须抛弃不用。因为任何一个个体道德情感的满足都不能以破坏或牺牲社会公共道德规范为代价。

（四）普遍体现时代发展要求

"善事父母"观念还必须具有时代性，因此"善事父母"观念创新必须能普遍体现时代发展要求。正如前文所指出的，不同社会形态中的"善事父母"的情感诉求和实现方式是不同的，并且同一社会形态在不同的社会发展时期"善事父母"的情感诉求和实现方式也是不同的。新中国成立之后，一扫传统封建社会中落后的家庭伦理价值观念，确立起了社会主义家庭伦理道德规范，为中国家庭伦理规范建设，也为中国孝文化的发展创新提供了全新的物质基础和思想指引，推动了中国孝文化的健康发展。随着中国社会主义现代化进程的加快，尤其改革开放以来，中国社会发生了翻天覆地的变化，这也对中国孝文化发展提出了新的要求。而在今天中国特色社会主义行进到了新时代的背景下，中国孝文化的发展与繁荣必然要在回答新时代提出的新问题的基础上实现。"善事父母"观念必须与时俱进，只有时代化的"善事父母"观念才能满足新时代孝文化的发展需求。

第四节 "善事父母"观念创新的内容

"善事父母"观念创新的内容是整个创新活动最重要的部分。人类的优秀文化是在传承与发展中不断集聚而成的。"善事父母"的道德规范作为人类孝道文化精髓，作为一种道德认知与价值理念已经被社会高度认可，但是在新时代如何实现"善事父母"则需要进一步探索。我们提出"敬"以尊重父母、"爱"以关注父母和"养"以照顾父母三大理念，这应是新时代"善事父母"道德规范的基本内容。

一、"敬"以尊重父母

尊重父母一直以来就是中国传统孝道文化的重要内容，但是这里强调的尊重父母和传统社会中对尊重父母的理解与要求是不同的。传统社会中尊重父母的伦理要求更多强调的是对父母的敬重和畏惧，强调不能违背父母的意志，子女缺乏独立性。这一认识应出自《论语·为政》中孔子与弟子子游的一段对话："今之孝者，是谓能养。至于犬马，皆能有养；不敬，何以别乎？"这里，孔子专门强调了"敬"，认为当时所谓的孝，是指能够奉养父母就行了，然而就是狗和马也都能得到人的饲养；如果作为人在赡养父母的时候，没有敬爱之情，那么赡养父母与饲养狗和马有什么区别呢？这里的"敬"，后世通过儒家文化的传承损益，特别是将其上升为封建礼教的行为规范后，一度被曲解成了"敬畏"，甚至到了"父叫子亡，子不得不亡"的程度，这显然是不妥当的。事实上，孔子所谓的"敬"，就是我们今天的尊重。在提倡人格平等的新时代，我们提倡"善事父母"应做到"敬"，具体地说，就是强调对父母作为人的本质属性的尊重、对父母作为家庭长辈的尊重和对父母作为社会贡献者的尊重。只有达到这样的尊重，才不可能出现解某某老人的悲剧。

（一）对父母作为人的本质属性的尊重

"善事父母"观念的首要内容是尊重父母。尊重这一伦理规范是社会主体基于人性的视角对客体对象的积极回应，是主体道德自觉的基本反映。有学者研究指出，"人类并没有等待尊重成为一个伦理学（或者其他学科）的概念后才尊重或者学会尊重某种东西……它指向的不是感官欲望或者实际需要的满足，而是使人成为真正的人"[1]，"'对人的尊重'作为一个原则，它既涉及对每个个体作为生物人本能的尊重，也涉及对每个个体作为社会人的尊重"[2]。可见，社会主体之间的相互尊重或者说尊重他人的道德规范是社会主体人性的本质要求，尊重父母是尊重他人的内涵之一。父母作为独立的个体也同样具备体现人的本质属性的价值诉求，即也同样要求得到社会的尊重，自然也必须得到子女的尊重。更进一步来说，尊重父母，实质上是要尊重父母作为人的个体权利及其实现。现代社会中也存在一些人忽略父母的各种社会权利，如参与社会发展的权利、经济独立的权利、社会交往的权利、文化素养提升与精神文明发展的权利等，认为只要能保证父母衣食无忧、存活于世即可。这种观点是错误的，因为生存权只是父母的最基本权利之一，对父母其他权利的完全漠视也就是不尊重父母的表现。因此，我们可以说，基于"人"的本性而生成的尊重父母的价值理念是"善事父母"伦理规范的基石。

（二）对父母作为家庭长辈的尊重

从人伦辈分关系来看，父母生育了子女，在客观上形成了长辈与晚辈之间的伦理关系。没有父母就没有子女，父母天然地爱着自己的子女，而子女也天然地受恩于父母，所以孝敬父母是子女的人伦本分，作为晚辈的子女理应尊重作为长辈的父母。从家庭建设与发展的角度看，父母将子女养大成人，尽到了父母的人伦职责，父母理应得到子辈的尊重与孝敬。并

---

[1] 徐芳：《浅谈尊重伦理在家庭教育中的作用》，《当代社科视野》2011年第1期。

[2] 许承忠：《现代制度伦理的基石——对"人"的尊重》，《新丝路》2016年第7期。

且我们都知道,在子女年幼时,父母是家庭的顶梁柱,父母会为子女成长和家庭建设呕心沥血,而在子女组建新家庭后,父母面临年老体衰,他们虽会将家庭建设的接力棒传递给子女,但是仍然会为整个大家庭的发展尽心尽责。父母会为子女付出一切,这是子女尊重父母、孝敬父母的最根本的来源,作为晚辈的子女应当学会"善事父母"。

(三)对父母作为社会贡献者的尊重

父母和子女都是社会中的个体,都在实现自身发展和家庭建设的过程中促进了社会的发展,虽然有的人对社会的贡献较大,有的人对社会的贡献较少,但这些都不妨碍子女对为社会有贡献的父母表达尊重的情感。虽然父母为子女的付出构成了子女尊重父母的直接来源,但是并不意味着父母对子女付出少的时候,子女就不用尊重父母。天下间还有很多这样的父母,他们为了人民大众的幸福而付出了毕生的精力,甚至牺牲了家庭,牺牲了生命。从表面上看,这样的人亏欠了自己的子女,但是他们是为更多的人付出了自我,是对社会发展有着积极贡献的,因而作为子女应当理解父母,为这样的父母而骄傲,更加理解和尊重父母,并在自己长大成人后更好地"善事父母"、向父母学习。

二、"爱"以关注父母

所谓"爱"就是给所有可能关注的对象以关心和爱护。不仅表达以牵挂为主要特征的情感程度,而且是一种以付出为主要特征的情感表达方式。没有关注就没有爱。在改革开放以前漫长的时间里,国人少有将"爱"的理念用于一般地表达人与人之间的感情。尽管它直抒胸臆,但因与国人提倡谦逊含蓄的秉性相去甚远,因此,一般只在书面语中使用。《论语》中多次提到了"爱",比如:"樊迟问仁。子曰:'爱人。'"(《论语·颜渊》)"子曰:弟子入则孝,出则悌,谨而信,泛爱众而亲仁。行有余力,则以学文。"(《论语·学而》)但在日常用语中,人们对这种人与人之间的美好情感却多用"喜欢"来表达。"喜欢"虽然含蓄，但显然不足以表达"爱"的情感程度。"爱"的突出特征是主动关注，"喜欢"之情却未必如此。美国心理学家艾里希·弗洛姆认为，爱是一种情感，更是一种能力，这种能力表现为有没有能力给予①。这种认识将人们习以为常的"爱"与人的实际能力相结合，不再停留在软弱无力、不可捉摸的抽象的情感表达上，而是可以通过人们的言行让人看得见、感受得到，使"爱"有了生动的、具体的生命力。因此，我们提倡将"爱"这一理念用于家庭"善事父母"的实践中，用以很好地表达子女与父母的情感，不仅贴切，而且温暖。"爱"这个词并不新鲜，但将其用于家庭伦理观念中，用以专门表达子辈与父辈之间伦理关系的创新理念，却并不多见。所以我们特别强调，在新时代，"善事父母"应强调"爱"这一理念，以提醒新时代的中国大众高度关注父母，给予父母以"爱"。给予父母的"爱"具体体现在了解父母、加强沟通和理解父母三个方面。

（一）了解父母

了解父母是为人子女的基本义务。从一个人对父母是否了解就大致可以判断出其对待父母的态度。一个对父母情况基本都不了解的人，必然不会关心父母，更谈不上会去孝敬父母。而真正有孝心的子女，必然会对父母的基本情况有着充分的了解。子曰："父母之年不可不知也，一则以喜，一则以惧。"（《论语·里仁》）一个真正有孝心的人在长期的生活中必然会了解父母，知道父母的生日、知晓父母的喜好和愿望、清楚父母的脾气性格等。在当今社会中，有一些独生子女因为从小就娇生惯养，形成了完全以自我为中心的自私的性格，将自己的需求视为家庭的唯一需求，将自己的愿望视为家庭的唯一愿望，自己的一切诉求父母都必须满足。这样的人却对父母的难处、父母的处境一概不理，对父母的需求、父母的心愿一概不知，这种人即使想孝敬父母也不知道从哪里开始。所以要孝敬父母，必须要先了解父母。

---

① 埃里希·弗洛姆：《爱的艺术》，刘福堂译，安徽文艺出版社1986年版，译者序第24页。

（二）加强沟通

要想了解父母还需要学会和父母沟通。许多人对父母的不了解也源于和父母沟通太少，以至于明明有着孝敬父母的意识和行动，却无法让父母真正感到幸福。尤其是有些在校读书的大学生或者刚刚进入社会工作的年轻人，他们与父母之间的沟通情况并不是很好。有一项调查显示，"大学生在与父母的沟通时间上，他们倾向于每个学期回家 1～2 次，每周与父母联系一次，每次打电话持续 5～10 min（分钟）；在沟通内容上，他们倾向于向父母了解家里情况，交流个人在校生活问题；在沟通方式上，他们倾向于打电话问候祝福父母；在沟通态度上，他们倾向于主动联系父母，在遇到特别严重的解决不了的问题时会主动跟父母说心事；在沟通障碍上，他们倾向于认为父母太啰嗦，他们与父母的思想观念和价值观念不同"①。可见，部分大学生还没有学会与父母进行良好的沟通，可能会影响到其"善事父母"观念的形成。对于已经成家立业的子女来说，学会与父母沟通就更加重要了。有的父母在晚年因年龄、身体、生活圈子等因素变化，他们的心理可能会变得更加脆弱和敏感，这时候更加需要子女的关心和照顾。所以子女还要从家庭责任主体的立场出发，掌握沟通技巧与沟通方法，了解父母的现实情况，了解父母的内心世界，打破交流屏障，努力与父母在思想、认识、情感等方面达成一致。

（三）理解父母

了解父母、加强与父母的沟通都是为了能更好地理解父母。

首先，要理解父母的良苦用心，从情感上更加敬爱父母。有的子女认为父母将自己生下来理当把自己养大成人，对自己好，满足自己的一切需求与愿望。这些人对父母爱子女的心及其为之付出的辛勤与努力视而不见，没有真正理解父母的良苦用心，自然也不能感同身受地理解父母的情

---

① 孙芹红、牛盾、魏人杰等：《当代大学生与父母的沟通状况调查》，《校园心理》2018 年第 16 卷第 1 期。

感世界。如有的年轻人在父母艰难地供其上大学时，并不理解父母的用心，在大学校园里不认真学习回报父母，反倒沾染恶习、沉迷网络游戏，有的学生甚至因此荒废四年学业，连大学毕业证都没拿到，完全辜负了父母的一片心血。因此，子女要多理解父母为自己的付出，哪怕有时父母的付出并不是自己特别想要的。只有理解了父母的用心，才能理解父母的情感，才能更好地敬爱父母。

其次，要体谅父母的苦衷与难处，从心理上接纳父母在子女养育方面可能存在的不足。在"善事父母"的过程中，子女应当多体谅父母在生活中的不容易。没有哪一个家庭的发展是一帆风顺的，没有哪一个人的成长是没有困难的，父母自是不遗余力地解决子女前行中所遇到的困难，但是因为各种原因必然会有力不从心的时候。在这种情况下，子女就要多换位思考，体谅父母在当时处境下的难处，不要责难、迁怒于父母。现实中也有一些子女因为父母在处理家庭问题上的不当行为而与父母产生冲突。如几个子女为了争夺家产而大打出手，将父母弃之不顾，甚至还有极少数人将父母告上法庭等，这些情形虽不多见，却有悖于人伦之道，作为子女应全力避免。

最后，要理解父母的情感诉求与愿望，从行为上去满足父母被爱的需求。从家庭伦理道德角度看，每个主体都是在满足和被满足的状态中不断发展的，父母也是如此。从现实来看，父母对子女的情感依赖、情感需求随着年龄的增长不断增加，子女却因为家庭的重任和自我实现的要求而难有更多的精力，难免会在照顾父母情感上有所疏忽。因此，在新时代，"善事父母"需要我们更多地去理解和尊重父母在情感方面的期望，并尽可能地予以满足，提升父母的幸福感，这也是孝道之要义。

三、"养"以陪伴父母

毋庸置疑，陪伴父母是每一位子女天经地义的责任与义务。所谓"父母在，不远游，游必有方"（《论语·里仁》），但是并不是每一位子女都会陪伴好自己的父母。有的人因为价值观念错误而不愿意陪伴父母，有的人因为忙于处理其他的社会关系忽略了陪伴父母，还有一些人错误地理解了陪伴父母的含义，认为陪伴父母就是让父母有饭吃、有衣穿、有地方住。这些都是在陪伴父母方面的狭隘认知和行为。为什么在古代不提倡子女远游？一方面是因为信息闭塞，子女外出时间过长会让父母担忧；另一方面，也是因为父母年迈时，身体各方面机能下降，需要子女的陪伴和照顾。子女在父母年老时应尽赡养之义务，"养儿防老"是我国家庭的重要功能。尽管随着时代的发展，社会的进步，现在便捷的交通和迅捷的通信，大大缩短了人与人之间的时空距离，但是当父母年老时，依然需要子女陪护左右，尤其是在父母生病之时，缺少子女的照顾和陪伴，会使他们在精神上增加更多不应有的负担。因此，作为创新理念，我们提出家庭伦理中的"养"，突出其全方位"赡养"的内涵，凡是父母需要的，子辈都应尽力满足，尤其是陪伴。具体而言，"养"以陪伴父母包括物质供养、精神慰藉和生活照料等三个方面。

（一）物质供养

赡养父母既是每一个子女的道德责任，也是每一个子女的法律义务。我国《民法典》规定，成年子女对父母有赡养、扶助和保护的义务，成年子女不履行赡养义务时，无劳动能力或生活困难的父母，有要求成年子女付给赡养费的权利。我国《老年人权益保障法》第14条规定："赡养人应当履行对老年人经济上供养、生活上照料和精神上慰藉的义务，照顾老年人的特殊需要。赡养人是指老年人的子女以及其他依法负有赡养义务的人。"这些都有力地说明了赡养父母是子女不可推卸的责任与义务。从赡养父母的内容上看，子女应当为父母提供物质供养，如支付柴米油盐等方面的基本生活费用，为父母医治疾病，提供住房或支付和住房相关的费用，提供基本的衣物或购买衣物的费用，提供购买相关精神产品或精神服务的费用等。

（二）精神慰藉

在精神上慰藉父母是子女孝敬父母的基本内容，也是父母应当享受的法定权利。所谓精神慰藉是指，"人们对于老年人在他们的晚年生活中，在情感与心灵方面给予的关心与爱护，使他们在精神上得到慰藉"[①]。而有研究指出，"随着经济的发展，物质赡养问题已不是很严重，精神赡养是老人角色和心理健康需求，应将焦点集中在老年精神赡养上"，但是从现实来看，"相比于经济供养，精神赡养常被忽略"[②]。因此，在探索"善事父母"观念创新的过程中，必须充分重视老年人的精神慰藉问题。首先，子女要在态度上多亲近父母，主动去了解父母的情感需求。其次，子女要主动关怀父母的身心健康，及时为父母医治疾病，疏导父母的心理郁结，排解父母心中的焦虑。再次，子女要多引导父母了解、欣赏先进的精神文化产品，提升父母的精神境界与精神品格。最后，子女要多陪伴父母。实在因为工作等原因不能陪伴父母的子女，也要充分利用现代通信工具和通信技术，加强与父母的联系与交流，并引导父母主动融入到不断变化的现实社会生活中去。

（三）生活照料

正如养育子女是父母的基本职责，用心陪护和照料父母是子女不可推卸的基本责任。当父母年迈不能照顾自己的时候，除了父母之间相互陪护之外，还需要子女尽心照料父母的生活。从内容上看，照料父母自然包括满足父母衣食住行、起居护理等各方面的基本需求，尤其是在父母生活难以自理或不能自理的情况下，子女就要承担起照料父母的全部责任。当然，由于家庭环境和个人条件的不同，有的子女会借助外部资源来完成照料父母的责任，如有人聘请专职保姆或护工，或者将父母送至养老院等。在照料父母方面，为人子女首先一定要有责任意识，要清醒地认识到自己

---

① 郑乔营：《社区应如何改善老年人精神慰藉的探讨》，《民心》2018年第3期。
② 陈佳杰：《积极老龄化视阈下的老人精神慰藉路径分析》，《价值工程》2018年第24期。

的责任，坚守责任，回馈父母的情感，全心付出，这也是"善事父母"的必然要求。其次，子女要有包容意识，在照料父母的过程中，要注意自己的方式方法和态度，多一点理解，多一点耐心，就像父母把子女养大成人一样，让父母能安详快乐地度过晚年。最后，子女还要有前瞻意识，尽早在社会实践中不断提升自己的能力，创造更好的环境和条件，让父母过上更舒适的晚年生活。

第五章 "善事父母"传统孝道当代传承的践行模式

李泽厚在其《论语今读》中指出："中国从来少有'什么是'即少有Being 和 Idea 的问题而总是'how'（如何），这正是中国实用理性一大特征。"①传统儒家思想历来讲究经世致用，"善事父母"传统孝道也不例外。"当我们考察普遍伦理问题的时候，首先应追溯伦理的社会与实践性质，而非它的思想与理论渊源。普遍伦理或伦理的普遍性问题首先不是理论或学说中的'应当怎样'的问题，而是社会与实践中的'如何可能'的问题。"②也就是说，理论的阐释不能代替具体的实践。"善事父母"传统孝道伴随中国家庭历经风雨走到今天，同样只有具备现实普遍性才能具有现实价值。

随着现代社会经济的快速发展，家庭的规模、功能、价值等不断变化，传统家风家教存在的基础也发生了较大的变化，传统社会中那种多代同堂、儿孙绕膝的家庭图景变得稀缺。因此，如何在新时代的伟大实践中，建设和谐美满的家庭，使历经几千年的传统孝道具备现实普遍性，让传统家庭道德焕发生机，十分不易。为此，在前一章理论探讨的基础上，笔者再从探索建构"善事父母"传统孝道当代传承的践行模式入手，结合

---

① 李泽厚：《论语今读》，生活·读书·新知三联书店 2008 年版，第 61 页。

② 吾淳：《中国社会的伦理生活：主要关于儒家伦理可能性问题的研究》，中华书局 2007 年版，第 225 页。

前文的理论分析，以及两个样本家庭的经验和教训，试图从原则与要求、方法、内容三个方面做些有益的讨论，或可为当前家庭道德建设添砖加瓦。

第一节　建构"善事父母"践行模式的原则与要求

我国人口老龄化正处在快速发展的阶段，近年来，在政府和社会各界的努力下，我国养老服务业快速发展，初步建立了以居家为基础、社区为依托、机构为支撑的养老服务体系，初步形成了老年消费市场，老龄事业发展取得显著成就。但总体上看，养老服务和产品供给不足、市场发育不健全、城乡区域发展不平衡等问题还十分突出。为了应对养老问题所带来的矛盾，全社会都在积极探索"善事父母"的有效践行模式，并形成了一定的经验和理论。然而，由于现实条件的复杂性，在"善事父母"的践行中仍存在诸多问题，无论是从社会管理方面考虑，还是从家庭养老的实际需求方面考虑，都亟需规范"善事父母"的践行模式。

需要说明的是，家庭"善事父母"和社会养老既有区别也有联系。"善事父母"的主体是家庭中的子辈，职责在家庭。社会养老的主体则是政府有关部门，职责在政府。两者都是为老人的晚年生活提供保障，在赡养的功能和方法等方面虽然各有不同，但可以相互补充。因此，在讨论建构"善事父母"家庭孝道传承模式时，我们将"善事父母"与社会养老放在一起，一方面是尊重事实，家庭"善事父母"从来离不开社会辅助；另一方面，将极具个性化的家庭"善事父母"之行放在社会环境中，有益于探索建构具有社会性特色的家庭"善事父母"的模式。因此，要建构好家庭"善事父母"传统孝道现代传承的践行模式，必须坚持实事求是、尊重差异的原则，努力做到普遍性与特殊性相结合，理论与实践相联系，城市与乡村相协调。

一、坚持实事求是、尊重差异的原则

养老问题虽然是一个重要的社会问题，但归根结底还是一个关涉个人的问题，"善事父母"的践行模式好不好，关键要看老年人满不满意、舒不舒服、乐不乐意。长期以来，关于"善事父母"问题，我们多从家庭和社会的角度出发，不断追问家庭和社会能不能和有没有提供必要的养老条件，而往往忽视了从父母的角度出发，问一问老年人的真切感受。由于生活的环境不一样，人与人之间的思想观念存在很大差异。例如，有的老年人特别看重子女的孝心，而对物质供养没有太多要求；有的老年人习惯在家庭中养老，而不愿去社会养老机构；有的老年人习惯了乡村生活，而不能适应城市生活；等等。因此，构建"善事父母"的践行模式，必须实事求是，尊重差异，尤其要充分考虑和尊重老年人的个体差异，让老年人生活得快乐、幸福。

首先，尊重老年人的习俗。风俗习惯是人们在长期的社会生活中形成的稳定的心理特征和行为倾向，它在相当大的程度上影响着人们的生活方式、思维方式和价值观念。人们在自己熟悉的习俗环境中能够轻松地找到身份的认同和情感的归属，反之则会产生精神紧张和不适。以60岁作为界定老年人的标准，当今中国的老年人以20世纪50年代和60年代出生的人为主。在他们的精神世界中，安土重迁、养儿防老等传统观念比较重，即使到了新时代，这种观念仍根深蒂固，不容易改变。"善事父母"的实践必须考虑老年人的习俗，子女的任何孝行、任何"善事父母"的践行模式都要以不让父母感到精神不适为原则和底线，这样才能算是孝。

其次，尊重老年人的选择。拥有自主自觉的选择是自由的重要表现，尊老爱亲就要让父母享受更多的自由，拥有更多自主自觉的选择，这是由孝的内在本质决定的，也是对父母作为独立个体的尊重。人步入老年以后，逐渐退出社会生产活动，身体各项机能不断下降，生活自理能力逐渐降低，面对快速发展的社会和不断变化的生活，他们能做的选择越来越少。"善事父母"要尽量帮助父母创造更多的选择机会，留给父母更多的选择权，让父母体会到他们人格的独立性和完整性，而不应该只让父母被动接受子女的安排。子女在选择"善事父母"的方式时，要多征求父母的意见，洞察父母的意愿，让父母自主自由地选择，不能以各种手段强迫父母。

最后，尊重老年人的尊严。"善事父母"的核心在于尊老，尊老要求让父母的晚年生活够体面、有尊严。对于大多数老年人来说，他们对子女并没有太多的物质性要求，只要基本生活能够保障，能够得到子女的照料和关爱就已经很满足了，但这并不意味着父母就不需要尊严了。在实地调研的过程中我们发现，老年人特别是生活和劳动能力缺失的老年人常常感到内心恐慌和不安，这种恐慌和不安的真正来源并不是身体的衰老，而是对失能后自己的尊严的担忧。很多老人认为人老了不但不能帮助子女，还会给子女添麻烦，成为子女的"累赘"。有的老人认为自己是"无用之人"，凡事都要子女照顾，非常难为情，甚至产生厌世情绪和想法，严重的还有可能患上抑郁症、孤独症等心理疾病，对老年人的身心造成巨大伤害。这就要求子女维护父母的尊严，让他们意识到自身的价值。

"善事父母"既是每个子女的责任和义务，也是国家和政府的重要工作。我们知道，任何事物都是处在一定环境中的，事物的发展总是和它所处的环境紧密相连的，而事物与事物之间是有差别的，每一个事物所处的环境也是有差别的。当然，这里的环境既指地理环境、物理环境，也指事物内在的要素与要素之间的关系等环境，对于人和人类社会而言，还包括心理、思想、习惯、习俗等方面的环境。

近几年，为了落实国家养老政策，各地进行了大量有益的探索，有了不少好的做法。除了一般的敬老院外，在一些老年人口比较密集的村庄或社区，人们因地制宜，集思广益，"抱团取暖"，形成了"互助养老"的模式。这种做法一般由若干家庭共同商定，按比例出资，租借村庄或社区空闲场所，聘请服务人员，为老人提供集中服务，很好地解决了因子女工作繁忙等不能全天候照顾老年人的问题。与群众自发形成的"互助养老"相比较，在市场经济的作用下，市场化的"托老所"逐渐在我国特别是城市中出现。"托老所"是以家庭养老为基础，针对城市中失能和半失能老人，由市场主体创建和负责，供居民自主选择的社会养老机构。与"互助养老"相比，"托老所"提供的服务更为全面，质量较高，灵活性强，养老费用也比较高。针对一些特殊的家庭，一些机构还提供上门服务，家庭可以根据自己的实际情况聘请专门的陪护人员和家庭医生为老年人提供一对一的服务。据有关资料，一些高校还推出了大学生提供社会服务的举措，要求在校大学生到社区为老年人提供免费的服务。这种形式不仅锻炼了大学生的社会实践能力，还在一定程度上缓解了城市养老难的问题。

当然，上述做法虽取得了一定成效，但毕竟各有局限。"互助养老"要求子女高度自觉，"托老所"要求子女具有一定的经济实力，而能够享受到大学生免费服务的只能是居住在大学附近社区的老人。也就是说，养老的具体模式往往受制于家庭条件。而农村与城市的地理差异和思想文化差异，使城乡"善事父母"的践行模式表现出更大的不同。即使同一农村或城市的不同地区，条件也不尽相同。例如，在信息化欠发达地区，建立社会监控网络就比较困难。对于步入社会的成年子女而言，进行学校孝德教育往往就不切实际。面对各种差异，规范"善事父母"的践行模式必须从实际出发，实事求是，尊重差异，因地制宜，因人制宜，不搞"一刀切"，要根据不同地区、不同家庭的实际情况予以恰当引导，形成适合地方习俗的、符合家庭经济条件的、具有可操作性的"善事父母"的模式。

二、要做到普遍性与特殊性相结合

所谓"善事父母"的普遍性，主要是指对"善事父母"实施主体即子女的普遍要求以及"善事父母"基本精神的普遍规定。养老是中国家庭几千年来的传统和基本功能。"善事父母"是子女的基本义务。生存是人的基本权利，老年人也不例外。老年人在完成了国家、社会和家庭给予的各种任务后，国家、社会和家庭理应为他们提供维持生存的条件和帮助，保障他们老有所养。远古时代，由于对自然的无知和恐惧，人类社会出现了自然崇拜和鬼神崇拜，与此同时，为了获得先人的庇护和保佑，祖先崇拜随即出现。在祖先崇拜的推动下，孝意识开始萌生，并进一步演变为一种宗教性礼制，"善事父母"成为一种宗教性道德，孝成为人们精神生活的重要内容。基于此，敬老养老在早期人类社会蔚然成风，养老制度也基本形成。

在儒家文化中，"善事父母"之孝已经由宗教道德转化为家庭道德，其伦理意义建立在父母与子女的血亲（家庭）关系之上，而血缘亲情则使"善事父母"对子女具有普遍约束力。在儒家看来，子女皆由父母所生所养，因此，不论是贵为天子的君王，还是居尊贵之位的诸侯、士大夫，乃至普通庶民，凡是为人子女者皆应尽"善事父母"之孝，概莫能外。对此，儒家孝道经典文献曾多有论述。如，《孝经》就从"孝治天下"的视角对孝的普遍适用性做了详细说明。"爱敬尽于事亲，而德教加于百姓，刑于四海。盖天子之孝也。《甫刑》云：'一人有庆，兆民赖之。'"（《孝经·天子章》）这是讲天子要爱戴、敬重、竭力事奉自己的父母，从而将德行教化施于百姓，使百姓遵从效法。对于庶人而言，孝就是"用天之道，分地之利，谨身节用，以养父母"（《孝经·庶人章》）。显然，这种对"善事父母"的普遍性的朴素认知不仅符合家庭伦理的逻辑，而且符合人们道德情感的需要。

"善事父母"的传统孝道产生于奴隶社会晚期，在封建社会获得极大的发展。我们看到，在跨越数千年的历史流变中，传统孝道在主体、内容、形式、环境等方面发生了巨大的变化。在新中国成立以后的数十年里，"善事父母"的传统孝道虽遭遇一些挫折，但其内在本质与核心要求始终没有改变。在历史的传承与发展过程中，"善事父母"的"不变"集中表现为其基本精神的稳定性、一贯性、恒常性。换句话说，历史和事实表明，不论"善事父母"的主体如何更新变化，环境如何多元复杂，内容如何增删，形式如何丰富多样，但"善事父母"本身所蕴藏的内在精神即利亲、爱敬父母等没有改变也不能改变。这既是"善事父母"传统孝道内在本质性的普遍规定，又是从古至今子女"善事父母"的普遍性要求。

当今中国正值经济社会大变革、大调整时期，社会主义市场经济发展下的人口频繁流动，城镇化高速发展，传统家庭规模急剧萎缩，"善事父母"的外部环境和条件发生了巨大变化。如何在已经发生深刻变化且仍在不断变化的新的历史时期继续继承和发扬孝道传统文化，成为摆在每个中华儿女面前的一个现实问题。这需要我们不断认识和处理好"善事父母"的"变"与"不变"。

显然，在"善事父母"的问题上，"变"的是外在的环境和条件，"不变"的是利亲、爱敬父母的基本精神。对此，孔子在两千多年前就已经注意到。"孟懿子问孝，子曰：'无违。'樊迟御，子告之曰：'孟孙问孝于我，我对曰："无违。"'樊迟曰：'何谓也？'子曰：'生，事之以礼。死，葬之以礼，祭之以礼。'""孟武伯问孝，子曰：'父母唯其疾之忧。'""子游问孝，子曰：'今之孝者，是谓能养。至于犬马，皆能有养；不敬，何以别乎？'""子夏问孝，子曰：'色难。有事，弟子服其劳；有酒食，先生馔。曾是以为孝乎？'"（《论语·为政》）可见，在孔子那里，"善事父母"不必然要有统一的外在形式和要求，但一定要把握孝的基本精神，正可谓"行孝道路千万条，孝道基本精神第一条"。不管时代如何变迁，环境如何改变，遵循孝的内在本质和要求，领会和抓住传统孝道的基本精神，才能以不变应万变，真正做到"善事父母"。

所谓"善事父母"的特殊性，主要是指在具体的家庭伦理关系中，子女"善事父母"的条件、方式等方面的差异性以及由此导致的独特性。传统孝道是小农经济结构下封建宗法体制的产物，不免浸染了浓厚的封建色彩，打上了封建统治阶级的烙印。清代学者袁枚指出："有子与无子，非圣贤意也。说者动以'无后为不孝'云云，不知孝者人所为，有后无后者天所为。"[1]生男生女乃"天所为"，是"阴阳之生机使然"，属于自然现象，而"孝"作为社会生活的道德规范，乃"人所为"，属于社会行为，二者分属不同的范畴，所以不能用有子无子评判是否为孝。在传统社会的

---

[1] 袁枚：《袁枚文选》，高路明选注，作家出版社1997年版，第81页。

政治强权和阶级统治下，"善事父母"传统孝道的世俗生命被削弱了。不尊重子女的实际能力和客观情况，忽视尽孝方式的多样性，成为封建社会的"善事父母"传统孝道饱受诟病的重要原因之一。

从理论上来看，"善事父母"的内在本质、基本要求、基本精神是确定的，在历史中和当前的社会环境下都是恒定不变的。然而，现实生活中的"善事父母"必然受到特定生产力、社会政治经济制度、道德文化等因素的影响，并且受个人实际条件和个人选择等方面的制约，从而出现一定的特殊性和独特性。一方面，不同的人具有的"善事父母"的条件和采用的方式是不同的。由于生活环境、教育状况、经济条件以及智力、能力等方面的差异，子女"善事父母"的条件是千差万别的。如，富裕的人家可以为父母提供经济宽裕的生活，而一般家庭只能满足父母一般的生活要求；与父母同住的子女可以周到地照顾父母的日常饮食起居，而与父母分开居住的子女只能通过其他方式关爱父母。另一方面，即使同一个人在不同的生命阶段"善事父母"的条件和方式也不尽相同。子女年轻时，或仍在求学或刚刚步入社会，心性未定，人生处于变动期，经济能力有限，为父母提供物质支持不是他们"善事父母"的主要方式；到了中年，人生进入稳定期，子女有了一定的人生历练和经济基础，具备较好的"善事父母"条件和更强的"善事父母"能力；步入晚年，子女"善事父母"的条件和能力又会有变化，方式也随之改变。因此，对于子女"善事父母"应持实事求是的精神和包容的态度，尊重差异。从这个意义上讲，遵循"父母在，不远游"，长期侍奉在父母身边的可谓孝子；"好男儿志在四方"，"大丈夫四海为家"，干出一番事业，闯出一片天地，让父母感到骄傲和欣慰"以显父母"的也可称作孝子。把父母接到身边，与父母同住一处，朝夕相伴的可谓孝子；尊重父母选择，同父母分居异地的也是孝子。安贫乐道，与父母相依为命的是孝子；创业奋斗，让父母过上富足生活的也是孝子。

按照辩证唯物主义的观点，"善事父母"要坚持普遍性与特殊性相统一。在"善事父母"的过程中，普遍性要求和特殊性规定缺一不可，普遍性是特殊性的基础,特殊性是普遍性的体现。普遍性不能无视特殊性,子女要充分考虑自身的实际状况,合理安排对父母的照顾,既要避免"打肿脸充胖子"式的盲目跟风,又要避免"富养儿女,穷养父母"的不当选择。另外,社会对子女的评价也不能用简单粗暴的方式搞"一刀切"。特殊性也不能超越普遍性,随着时代的发展与进步,"长者本位"的观念受到极大挑战,"幼者本位"的思想越来越有市场,作为子女要注意,尽管人与人的条件各不相同,但是无论以怎样的条件和方式尽孝,必须坚守"善事父母"的基本精神,不能因自身的某些特殊原因而回避"善事父母"的责任和义务。

三、要做到理论与实践相联系

"善事父母"包括理论与实践两个方面。一方面,"善事父母"是一个理论问题。我们知道,"善事父母"的孝道伦理是中国传统文化的核心之一,这个核心不是凭空出现和主观臆造的,而是建立在理论历史建构的基础之上的。纵观中国几千年的孝文化史,可以发现,不论是"善事父母"基本理论的探究,还是"善事父母"的道德实践的建构,无不凝聚着众多先贤的理性智慧。另一方面,"善事父母"又是一个实践问题。"善事父母"作为子女对父母的孝,自产生之日起就首先以实践的形态呈现在人们的面前——世界上所有的孝文化无不以"善事父母"的道德实践作为其价值归宿。在现实生活中,只有做到理论与实践的有机统一,才能实现"善事父母"孝道伦理的价值。遗憾的是,现在仍有少数人对"善事父母"的理论缺乏足够科学的认识,在"善事父母"的实践方面存在种种问题。为此,新时期建构"善事父母"的践行模式应坚持理论与实践相联系的原则,做到理论联系实践,实践不忘理论。

理论不能离开实践,实践也离不开理论。理论与实践辩证统一的关系,决定了理论产生的基础一定是且只能是实践,而不能是且不会是别的其他任何东西。正如习近平总书记指出的那样:"我们党现阶段提出和实施的理论和路线方针政策，之所以正确，就是因为它们都是以我国现时代的社会存在为基础的。"①实践出真知，实践促进理论的发展，是理论的最终归宿，也是检验理论正确与否的唯一标准。"善事父母"的实践要求子女不但要"低头拉车"，还要"抬头看路"，在实践中积累经验，然后适当升华，增益理论，形成智慧，从而更好地指导实践。相对于实践而言，理论本身具有一定的独立性，理论除了立足实践之外，还必须遵循自身变化发展的内在逻辑；理论具有超前性，它从现象中把握本质，从已知中推断未知，从现在预见未来，因而对新的实践活动有先导作用。"善事父母"的文化精髓存在于其深厚的理论学说之中，广大为儿女者要努力吸收传统孝道伦理的精华，去除糟粕，廓清认知，与时俱进，用发展着的理论指导发展着的实践。

在现实生活中，做到理论与实践相联系，就是要做到理论与实践的具体的历史的统一。而只有坚持理论与实践的具体的历史的统一，才能做好工作、办好事情。但在实际活动过程中，真正做到这一点却并非易事。毛泽东同志在《实践论》中指出："我们的结论是主观和客观、理论和实践、知和行的具体的历史的统一，反对一切离开具体历史的'左'的或右的错误思想。"②观察人们在"善事父母"问题上出现的一些问题，从认识论来看，无不是理论与实践相分裂、相背离的结果。

依据事理，理论与实践相分裂、相背离，既可以表现为理论落后于实践，又可以表现为理论盲目、过分超前于实践。落后于实践的理论，是指落后于新的时代条件和发展要求的理论形态。这种理论形态非但不能正确地说明、解释实践，更不能为不断发展着的实践提供指导，甚至会成为实践发展过程中的障碍。根据实践中主体与客体之间的相关程度，我们把理论落后于实践的情况划分为三种：第一，旧理论不适应新实践。任何事物都是具体的历史的产物，一定的理论也必定是一定的社会存在和社会实践

① 中共中央文献研究室：《习近平关于全面深化改革论述摘编》，中央文献出版社2014年版，第11页。
② 《毛泽东选集》第一卷，人民出版社1991年版，第296页。

的产物。随着社会及实践的变化发展,理论也要随着变化发展,否则就会滞后于实践而成为旧的理论。"人们自觉地或不自觉地,归根到底总是从他们阶级地位所依据的实际关系中——从他们进行生产和交换的经济关系中,获得自己的伦理观念。"①新中国成立以来,特别是改革开放以来,我国经济社会关系发生了迅速而剧烈的变化,与此同时,人们的传统观念并没能跟上时代的变化,原本能够满足"善事父母"实践要求的传统孝道理论无法适应新的时代要求。第二,无理论可以指导实践。作为不断变化发展的人类活动,虽然实践的活跃程度大于理论,但一般而言,理论与实践在相对稳定的社会环境中,能够保持基本的、总体的稳定。不过当实践活跃的程度远大于理论的时候,就会出现理论与实践脱节的现象。对于新的实践而言,就意味着几乎没有相应的理论予以指导,人们不得不在一种缺乏相应理论指导的情况下开展新的实践,而此时的实践就往往会表现出极大的盲目性、随意性和不确定性。第三,错误的理论指导实践。相对于落后的理论和理论空白所产生的不利影响,错误的理论对实践的危害更大。错误的理论,一方面直接致使实践滑入错误的深渊,招致种种恶果;另一方面使人们在错误的实践中丧失科学的理性自觉,在错误的路上越走越远,不能自拔。"善事父母"传统孝道既包含具有超时空、普适性的精华,也包含一些非科学、非人道的糟粕。如果以糟粕的部分作为理论指导,必然导致不当的道德行为。例如,"哭竹生笋""尝粪验病"就是在非科学的孝道理论指导下产生的违背科学、不讲人道的事奉行为。

在社会转型期,"善事父母"的践行必须高度重视孝道理论的现代转型,为指导人们的孝行提供科学、有效的依据。当然,"善事父母"的现代转型不仅仅是一个理论问题,更是一个实践问题。只有在实践的基础上不断探索"善事父母"的有效模式,才能形成理论与实践的相互促进、相互支撑,实现认识与实践相统一,理论与实践相联系。

第一,加强"善事父母"的理论研究。"孝,德之本也,教之所由生也"(《孝经·开宗明义章》),"夫孝,天之经也,地之义也,民之行也"

①《马克思恩格斯文集》第九卷,人民出版社2009年版,第99页。

（《孝经·三才章》），"人之行，莫大于孝"（《孝经·圣治章》），"明王之以孝治天下"（《孝经·孝治章》），"五刑之属三千，而罪莫大于不孝"（《孝经·五刑章》）。在我国古代，"孝"是天地人伦的自然法则和人们道德行为的基本规则，也是统治阶级进行阶级统治的手段和工具。在儒家文化的大力推动下，孝在中国传统社会充当着重要角色，对于提高人们的道德水平、保持社会稳定、促进人类社会发展具有不可替代的积极作用。然而，随着历史条件的变化，"善事父母"传统孝道需要适应社会的变化。

任何文化的发生发展都有其内在依据，既要遵循自身的理论逻辑，又要遵循所处其中的历史逻辑，还要观照关乎其存在可能的现实逻辑。"善事父母"传统孝道亦是如此。对于"善事父母"传统孝道的传承，既是一个批判的过程，也是一个继承与建构的过程。传统孝道的历史变化是有其深刻原因的，归结起来主要有两个方面：一是家庭的结构和功能在社会现代化的进程中不断被重构；二是传统家庭孝道中本身就蕴含着道德悖论①。因此，对"善事父母"的理论研究不是对传统孝道的简单推倒重来，而是要以具体的、历史的、辩证的方法审视旧事物，创造新事物。一方面，要对当代"善事父母"孝道伦理变化和孝德建设的现状进行理性反思和事实审视；另一方面，要在继承传统的基础上有所创新，建构适合现代国情的新型孝道伦理。

第二，探索"善事父母"的实践模式。任何有意识的人类活动都必须以一定的理论作为指导。不同历史时期的人类行为，需要与之匹配的理论为人们指引方向，否则就会导致思想与行为的错位。然而，现实中，理论具有自身的独立性，不能够与现实保持一致性，如果社会缺乏必要的理论

---

① 客观地说，中国传统家庭伦理思想史，就是一部家庭伦理道德悖论史。道德悖论是家庭伦理中存在的普遍现象，家庭伦理道德每前进一步就是从这种悖论中解放一次，家庭伦理道德变化的轨迹正是家庭伦理道德的"解悖"理路。从五四运动前后的思想启蒙到改革开放后的文化繁荣，九年义务教育的推行和高等教育的大众化，客观上为人们思想观念的解放和更新提供了条件，主体意识的觉醒唤起了人们对于家庭伦理道德悖论的反思，正是这种深刻的反思，成为家庭伦理道德变化适应社会发展要求的内在动力。

自觉,理论落后于实践的现象将不可避免。当今时代,支撑家庭伦理的仍然是传统孝道。传统孝道的历史价值和现实价值不容忽视,然而,我们还必须看到传统孝道的弱处。当前,传统孝道理论到了不得不自我革新的历史关键期,"善事父母"的实践必须以新时代的孝道思想作为理论指导。

众所周知,实践是认识(理论)的来源,也是检验认识真理性的唯一标准。人民群众是历史的创造者,他们的实践活动是历史规律形成的源泉,又是历史规律发挥作用的途径,他们的智慧是社会发展进步的不竭资源。因此,我们在探索"善事父母"实践的时候,既要沿着从理论到实践的思路进行,注重理论创新对实践发展的作用,也要以已经发生了的实践性存在为依据,并在此基础上,提炼升华,形成有效的实践模式,不断提升实践的质量与效能。古往今来,孝子的事迹不计其数。21世纪以来,国家高度重视公民道德教育,涌现了一大批孝老爱亲的时代楷模。对这些丰富的实践案例和经验如果不进行必要的理论梳理,则有可能削弱其社会价值。从这个意义上讲,坚持理论与实践相结合,是当前"善事父母"孝道伦理建设紧迫而重要的任务。

四、要做到城市与乡村相协调

"凤声与箫声,唱和如一,宫商协调,喤喤盈耳。"[1]协调不仅是一种美,而且可以给人以美的享受。马克思主义认为,任何事物都是普遍与特殊、整体与局部的统一。"善事父母"也是如此。我国人口众多,幅员辽阔,不同地区在经济、文化、社会等方面存在一定的差异。这就导致了"善事父母"在具体形态上,表现出地域上的多样性特征。而地域上的差异,在我国突出地表现为乡村与城市的差异。由于历史和现实的原因,我国城乡之间的经济发展存在明显的差距,城市居民经济状况普遍优于农村,就此而言,城市人具有更有利的"善事父母"的物质基础。思想、文化、教育等方面的差异,导致城乡居民的孝观念也存在差异,城市居民的

---

① 冯梦龙:《东周列国志》,华夏出版社2017年版,第324页。

孝观念更加开放，农村居民则相对保守。另外，城乡居民生活和交往方式的不同，也使他们"善事父母"的方式有所差异。一般来看，在思想观念上，承认和允许"善事父母"多样性的存在是必要的，但从构建践行模式来看，还要从整体着眼，从宏观把握，特别要注意处理好不同地域之间的关系，促使"善事父母"的城乡平衡、城乡一致。

第一，城市与乡村相平衡。平衡不是也不可能是绝对的均等，而是指两个或多个相互关联的事物在质、量上的基本对等，在相互作用上的基本稳定。城乡差距导致城市养老和农村养老的不平衡。从基本条件来看，城市家庭经济条件普遍较为宽裕，养老保障机制相对健全，社会支撑资源较为丰富，农村不论是在物质基础、保障制度，还是在社会支撑等方面都落后于城市。另外，从宣传教育来看，农村"善事父母"的宣传教育长期未得到足够的重视，而且随着社会的发展和信息化的到来，特别是西方文化的冲击，"善事父母"的传统孝道在农村遭遇了一些困境，造成个别农村居民孝思想的混乱和孝行为的失范。由此来看，要想实现"善事父母"城乡的相对平衡，一要做到"善事父母"物质条件的相对平衡，二要做到宣传教育相对平衡。

从本义来看，"善事父母"既是精神性活动，也是物质性活动。"善事父母"的核心在于孝心，但孝心不是抽象的，而是需要通过一定的物质形式和物质手段予以呈现和表达的。能够过上富足的生活是人的自然需要。对于生活在世俗世界的人来说，没有人愿意过苦日子，这是人之常情。对于子女来说，让父母过上富足的生活，是子女尽孝的基本要求。而且在现实生活中，子女的孝心总要落实到为父母提供必要的物质条件上。但是，由于城乡经济发展不平衡，农村的物质条件整体上不及城市，在以家庭养老为基本形式的情况下，农村老人的生活条件普遍落后于城市。因此，让父母过上和城市老人一样富足的生活，是农村子女行孝的基本心愿，但这也给他们带来非常大的压力。当然，部分农村青年通过自身努力，大大改善了自己的经济状况，同时也为"善事父母"提供了有利的物质条件。但要想从整体上改变城乡"善事父母"的不平衡，还需要加强顶层设计，统筹城乡发展，推进城乡一体化进程，缩小城乡差距，实现城乡均衡发展。

长期以来，发展经济是农村发展的重头戏，但不能仅仅发展经济，而忽略文化宣传教育。这是因为，思想文化不仅是经济发展的动力，而且是经济发展的保障。金钱本身无涉思想，但"金钱本位"则会腐蚀人的心灵，扭曲人的精神，如果不加以教育引导，后果将是严重的。近年来，随着新农村建设步伐的加快，政府合理引导，村民制定乡村公约，广大农村推进乡风民俗的发展蔚然成风。在不少地区的农村，由基层党组织牵头，开展各式各样的敬老、爱老活动，推动了乡村孝文化的传承与发展。

第二，城市与乡村相一致。城市与乡村保持基本的一致性事关全社会"善事父母"的全局，是"善事父母"协调发展的必然要求。随着经济的发展和社会的进步，特别是城乡一体化进程的加快，城乡二元结构逐渐被打破，城市与乡村在物质层面的差距越来越小，表现出越来越多的一致性。但我们也应该看到，虽然在国家政策的大力推动下，农村经济快速发展，在"硬件"上有追赶城市的势头，但是农村在"软件"方面与城市仍有不少差距。在"善事父母"的问题上，主要表现为水平和形式的较大差异，总体上农村"善事父母"的水平较低，形式单一。因此，城市与乡村"善事父母"相一致，社会要在提升农村"善事父母"的水平和改善农村"善事父母"的形式上下功夫。

提升农村"善事父母"的水平，促进城乡一致性。我国素有"礼仪之邦"的美誉，养老孝亲是中华民族的传统美德。"善事父母"不仅是子女出于血缘伦理的家庭道德行为，还是一个社会问题，受制于社会发展状况和发展水平。受市场经济的冲击和片面孝道观念的影响，农村家庭的养老保障功能有所弱化，农村居民的养老压力不断增大，不少家庭将"善事父母"定格在提供必要的物质供养的"体养"层面，而缺乏精神层面的"爱敬"和"继志"。在广大农村，大量青壮年劳力常年外出务工，部分留守老人物质贫乏，无人照料，精神空虚，"空巢老人"的养老问题成为当今中国农村社会"善事父母"必须面对和解决的问题。

改善农村"善事父母"的形式，促进城乡一致性。依靠家庭进行养老是中国社会，特别是农村社会养老孝亲的基本形式。处于现代化进程前沿的城市，由于具有较好的基础，在"善事父母"的方式上不断发展，逐渐形成了较为完善的家庭养老和社会养老互动配合的机制。但在农村，由于各种条件不成熟，特别是老年人"自我养老"能力和水平较低，"善事父母"依然过分依赖家庭。在我国农村，农民的社会保障相对薄弱，农村老人在失去劳动力后，往往只能依靠成年子女提供经济上的支持和生活上的照顾。而在经济上和生活照料上对子女的过分依赖，势必造成子女经济负担加重和精力不济，进而引发不必要的矛盾。而这种情况，在具备较为完善的社会养老保障体系的城市就可以在很大程度上避免。因此，应尽快采取措施，缩小城乡差距，完善农村养老保障体系，从而促进城乡一致性。

第二节　建构"善事父母"践行模式的方法

自古以来，"善事父母"的问题，既作为一个实践问题，普遍存在于人们的社会家庭生活之中；又作为一个理论问题，为无数理论工作者"上下求索"，并以此指导天下子女思"善事父母"之理，践"善事父母"之行。以至于"善事父母"传统孝道在漫长的历史长河中在理论和实践的层面，不断接受来自多元层面不同类型和方式的损益①。鉴于此，我们今天建构"善事父母"的践行模式更需要掌握和运用理论与实践相结合的方法，以探究适应新时代家庭道德建设的践行模式。首先，立足当今时代"善事父母"的实际状况，广泛开展群众性活动，在人们的思想和行为方面，助力"善事父母"的践行模式建构。其次，立足"善事父母"传统孝道的梳理，推陈出新，通过家庭教育的系列举措，推动"善事父母"的践行模式建制。最后，立足社会发展和时代进步的大背景，将"善事父母"孝道践行模式的建构纳入特定的社会环境网络，完善机制，尝试建构合

---

① 多元层面主要是指社会各阶级、阶层和群体等。不同类型和方式主要是指"善事父母"传统孝道在传播过程中必然受到诸如风俗习惯、地域特色等的影响而进行必要的改造。

理、规范的，易操作、有实效、可推广的"善事父母"践行模式。

一、以群众活动助力"善事父母"的践行模式建构

无论是观念的变革，还是模式的建构，都需要广泛的群众基础。只有群众基础牢固，才可能使"善事父母"孝道传承成为群众的观念变革和家庭的孝道践行模式，否则就只能是纸上谈兵。2019年中共中央、国务院印发的《新时代公民道德建设实施纲要》指出："各类群众性创建活动是人民群众自我教育、自我提高的生动实践。"因此，只有深入开展群众性的"善事父母"实践活动，才能使广大人民群众在参与中理解道德知识，熏陶道德情感，培育道德意志，规范道德行为，升华道德境界，才能把社会主义精神文明建设推向纵深发展，将"善事父母"孝道建设推向深入。在我国传统社会中，由于社会制度的局限，依靠群众进行"善事父母"孝道建设是不可能的，但这并不说明在我国传统社会"善事父母"孝道建设中就没有群众的智慧。任何一种传统文化能够被传承，没有群众的参与是不可能的。"人民，只有人民，才是创造世界历史的动力。"①事实也正是这样。无论是古代还是现代，群众性的孝德建设活动一直是"善事父母"孝道建设的重要途径。只是古代的群众参与是不自觉的、散乱的、被动的，能够创造的智慧是有限的。今天，在我国社会快速发展的时代，充分利用社会制度优势，调动群众参与的积极性和主动性，发挥群众的集体智慧，不仅完全可以做到，而且一定会做得很好，大量的事实已经充分证明了这一点。因此，我们建构新时代"善事父母"孝道践行模式，必须遵循从实践到理论的逻辑，通过广泛的群众活动，从群众活动中吸取智慧和养分，为构建"善事父母"的践行模式助力。

改革开放后的家庭道德建设实践活动过程可以划分为三个阶段。从党的十一届三中全会到《公民道德建设实施纲要》颁布是第一阶段。这一阶段的家庭道德建设主要带有自发性色彩，这也是改革开放初期，经济快速

---

① 《毛泽东选集》第三卷，人民出版社1991年版，第1031页。

发展与人民群众的实际生活需要发生冲突的情况下一种自然的选择。从2001年9月《公民道德建设实施纲要》颁布至2019年10月《新时代公民道德建设实施纲要》颁布是第二阶段。这一阶段，家庭道德建设走上了规范化的道路，这也是经济社会发展的客观要求。正如《新时代公民道德建设实施纲要》所指出的那样："2001年，党中央颁布《公民道德建设实施纲要》，对在社会主义市场经济条件下加强公民道德建设提供了重要指导，有力促进了社会主义精神文明建设。党的十八大以来，以习近平同志为核心的党中央高度重视公民道德建设，立根塑魂、正本清源，作出一系列重要部署，推动思想道德建设取得显著成效。"从《新时代公民道德建设实施纲要》颁布至今，我国家庭道德建设进入第三个阶段。在这个阶段中，我国将在家庭道德建设中"用良好家教家风涵育道德品行"①，必将会有更多更好的成果产生。

（一）以"讲文明、树新风、家庭美德进万家"为主题的文明创建活动

根据《公民道德建设实施纲要》的要求，各地以"讲文明、树新风"为主题蓬勃开展各类文明创建活动，并以此为载体，将"家庭美德进万家"活动有效地推动起来。比如西安市碑林区执法局积极响应区妇联开展的"讲文明、树新风、家庭美德进万家"活动，就较有代表性。

西安市碑林区执法局组织职工学习"公民道德基本规范"和"家庭美德20字规范"，在学习的基础上加强交流和沟通，以获得统一的认识。大家一致认为，家庭是道德养成的重要场所，是教育孩子的第一课堂，也是拒腐防变的重要阵地。一个家庭经营得如何，直接影响着这个家庭孩子的

---

①《新时代公民道德建设实施纲要》提出："用良好家教家风涵育道德品行。家庭是社会的基本细胞，是道德养成的起点。要弘扬中华民族传统家庭美德，倡导现代家庭文明观念，推动形成爱国爱家、相亲相爱、向上向善、共建共享的社会主义家庭文明新风尚，让美德在家庭中生根、在亲情中升华。通过多种方式，引导广大家庭重言传、重身教，教知识、育品德，以身作则、耳濡目染，用正确道德观念塑造孩子美好心灵；自觉传承中华孝道，感念父母养育之恩、感念长辈关爱之情，养成孝敬父母、尊敬长辈的良好品质；倡导忠诚、责任、亲情、学习、公益的理念，让家庭成员相互影响、共同提高，在为家庭谋幸福、为他人送温暖、为社会作贡献过程中提高精神境界、培育文明风尚。"

成长和家庭的幸福；无数个家庭经营得如何，直接影响着一个地区乃至整个国家的安宁与稳定。西安市碑林区执法局还要求职工将学习活动与本职工作相联系，将学习的成果转化成实际行动，落实到日常生活和工作中，体现到一言一行中。

西安市碑林区执法局还通过多种形式深入巩固学习成果，把"讲文明、树新风、家庭美德进万家"活动引向深入，在最大范围内提高公民道德和家庭美德的群众知晓率，为创建文明城区增砖添瓦，努力营造文明祥和的社会氛围。

（二）以"我推荐我评议身边好人"等为主题的"身边的感动"活动

新中国成立以来特别是改革开放和社会主义现代化建设中涌现出来的先进集体和先进人物是实践社会主义道德的榜样。广泛开展向先进典型学习的活动，是中国共产党长期以来一贯坚持的道德建设实践路径。早在新中国成立前就有"学习张思德""学习白求恩""学习刘胡兰"等群众性的学习活动，充分运用榜样的力量感染人、陶冶人、培养人，为我们党培养了一大批优秀的典型代表和坚强的革命战士。新中国成立后，有"向雷锋同志学习""向焦裕禄同志学习"等活动，改革开放后有"学习女排精神""学习张华""学习孔繁森""学习徐虎""学习李素丽""学习张海迪"等活动。这种运用先进典型，树立可亲、可敬、可信、可学的道德楷模的做法，让广大群众学有榜样、赶有目标、见贤思齐，从先进典型的感人事迹和优秀品质中受到鼓舞、汲取力量，使先进典型的高尚情操成为全社会的共同财富。

2003年2月14日，中央电视台的公益品牌栏目《感动中国》诞生。在身处经济转轨、社会转型全面提速的时代，走向民族复兴的中国需要有主流的核心价值观，迈向富强之路的中国人民更需要一种精神信仰的指引。《感动中国》准确抓住了时代精神文化需求变化的脉搏，适时顺应了人们崇尚美好、构建和谐的心愿，立足于中国特色社会主义的伟大实践，从波澜壮阔的现实生活中获取灵感，唱响了中华民族英雄楷模的精神赞歌，给全社会树立了良好而清晰的示范。举办20多年来，《感动中国》推选出了多位家庭道德建设的优秀代表，如：2004年，给妈妈捐肾的孝子田世国；2005年，带着妹妹上学的哥哥洪战辉；2007年，细心侍奉亡妻家人30多年的谢延信；2008年，携妻照顾初恋女友30多年的韩惠民；2009年，割肝救子的"暴走妈妈"陈玉蓉、收养十几个少数民族孤儿的母亲阿里帕·阿力马洪、照顾残疾家人20多年的退休工人朱邦月；2011年，照顾养母十几年的孝女孟佩杰；2013年，用行动注解孝德的好儿子陈斌强等。在人们眼里，他们都是"新时代最可爱的人"。每届"感动中国年度人物"的评选都历时数月，需要经过推选委员推选、组委会推荐、公众投票等多个环节，这本身就是发现先进、褒扬先进、学习先进、效仿先进的宣传过程，更是先进人物感动公众、传承精神的有效途径。

经中宣部、中央文明办批准，自2008年5月以来，由中央文明办主办、中国文明网承办，在全国广泛组织开展"我推荐、我评议身边好人"活动。这项活动旨在充分发挥网络优势，发动广大群众，在熟悉的人群中推举好人、在日常生活中发现好事，为全国道德模范评选表彰工作挖掘更丰富的先进事迹，扩大更广阔的群众基础，促进社会形成崇尚、学习、关爱、争当道德模范的长效机制和浓厚氛围，依托生动具体的道德实践活动，在广大群众中推进社会主义核心价值体系建设。活动原则上每月选出一期"中国好人榜"，每期按助人为乐、见义勇为、敬业奉献、诚实守信、孝老爱亲五个类别，对好人事迹进行为期20天的网上集中展示、评议和投票，按每个类别选出20人的原则，每月共计评选出100位"中国好人榜"好人。截至2023年11月，各地群众推荐了大批感人的好人好事，评出"中国好人榜"155期，共有近1.7万人（组）入选"中国好人榜"。由中央宣传部、中央文明办举办的全国道德模范与身边好人现场交流活动儿百场。这项活动有力地促进了各地道德模范的选树工作，发挥了引领道德风尚的积极作用。

此外，随着传统文化在民间的复苏，越来越多的家庭和村社开始重视

"善事父母",不少地方开展了内容丰富、形式多样的"善事父母"活动,越来越多的居民参与到这些活动中去。

(三)以寻找"最美家庭"为主要形式的家庭道德建设活动

全国妇联从2014年开始,在全国开展寻找"最美家庭"大型群众性活动。这项活动旨在倡导、弘扬夫妻和睦、尊老爱幼、科学教子、勤俭节约、邻里互助。寻找"最美家庭"活动运用群众喜闻乐见的方式,通过群众自荐、彼此借鉴、共同分享,广泛组织开展议家风家训家规、晒家庭幸福生活、讲家庭和谐故事、展家庭文明风采、秀家庭未来梦想等丰富多彩的活动,充分展示生活在群众身边的"最美家庭"事迹和精神,分享家庭美德内涵。全国各级妇联依托遍布各地的"妇女之家",通过建立活动专题宣传栏、展示壁报、张贴宣传画,举办故事会、座谈会,组织群众自编自演文艺节目,在社区网站开设专页等"接地气"的方式,生动鲜活地讲好"最美家庭"故事。

2021年度全国"最美家庭",999户家庭获选。获选的999户全国"最美家庭"中,有的家庭四世同堂、相亲相爱,有的家庭移风易俗、弘扬新风,有的家庭勤劳致富、诚信待人,有的家庭教子有方……这些家庭是群众评选出来的"最美",这些家庭"从群众中来,到群众中去",发挥榜样示范作用,引领带动更多家庭见贤思齐、争当"最美"。寻找"最美家庭"活动不设门槛,不定标准,把"寻找"的主动权和"最美"的决定权交给群众,目的就是运用妇联的组织优势和工作优势,最大限度动员广大妇女和家庭成员主动参与,在活动中接受道德教育,激发崇德向善的内生动力,把爱家与爱国统一起来。

近几年,国家大力开展"最美儿媳""最美孝心少年"等以孝为主题的活动,在这些活动中,涌现出了大批孝子,形成并推广了不少有益的孝老敬老的经验。例如,不少地方以评选、表彰孝子为基础,制定了"善事父母"的乡规民约,建立了长效的孝老敬老机制,研究探索符合当地实际的"善事父母"的方式;不少地方政府部门和学校把加强"善事父母"的孝道思想纳入思想宣传和学校教育，个别学校甚至把"孝"列入校训；不少家庭逐渐把孝顺父母作为家庭教育的基础和重点，把培养子女的孝德放在突出位置。这些群众性的活动，极大地推动了家庭"善事父母"践行模式的建构。

二、以家庭教育推动建构"善事父母"的践行模式

没有教育，就没有传承。"善事父母"传统孝道传承的践行模式离不开家庭孝德教育的推动和引领。传统的家庭道德建设一般以孝道教育为主要内容，以晚辈为主要对象，按照道德教育的理路逐步展开。过去，由于没有把家庭道德教育放到家庭道德建设的整体平台上予以认识和把握，当家庭所依赖的社会环境发生重大变化时，传统的家庭道德教育承担家庭道德建设的重任就显得力不从心，如存在教育对象的片面性和建设理路的单一性等不足。我们认为，家庭道德教育的对象应该是所有的家庭成员，而不应仅是晚辈；新时代的家庭孝德践行模式应是社会相关资源协调整合后共同发挥作用，而不应仅是以孝道为主的道德说教。基于此，为推动"善事父母"传统孝道传承与创新的践行模式建构而展开的家庭道德教育，在顶层设计的意义上，应着力于以下四个方面。

（一）着力提高教育者自身素质

相对于学校教育和社会教育，家庭教育在培养和塑造人的品质方面，有着独特的优势。因为在家庭中，父母有充分的时间和条件对子女进行早期道德教育，并能够根据子女的特点进行个别引导，通过长期细致的日常生活来影响子女的成长，特别是亲子之间特殊的血亲关系、感情关系，更有利于子女道德品质的培育和道德行为的养成，从而对他们产生终身的影响。因此，从这个意义上来说，父母作为子女的第一任"教师"，应加强自身修养，这是提高家庭道德教育质量的核心要素。

其一，家庭道德教育要求父母加强自我修养和自我教育。马克思认

为,"教育者本人一定是受教育的"①。家庭教育首先是父母的自我修养和自我教育。父母不可能天然具备与家庭道德教育相关的知识素养,他们多是在生活的实践中逐步积累起一些关于为人处世的基本理念,以此作为教育子女的基础,这显然不能适应我国社会快速发展的现实要求。尤其重要的是,父母作为道德教育者不能只是向孩子灌输为人处世的道理和规范,更要以身作则,用自己的人格力量去感染和熏陶子女,只有如此,才能帮助子女养成良好的行为习惯和道德品质。托尔斯泰认为,教育孩子的实质在于教育家长自己。苏联著名教育家马卡连柯指出:"父母对自己的要求、父母对自己家庭的尊重,他们对自己一举一动的检点,这是首要的和最基本的教育方法……如果教育者个人有很多的缺点,那么,任何的方法都是没有用的。"②可见,如果家长具有高尚的情操、高雅的情趣、强烈的敬业精神、健康的身心和文明的举止,那么,这些良好的品质必定会深深地感染子女。家长的言传身教对子女来说就是活生生的教科书,能起到润物细无声的教育效果。

其二,家长要及时更新自己的教育内容。家长也要紧跟时代发展的步伐,及时更新自己的教育内容。如自觉主动地参加家长学校培训,学习和掌握基本的家庭教育科学知识,总结自身教育存在的问题,根据子女特点,努力做到因材施教等。家长自身的文化修养、道德水准和言行举止对子女品德的塑造、气质的形成、人格的完善极为重要。家长应始终如一地表明自己的道德态度,保持对道德的关注、重视和思考,以一定的规范和原则约束自己的行为,不断更新学习内容,增加自己的道德涵养,从而为子女树立起孝德楷模。

(二)着力整理家庭道德教育的教材

高质量的教材是提高教育质量的关键因素,家庭道德教育也不例外。在我国古代社会,就有着丰富的家庭道德教育教材,如传统家训、《孝经》

---

① 《马克思恩格斯文集》第一卷,人民出版社2009年版,第500页。
② 吴式颖等:《马卡连柯教育文集》下卷,人民教育出版社1985年版,第136页。

和《弟子规》等。在相对稳定的社会经济条件下，除了家训会随着社会历史的变迁而由不同时代的杰出人物增删外，这些教材的核心精神一直没有大的变化。我们今天看到的《孝经》和《弟子规》之类的典籍，依然在家庭道德教育的意义上具有超越时空的现实价值。

其一，"善事父母"的专门教材匮乏。在现实的社会生活中，我们看到，一些地方的教育部门正在从传统经典中选取可资利用的内容，将传统家庭道德教育的相关内容辑录成书，通过学校的教育和引导，让学生们诵读。书店里随处可见多家出版社出版的传统典籍的现代解读本。这些都应视作现代家庭道德教育教材建设的实践探索。大量的事实证明，人们对家庭道德教育的教材需求十分迫切。毋庸讳言，这种迫切需求的背后就是现实满足的匮乏。尽管在2001年《公民道德建设实施纲要》颁布之后，关于社会公德、职业道德、家庭美德的图书出现了短暂的繁荣景象，但是我们仍然很少能够找到切准要害、满足现时代实际需要的家庭道德教育的图书，更难找到一本专门适用于"善事父母"的教材。这也是影响我国家庭道德教育质量的重要原因之一。

其二，解决适应新时代家庭教育需求的教材缺乏问题迫在眉睫。书店中随处可见《弟子规》《孝经》这类传统家庭道德教育的经典文献，这从一个侧面反映了社会上对家庭教育教材的需求较多。为更好地构建新时代"善事父母"的践行模式，应对"善事父母"存在的突出问题，相关部门应尽快组织人力编写适应新时代需要的家庭道德教育教材。这本教材在内容上应力求全面，努力做到与传统美德相衔接、与社会发展相协调、与家庭道德建设相适应，此外，这本教材还应具有易懂易记易行的特征，力求做到既好看又好用。

（三）着力改善家庭道德教育的方法

改善家庭道德教育的方法是提高家庭道德教育质量的必备条件。传统的家庭道德教育方法大致可以概括为"软"和"硬"两类方法。"软"的方法主要是指父母或长辈对子女或晚辈的言传身教，这种方法取得良好效果的关键在"言传"与"身教"的统一性上,其艺术性则表现为言传的表达艺术和身教的表现艺术两个方面,是对父母长辈教育智慧的考验。如果父母长辈的言传身教不能艺术性地表达,而是采用直白或简单的方式,或在统一性上做得不够,都会影响教育效果的实现。"硬"的方法主要包括简单的说教和粗暴的命令两个方面。简单的说教是许多家长采取的方法,因为这样做方便易行。现在常被子女们说的"啰嗦"就是指这种教育方法。采用这种方法的父母经常性甚至是强迫性地对子女进行灌输,伴之以事后督促性的行为校正,以实现教育目标。其标志性语言有:"我说了多少遍,你为什么做不到?"粗暴的命令多为性格急躁、缺乏耐心的家长常用的道德教育方法。这种方法表现为语言简单直接,双方缺少足够的沟通,父母对"命令"的内容缺少应有的诠释,子女接受起来不容易心悦诚服。因此,这种方法常伴有暴力威胁,以达到教育目的。其标志性语言有:"你必须这样,别跟我讨价还价,否则……"从子女成长的实际状况看,这种"硬"的方法很容易导致子女青春期的叛逆个性,达不到父母预期的家庭道德教育的效果。新时期人们的文化水平都有了较大的提高,改善家庭道德教育的方法势在必行。

其一,言传与身教要统一。家庭道德教育既不能单纯地依赖言传,也不能单纯地依赖身教,应该是言传和身教兼而有之,相辅相成,有机结合。言传要说得"准",身教要做得"行"。在现实生活中,一些父母长辈由于自身素质的局限,不能很好地理解教育的内容,因而对子女的道德教育缺少准确性。比如对于善的判断,一般多从"好"的直觉切入,认为某种行为是好的,应该就是善的,就可以去做。其实不然。从哲学上看,真的有善,但不一定全是善,真也有恶;假的有恶,但不一定全是恶,假也有善,比如对病危者病情的善意隐瞒,虽假亦善。之所以如此,是因为在我们的传统文化中,人们对真的认识,一般是在"诚"的层面展开的,虽然说的是假话,但因为言说者饱含诚意,所以虽假亦真。如果父母或长辈的道德教育不能如此辩证准确地表达,则可能会误导子女对于道德价值的认知,进而降低道德教育的效果。所谓身教要做得"行",是对于身教结果的肯定性述说，即身体力行的结果与言传所教的内容相呼应。比如教育子女要乐于助人，其中之乐，一是对助人行为的喜爱之乐，二是对于助人的结果感到快乐。父母长辈在身体力行时就应该是快乐的，如果出现了不快乐，甚至抱怨，或带有功利性，就会在一定程度上消解"身教"的实际效果。

其二，"软""硬"适度且力求有机结合。就方法而言，"软"和"硬"的方法各有优劣。"软"的方法长处在于双方能够进行足够的沟通，达到互相理解，受教育者能够心悦诚服，乐意认真贯彻教育内容；有利于双方融洽相处，受教育者可以在充满爱的氛围中健康成长。短处在于由于没有强制性，对于未成年的子女来说，贯彻道德教育内容的力度往往不够。"硬"的方法长处在于简单直接，教育者可以节省大量的时间和精力。但由于方法简单甚至粗暴，受教育者对教育内容一知半解甚至有抵触心理，因而其短处也是显而易见的，不仅基本上难以实现道德教育的效果，还可能造成子女形成阳奉阴违等不良个性品质。因此，发挥"软"和"硬"两种教育方法的长处且力求使其有机结合，是消解二者不足的最佳途径。

（四）着力营造和谐的家庭道德教育环境

马克思主义认为："人创造环境，同样，环境也创造人。"[①]在家庭生活中，家庭成员的道德观念和道德行为相互作用和影响，人们在自己的道德活动中自觉或不自觉地营造了一定的道德氛围，潜移默化地影响着家庭的道德风貌，从而构成了家庭中的道德教育环境。家庭道德教育环境对一个人道德素质的养成产生着直接的影响，可以说作为道德主体的家庭成员，其道德素质的高低和家庭道德教育环境有着密切的关系。因此，和谐的家庭道德教育环境在解决家庭道德领域突出问题方面的作用不可忽视。正是在这一意义上，我们认为，就家庭道德建设而言，提高"教师"素质，出版经典教材，改善教育方法，都是为营造和谐的家庭道德教育环境提供必要的条件。

---

① 《马克思恩格斯文集》第一卷，人民出版社2009年版，第545页。

其一，要适当开展家庭道德实践活动，使子女在具体的道德实践活动中受到良好道德风范的熏陶，从而充实精神生活，升华道德境界。比如培养子女传承尊敬长辈、孝敬父母的传统美德，就不能单纯地说教，还应在实际的生活中进行培养和熏陶。有些家庭多代同堂，子女可以从父母长辈对待老人的实际行动中进行获得示范效应的滋养，在行动中自觉形成尊老敬长的习惯。有些核心家庭没有祖父母等长辈同住，父母应有意识地在节假日安排子女看望老人，帮老人做家务，同老人共聚同乐，尽一份子女应尽的责任和义务，用自己的实际行动教育子女。日久天长，子女耳濡目染，也会逐步养成尊敬长辈、孝敬父母的好习惯。

其二，要在温和的道德教化和道德启发的基础上，添加刚性的制度化因子。一方面要对子女予以恰当的奖励和惩罚。家庭中应制定一套道德教育的标准，给予子女适度和适时的奖励和惩罚，以肯定的信息促成道德情感的养成，以否定的态度约束子女的行为，更好地促进子女的道德成长。另一方面，还要有意识地加强法治教育，对家庭成员加大《妇女权益保障法》《未成年人保护法》等一系列法律的宣传教育力度，使人们特别是妇女、老人、儿童知晓自身在家庭生活中的权利和义务，提高维护自身权益的法律意识，自觉抵制家庭暴力等不良现象，最大限度地降低这些非规范行为带来的消极影响。

众所周知，家庭道德环境与社会环境既相互独立，又相互影响，二者相辅相成。家庭道德环境建设需要社会环境的强力支持。在整个社会环境系统中，经济环境是优化社会道德环境的基础，政治环境是优化社会道德环境的保证，文化环境是优化社会道德环境的现实条件。社会的经济环境、政治环境和文化环境对家庭道德教育环境的优化作用也同样明显。如果没有社会道德环境的强力支持，家庭道德环境的建立是不可想象的。

三、完善机制以加快"善事父母"的践行模式创新

丰富的群众性活动和相对完善的家庭孝德教育都还是在局部的意义上

进行"善事父母"传统孝道传承的实践探索。要在根本上彻底改变当前家庭道德建设中的困境，创新新时代家庭道德建设，使"善事父母"的传统美德在新时代焕发活力，成为家庭成员自觉遵循、时时践行的行为规范，还必须在全局上做大量工作。我们认为，家庭道德建设的全局，就是建立完善的机制，使"善事父母"成为家庭道德建设整体布局中的一部分，只有这样才能保证"善事父母"传统孝道的当代传承与创新成为可能。当前，在家庭道德建设的理论创新机制、与家庭教育相协调的学校教育机制和孝德行为规范的管控机制等方面，都应进一步加以完善。

（一）完善理论创新机制，注意家庭道德建设的顶层设计

优秀的传统家庭伦理曾为国人营造过温暖的家庭环境，使人人努力做到"入则孝，出则悌，谨而信，泛爱众，而亲仁"（《论语·学而》）。在中华文明漫长的历史岁月中，孔子的这一论述，一直被奉为华夏后人的行为圭臬。但是改革开放以来，如何在继承和弘扬中华优秀传统文化精华的基础上，吸收西方的优秀文明成果"洋为中用"，我们也走了一些弯路。对待传统文化，如何"取其精华，去其糟粕"，而不是"倒洗澡水把孩子也倒掉了"；对待外来文化，如何"批判吸收"，而不是"生搬硬套"，需要我们认真思考和践行。当然，简单地推翻传统或东施效颦，在具体的实践中是很容易识别的，需要提防的是以"创新"的名义给这两种行为披上合理外衣。

国务院于2015年专门发文，大力提倡"万众创新"。但我们注意到，一些人认为"与原来不一样就是创新"。这种简单的解读危害在于，抛弃传统变得名正言顺，生搬外来成为理所应当。如果这种"创新"在社会上大行其道，其结果不堪设想。我们认为，创新虽然就其本意而言，是在原来没有的前提下，创造崭新的事物。但任何一个事物的发生发展都需要一定的前提和基础，没有前提和基础的新事物是不存在的。理论创新尤其如此。比如道德，作为意识形态，它是物质生产方式的反映，是经济基础的反映，"不是人们的意识决定人们的存在，相反，是人们的社会存在决定

人们的意识"①。也就是说,无论什么样的道德理论都是以人们现实的物质生产方式为条件的。因此,完善"善事父母"的理论创新机制,应遵循以下要求。

一要在继承优秀的传统家庭伦理基础上创新。当代家庭伦理的理论创新必须坚持古为今用,洋为中用,整合各种资源。创新的成果一定是"有源之水、有本之木",而不能凭空建构。中华文明延续着我们国家和民族的精神血脉,既需要薪火相传、代代守护,也需要与时俱进、推陈出新。"历史和现实都表明,一个抛弃了或者背叛了自己历史文化的民族,不仅不可能发展起来,而且很可能上演一场历史悲剧。"②

二要在家庭道德理论创新成果出来之前保持传统规范的延续性。如果在创新成果出来之前抛弃了传统规范,就会导致现实的行动缺少了基本遵循。因此,在家庭道德理论创新成果出来之前,应使传统规范在探索中逐步转化,在创新成果出来之后,再按照新的规范行动。这样就会避免在创新过程中的行动迷茫,行为失范。比如家居养老,一直是我们民族"善事父母"的优良传统,但是现在由于老龄化社会的到来,赡养老人的模式需要创新。这就要求我们务必在创新成果出来之前,继续提倡家居养老的优良传统。

三要做好家庭道德建设的顶层设计。所谓顶层设计,就是自上而下的系统谋划,这种方法强调宏观思考、高瞻远瞩、整体谋划,在实践中既能够做到高屋建瓴、综合配套、系统推进,又能够避免"头痛医头、脚痛医脚"的"打补丁"做法。所谓"不能谋全局者不能谋一域,不足谋万世者不足谋一时",家庭道德建设虽然看似只是一个一个小家庭的问题,但家庭是社会的细胞,其对社会的作用不可低估。家庭道德建设的顶层设计同整个社会的建设一样重要,不可掉以轻心。

---

①《马克思恩格斯选集》第二卷,人民出版社1995年版,第32页。
②习近平:《习近平谈治国理政》第二卷,外文出版社2017年版,第339页。

（二）完善教育机制，促进家庭道德建设成果进教材、进课堂、进头脑

前文已述，"善事父母"三维境遇①的发生有一定的社会历史原因，是社会转型期的特殊产物。但这并不是说这三维境遇就无法遏制，更不能成为家庭道德滑坡、失范的借口。根据前文分析，我们完全可以找到改变境遇的实践理路。这就要求全社会都行动起来，一方面要加快理论创新的步伐，使人们尽快找到符合时代要求的理论遵循；另一方面，更要在实践上完善教育机制，实现家庭教育和学校教育联动，充分利用各种教育阵地，让家庭道德建设的创新成果尽快实现"三进"，即进教材、进课堂、进头脑。从娃娃抓起，首先从源头上遏制不良意识的滋生，找到并宣扬与时俱进的优良道德规范。

进教材，内容上要做到分类和分层。学校教育从来没有放弃对于传统文化的传播，从各年级的语文课本就可以看出，学习古文一直是中小学生必修的内容。但是，目前的学习还大多停留在夯实古文功底这个层面，关于家庭伦理道德的内容涉及较少。因此，从现在开始，在学校教学的内容中就应融入这些内容，补充家庭教育的不足。这对于改善"善事父母"的三维境遇必将大有裨益。近几年随着国家的大力倡导，一些地方开始在教学之外，让学生自学传统文化方面的阅读材料，将相关内容分类分层地直接纳入学校教材，让不同年龄段的学生在不同年级的课堂上就能学习到民族文化的精髓，学习到家庭道德建设的优秀传统，用以指导自己的行为规范。

进课堂，要求提高教师的综合素质。教材体系与教学体系既相互独立，又相互促进。教材体系为教学体系提供理论支撑和逻辑路线，教学体系的精彩演绎是教材体系能够取得实效的前提和基础。在这个意义上，教师作为教学任务的主要承担人，最终决定了教学的质量。这就要求从事传

---

① "善事父母"的三维境遇即本书第二章第三节所述态度之维的不愿"善事父母"，条件之维的不能"善事父母"，能力之维的不会"善事父母"。

统文化精华教学的教师具有良好的综合素质，单有古文功底是远远不够的，还要把古文演绎得让不同年龄段、拥有不同教育背景的学生喜欢听、听得进，这是十分不易的。因此，让普通教师承担这样的任务并不合适。教育主管部门应考虑在教师队伍中培养一批专门人才，使他们成为传统文化精华传播的能手、家庭道德教育的导师。只有这样才能真正做到科研队伍与教学队伍都不缺位。只有真正做到传播有内容、教学有担当，优良道德传统的传播才能接地气，落实处，有未来。

进头脑，要求调动全社会的积极因素。理论要使人相信，真正入脑入心，要靠教师的演绎，更要靠理论赖以存在的社会环境给予支撑。如果社会环境恶劣，理论再好，也没有生存的土壤。就算教师在课堂上讲得再好，学生一走进社会就发现理论与现实的差异，理论就会被质疑，乃至被抛弃，课堂上的理论教学就只能成为学生的"美好回忆"。因此，要想使优秀的家庭道德传统进头脑，"善事父母"的道德规范见之于行动，就需要调动全社会的积极因素，共同为优化社会环境作出应有努力。社会的积极因素主要包括两个方面：一是精神性的，表现为各种社会舆论中的正面传播和由此形成的正能量；一是物质性的，表现为社会的物质生产方式以及由此而生成的现实环境。社会的积极因素调动起来，就会给课堂上的理论教学以现实的环境支撑，就会为优秀理论最终进头脑扫清障碍，使学校教育有实效。如果家庭道德建设的理论创新成果能够这样被教育和传播，"善事父母"的三维境遇将会销声匿迹。

（三）完善管控机制，保障"善事父母"的行为落实

应对"善事父母"所面临的现实问题，可以乘现代"互联网+"时代的东风，顺势而为，完善管控机制，为家庭中"善事父母"之行提供有力保障。这样做，一是可以避免子女利用父母信息闭塞的缺陷，隐瞒自己逃避"善事父母"的行为，及时督促子女为父母提供必要的善事保障，使"不愿"者无所逃遁；二是可以使社会机构及时介入，为"善事父母"确有困难者提供必要的帮助，使"不能"者不留遗憾；三是可以为子女提供

学习平台，使"不会"者随时获得相应的指导；四是可以宣传和表彰那些在"善事父母"方面做出表率的美好德行。当然，要实现这些目标，还需要尽快建立家庭、社区、学校、单位"四位一体"的管控网络。

其一，家庭预警。父母在家庭中有没有得到"善事"，只有家庭中的人最清楚。如果家庭没有提供信息，他人很难了解。过去，人们恪守"家丑不可外扬"的古训，很少将父母不能得到很好照料的事实向外人言说，"清官难断家务事"就成为人们"少管闲事"的合理借口，结果苦的是需要"善事"的父母。因此，家庭预警是应对"善事父母"三维境遇的第一步。以往，父母之所以不说其不得"善事"之苦，是因为单方面口述，很不容易让人相信，反而可能被善于狡辩的子辈指责为"搬弄家庭是非"。现在，有了智能手机和各种网络平台，父母就可以通过拍照片、视频或录音等，获得第一手证据，证明父母在家庭中的现实境遇。有了现实的证据材料，就可以为父母获得应有的"善事"提供基本保障。从根本上杜绝那些不在父母生前"善事"，却在父母逝世后大办丧事表达虚假孝心以赢取称赞的不道德行为。

其二，社区监督。社区是家庭生活外围的第一道防线，如果社区对家庭的事情一无所知，其他人更是无从知晓。目前我国的社区管理架构十分完备，完全可以精确到每个生活小区的每个人，互联网就可以在这种管理中充分发挥其应有的功能。比如，给每个家庭建立档案，尤其对需要善事的父母给以特别关注。采取不定期走访的方式收集这类人的资料，并对资料按照"不愿""不能""不会"三种类型进行必要的分析，有针对性地提出帮扶方案。这种档案的建立，对于那些进城务工人员、毕业后留城工作人员等离开父母的外出人员，都能形成有效监督，可以防止他们将父母丢在故土，使父母难得"善事"而无处求助。社区可以通过互联网将这类人父母的生活状况及时发送给他们，无论子女属于三维境遇中的哪种情况，都可以从道义上督促他们及时为父母提供帮助，不至于使这类人以不知道父母的生活状况为借口而弃父母于不顾。可见，社区可以借助互联网为家庭"善事父母"建构一张有效监督的大网，保障父辈可得"善事"。

其三，学校教育。学校教育可以为我国家庭传承和弘扬"善事父母"传统美德，应对"善事父母"的三维境遇，做三个方面不可替代的有益工作。一是在子辈求学阶段，通过课内外的教学将相关的理论创新成果传授给他们。二是对那些出现三维境遇的人进行分类教育，对"不愿"者进行教育以唤起良知，对"不能"者进行教育以寻找良方，对"不会"者进行教育以规范行为。三是通过互联网，收集"善事父母"方面的典型案例，给在校学生提供鲜活的教材。案例是支撑相关内容课堂教学的有力工具，其正面材料的榜样力量和反面材料的警示效果都可以为应对"善事父母"三维境遇提供强有力的支持。

其四，单位奖惩。这是应对家庭"善事父母"三维境遇的最后一道防线。以单位的名义对员工"善事父母"的情况进行必要的奖惩，对于个人而言，奖是荣誉，惩是警示；对于单位而言，解决了员工的后顾之忧，必将为营造良好的工作氛围，提高工作效率提供有力保障。过去大家一直以为，"善事父母"是家庭的事，单位不用操心。而事实上，家庭内部的矛盾在一定程度上会影响员工在单位的工作质量，特别是那些欲"善事父母"而"不能"者，更是需要得到单位的帮助。因此，单位可以通过多种途径及时了解员工家庭和父母的境况，为员工"善事父母"提供必要的帮助。

需要说明的是，在这"四位一体"的管控网络中，"四位"只有紧密联系，才能形成"一体"：家庭预警和社区监督是两个重要的支点，是整个网络得以建立的前提条件。没有家庭预警信息，社区难以提供必要的帮助；没有社区的信息档案，学校教育便是无的放矢，单位奖惩更是缺乏依托。学校教育和单位奖惩是整个网络中不可替代的两个援点，教育关注内在意愿的激发，奖惩侧重于外在的激励和约束，两者相得益彰，共同保障整个管控网络有质量地运行。

第三节　建构"善事父母"践行模式的内容

　　讨论"善事父母"的践行模式，旨在使不同的人在家庭道德建设中都有章可循，有法（方法）可依。改革开放以来，国人以极大的热情拥抱多元文化的交融，包括家庭道德中的传统孝道也一道接受了洗礼。2019年10月，中共中央、国务院颁发了《新时代公民道德建设实施纲要》，明确指出要"自觉传承中华孝道，感念父母养育之恩、感念长辈关爱之情，养成孝敬父母、尊敬长辈的良好品质"。传承"中华孝道"这一民族文化传统，完全照搬过去的经验显然不行，必须批判地继承。如何在现代社会的土壤中，种下传统孝道精华的种子，当是一项宏大的工程。限于篇幅，也限于本书的主体任务，本节所及，仅是撷取传统孝道精华中关于"善事父母"之行的一部分，结合前文的调查和讨论结果，以及已经提出的"敬"以尊重父母、"爱"以关注父母、"养"以陪伴父母的新时代"善事父母"的内容，进一步提出建构新时代家庭"善事父母"的践行模式，为家庭道德建设，特别是为国人奉行孝道提供有价值的行为参考。这些内容主要指"善事父母"的行为模式，包括孝顺和孝敬之践行，我们提倡子女应努力做到敬顺意诚；"善事父母"的礼仪规范，我们提倡称呼父母应勿呼其名、事奉父母应勤勉守礼、劝谏父母应无违不争、葬祭先人应礼至情真；"善事父母"的表达规约，我们提倡爱敬父母应言为心声等。

　　需要说明的是，考虑到传统孝道和现实孝行都是内容丰富，形式多样的规约，因此，我们并没有直接提出某一个必须遵守的新时代家庭孝道的具体模式，而是在对传统模式予以批判继承的基础上，提出我们的看法和观点。

一、"善事父母"的行为模式

"善事父母"的孝行即子女对父母尽孝的实际行动。从价值结构上看，子女对父母要做到"养体"和"养心"两个方面，但从"善事父母"的孝行类别来看，一般把"孝顺"和"孝敬"作为主要模式。在儒家看来，"孝顺"和"孝敬"皆源于儒学的核心和最高原则——仁，仁统摄着孝，孝为仁之本。"孝弟也者，其为仁之本与"（《论语·学而》）。或者说，孝发端于人人皆有的仁爱之心，孝是仁外在表现的起点和根本。因为在孔子那里，亲子关系是最基础、最根本的原初关系，是孝的起源，因此，亲亲相爱是社会伦理的基础。而在这种家庭亲子关系中，尤其突出子女对父母的绝对服从和敬爱之心。我们知道，任何社会思潮都不可能无涉价值，儒家孝道伦理也不例外，它总是以这样或那样的形态受制或服务于一定的阶级统治，具有一定的意识形态属性。在"普天之下莫非王土，率土之滨莫非王臣"的封建家天下社会，百姓为君王的"子民"，执掌国家行政权力者为百姓的"父母官"，原本协调亲子关系的孝具有了普遍的社会意义。而要实现"以孝治天下"就要求百姓像对待父母那样，顺从统治阶级的意志和要求，对统治者报以敬爱之心，辅以敬爱之行，只有如此才能保证统治阶级的"江山稳固""天下太平"。这样，统治阶级"以孝治天下"的理念和做法反过来就推动了孝在行为模式上向"顺"和"敬"的演化。

在中国传统孝道中，顺是孝的基本准则。长期以来，"以顺为孝"已成为人们的普遍共识，孝顺也成为"善事父母"践行模式的重要内容。孝顺，一般来讲即顺应父母的心意、顺应父母的观点、顺从父母的要求、顺从父母的好恶等。顺应父母的心意即按照父母的意愿办事，在照顾父母方面表现为，尊重父母的选择，不强迫父母。顺应父母的观点即在价值观念上与父母保持一致，关照父母的精神世界，对父母的思想观念予以照应。顺从父母的要求即按照父母的要求办事，满足父母正常的需要。顺从父母的好恶即在习惯和情趣上对父母予以理解，对父母之所好给予支持，对父母之所恶应尽量规避，使父母舒心。《弟子规》中的"父母命，行勿懒。父母教，须敬听。父母责，须顺承"，"亲所好，力为具。亲所恶，谨为去"，表达的就是这个意思。

在一般情况下，顺应和顺从父母没有什么大问题。但在实际生活中，如果父母的行为失当，子女是否还应该顺应和顺从父母呢？这是一个人们在日常生活中经常遇到的实际而又棘手的难题。孔子说："事父母几谏，见志不从，又敬不违，劳而不怨。"（《论语·里仁》）意思是说，如果父母有过错，儿女应该委婉劝谏；如果父母不愿听从，子女仍要恭敬侍奉，不能冒犯父母，虽然内心忧愁，但不要怨恨父母。孔子赞叹"舜其大孝也与"（《中庸·第十七章》），其中一个重要的原因就是舜"父母恶之，劳而不怨"（《孟子·万章章句上》）。《史记·五帝本纪》记载："舜父瞽叟盲，而舜母死，瞽叟更娶妻而生象，象傲。瞽叟爱后妻子，常欲杀舜，舜避逃；及有小过，则受罪。顺事父及后母与弟，日以笃谨，匪有解。"舜出身悲苦，父亲多次想要杀害他，舜虽明了，但并没有怨恨，而是运用自己的聪明智慧继续尽孝。在孔子看来，如果内心怨恶父母，就必然会导致对父母的疏离，尽孝就无从谈起了。当今社会，一些子女在与父母发生分歧时，不能很好地站在父母的角度思考问题，即使表面顺从，但心怀不满，这必然成为阻碍"善事父母"的重要因素。

然而，不论古今，孝顺都不等于毫无原则、毫无条件的"百依百顺"。子女如果不辨别是非，一味顺从，则极易成为盲从甚至会帮父母掩盖过错或罪恶，最终沦为"愚孝"。而实际上一味顺从并非封建孝道在服从长者问题上的全部观点，封建孝道也反对子女对父母无条件的服从。因为孔子在义利观上是讲求"义"的，主张"君子义以为上"（《论语·阳货》），"见利思义""义然后取"（《论语·宪问》），"不义而富且贵，于我如浮云"（《论语·述而》），利必须符合义才可取。因此，当父命与道义之间发生冲突时，封建孝道并非主张一味地盲从父母，而是讲"孝义"。当家长个人意志与道义原则发生冲突时，封建孝道要求人们选择道义，在"不从命"的背后是对家长之根本利益的积极维护，是真正的孝。正所谓"从义不从父,人之大行也"(《荀子·子道》)。在孔子看来,当发现父亲有不义的行为时,子对父有谏诤的义务,这也是孝。曾子问孔子:"子从父之令,可谓孝乎?"孔子断然予以否认,并说:"父有争子,则身不陷于不义。故当不义,则子不可以不争于父。"(《孝经·谏诤章》)东汉赵岐在为《孟子》作注时说:"阿意曲从,陷亲不义,一不孝也。"即对父母的缺点、错误视而不见,一味顺从,使父母陷入不义的境地,是孟子所谓"不孝有三"中之一。然而,还必须注意的是,以孝义为基础的孝顺,还应处理好父母的情感接受问题。对于父母的过错,子女一方面要有条不紊地晓之以理,为父母分析利害关系,另一方面要耐心地动之以情,让父母体会到子女对他们的关爱。其实在许多事情上,父母无意跟子女争对错、论高低,他们往往会因为感受到了子女对自己的关怀和爱而选择"迁就"子女。

孝顺强调的是孝行不违背父母的意愿,孝敬强调的是孝行的不虚伪,即孝行不是外在强加给子女的,而是子女源自内心的对父母诚心实意的爱的自然流露。在对父母的诸多形式的爱中,"敬"处于主导性位置,同时也是子女对父母爱的集中表达。孔子说:"今之孝者,是谓能养。至于犬马,皆能有养;不敬,何以别乎?"(《论语·为政》)可以看出,这里孔子把是否"敬"当作划分对待父母和犬马的重要标准,并以此来评判孝的真伪。父母对子女的爱,我们一般称为疼爱,这种爱是父母出于人性本能的对幼子珍爱的真切感情,是父母对幼子的保护欲和养育欲的原初表达。子女对父母的爱,我们一般称为敬爱,这种爱是子女基于父母对子女的无私付出而产生的敬重感,是子女在情感上对父母的回报。子女对父母的爱需要子女的思想上自觉,即子女必须能够对父母养育自己的艰辛有理性的认识和情感上的体验,才能产生敬重感,并产生回报之心。俗话说"养儿方知父母恩",往往子女成为人父人母之后才能深切地体会到父母对子女爱的伟大,而这种伟大主要来自爱的无私性。这种无私的爱必须以敬待之。

孝敬父母,要从内心深处诚心实意地去敬爱父母。《孟子·离娄上》载:"曾子养曾皙,必有酒肉。将彻,必请所与。问有余,必曰'有'。曾皙死,曾元养曾子,必有酒肉。将彻,不请所与。问有余,曰'亡矣'。

将以复进也,此所谓养口体者也。若曾子,则可谓养志也。事亲若曾子者,可也。"从这段记载中可以看出,曾子赡养父母且不让父母为日常生活担心,这种"善事父母"包含诚心诚意的敬爱。而曾元赡养双亲和曾子不一样,他的言行会使父母感到自己是子女的负担,从而使父母感到心酸。《盐铁论·孝养》载:"周襄王之母非无酒肉也,衣食非不如曾皙也,然而被不孝之名,以其不能事其父母也。君子重其礼,小人贪其养。夫嗟来而招之,投而与之,乞者由不取也。"对待乞丐尚能提供善意的帮助,但对父母却视之不如乞丐,这能叫作孝敬父母吗?可见,孝的实现不在于家庭物质财富的多寡,关键在于对父母行孝的态度和方式,因为行孝的态度和方式实际上能体现出一个人对孝行的思想或观念。因此,孔子说:"孝子之事亲也,居则致其敬,养则致其乐,病则致其忧,丧则致其哀,祭则致其严,五者备矣,然后能事亲。"(《孝经·纪孝行章》)另一方面,他又说:"事亲者,居上不骄,为下不乱,在丑不争。"因为"居上骄则亡,为下而乱则刑,在丑而争则兵。三者不除,虽日用三牲之养,犹为不孝也。"(《孝经·纪孝行章》)可见,孔子从敬、乐、忧、哀、严等角度规范了孝子的事亲行为,认为孝子对父母的侍奉应该符合礼的要求。同时,这种符合又不纯是为了尽某种偿还性义务,而应该是发自内心深处的对父母的爱与敬。因此,古代倡导孝敬父母要诚心诚意,要有敬爱之心,在侍奉父母时要将敬仰之心显露于情貌,要和颜悦色。这些值得我们今天借鉴和提倡。新时代的"善事父母"之行,依然要做到"孝顺"和"孝敬"并重,"诚心"和"诚意"同在。

二、"善事父母"的礼仪规范

孝以礼为先,礼仪是传统孝道的基本规范和基本要求。中华民族素有"礼仪之邦"的美誉,守规矩、讲秩序是中国人的伦理道德。礼仪规范是人类文明发展进步的表现,而特定的礼仪规范往往是特定的历史条件的产物。在中国传统社会,为了维护阶级统治,统治者往往以"天"的名义制定森严的、不容置疑的封建等级制度，为了维系这种等级制度，相应的礼仪规范便产生了，并且等级制度越是森严，相应的礼仪规范就越严格。传统孝道伦理的礼仪规范就是在这种历史条件下形成的。由于受天道皇权的影响，封建礼仪也具有僵化性、复杂性、束缚性等缺陷。然而，传统礼仪毕竟有其合理性一面，它反映了人类文明进步的内在要求，也是人们行为的外在规范。当前，"善事父母"应在批判的基础上对传统孝道礼仪规范予以继承，以合理的礼仪规范作为"善事父母"的重要保障。在传统社会，"善事父母"的礼仪规范十分复杂和烦琐，涉及"善事父母"的方方面面和各种细节，而现代礼仪则趋于简洁。本书所及虽是传统"善事父母"的礼仪规范，但在今天依然可借鉴。具体来说，"善事父母"的礼仪规范主要包括称呼礼仪、事奉礼仪、劝谏礼仪、葬祭礼仪等。

第一，称呼父母——勿呼其名。当今社会现代化虽然快速发展，但在我们的观念中仍存在不少传统的意识，比如一个人的姓名就具有非常浓厚的社会意义，人与人之间如何称呼都有严格的社会道德规定。子女对父母的称呼是"善事父母"礼仪的基本要求，子女在生活中要特别注意正确使用称呼语，避免不当的称呼。避讳文化是极具中国特色的文化形态，在中国人的观念中，避讳是一种重要的心理现象。例如对于死亡，虽然人人都不可避免，但人人都不愿意直接论说，不得不说时总习惯于使用委婉的词代替。对于死亡，文雅的说法如"驾鹤西去"或"遽归道山"，民间许多地方把老人去世称作"老了"。在我国，避讳的内容和形式是多种多样的，有些是出于对不吉利的避讳，如前述对死亡的避讳；有些是出于对长辈尊敬的避讳，如对长辈的称呼。"父母在，不称老，言孝不言慈，闺门之内，戏而不叹"（《礼记·坊记》），意思是说：父母健在的时候，不应该称自己老了，子女要检点自己的孝行，要多审视自己的孝行，而不要议论父母是否慈爱。在父母面前，即便有忧心的事也不要长吁短叹。父母是长者，子女年龄虽然在不断增长，甚至慢慢变老，但在父母面前称老，是一种无视父母年龄，无视父母衰老的表现。孔子说："父母之年，不可不知也。一则以喜，一则以惧。"（《论语·里仁》）子女要了解父母的年龄，既为他们的高寿而喜悦，也要为父母的衰老而担忧。随着岁月的流逝，父母本人也会为自己的衰老和死亡而担忧，在父母面前称老无形中会对父母造成压力，让父母产生误解。因此，对于衰老和死亡的话题，子女要注意避讳。一般来说，在我国，子女直呼父母的姓名被认为是大不敬的表现，更不可直呼父母的乳名等私人性称呼。这是中国孝道文化的传统，至今仍然发挥着重要作用。子女称呼自己的父母，应径呼"爸、妈"或"爹、娘"等，切不能直呼其名。《白虎通义·姓名》记载"臣子不言其君父之名"，这是因为父母、长辈及君上、老师等都是长者、尊者、贵者，因此要给予应有的尊重，而且在中国古代，人的名字是由"名"和"字"组成的，名是父母所起，体现父母对子女的爱和期望，为父母、长辈以及自己称呼所用，字是成人以后所起，供别人称呼使用。按照古代礼法，只有父母和长辈才可以直呼其名，其他人特别是平辈人只能称其字。因此，子女出于对父母的尊重必须注意直呼父母之名的避讳。

第二，事奉父母——勤勉守礼。在日常事奉父母的过程中，有许多礼仪规范需要遵循。子女平安是父母的心愿，向父母"请安"也是子女孝敬父母的家庭伦理要求，现代社会虽不必像传统社会那样，子女需向父母一日请三安，但必须要注意及时向父母报平安，也要关注父母的行踪，及时询问父母的状况。出门之前与父母打招呼，告诉父母自己的去向和基本行程；回来时也要首先告知父母，消除父母的担忧和牵挂。在交往礼仪中，要做到"父母呼，应勿缓；父母命，行勿懒"，父母呼唤要及时回应，对于父母的要求，要尽快执行，而且平时多使用"您""谢谢"等礼貌用语。有些人认为，父母是亲人，对他们不需要使用礼貌用语，因此也有一些人不注意对父母的礼貌，这样会让父母伤心，而让父母伤心就是一种不孝。在日常交流上，要多与父母开展推心置腹的交流，通过温暖的交流，可以消除误会，也可以以此表达对父母的爱，进而增进亲子感情；做事时应多征求父母的意见，获得父母的同意后方可行动，"先斩后奏"在一定程度上是不懂礼仪，对父母不尊重的表现；吃饭时，要父母先动筷，进出时，要父母先行，站立时，要紧靠父母身后等；多与父母进行拥抱、握手等礼仪性肢体接触，拉近与父母之间的关系。对于与父母异地而居的子女来说，要经常探望父母，给予父母必要的物质帮助、照料和心理上的慰藉，重要节日要行必要的"大礼"等。日常生活中的事奉礼仪是子女"善事父母"特别应该注意的，在一定程度上反映了子女对待父母的态度。处在现代社会中的子女应该积极学习，用心体会，把"善事父母"落实到每一句话、每一个行为，甚至每一个表情中去。

第三，劝谏父母——无违不争。《孝经·谏诤章》说："昔者天子有争臣七人，虽无道，不失其天下；诸侯有争臣五人，虽无道，不失其国；大夫有争臣三人，虽无道，不失其家；士有争友，则身不离于令名；父有争子，则身不陷于不义。"足见谏之重要。对一个国家来说，谏臣至关重要，对子女来说，对于父母的不义之举如果盲目顺从，不予劝谏，"又焉得为孝乎"？孔子说："从命不忿，微谏不倦，劳而不怨，可谓孝矣。"（《礼记·坊记篇》）遵从父母的命令从无不满，委婉地劝谏而不厌倦，勤劳而无怨，可以称得上孝了。所以，在儒家看来，谏是孝行。谏不仅是孝行，而且是义行，是防止父母陷入不义状况的行为，故符合礼的规范要求。儒家之义以"礼"为衡量标准，即合礼则义。这就是说，顺从父母要符合礼，劝谏父母亦要符合礼的要求。"故当不义，则子不可以不争于父，臣不可以不争于君；故当不义则争之。"（《孝经·谏诤章》）面对不合道义的言行，子女不可以不向父母谏诤，否则将会让父母陷于不义之境地。孝顺父母既要顺应和顺从，也要劝谏，即当父母的言行不对时，子女有责任劝谏父母。但是劝谏不等于激烈的对抗，而要遵循劝谏之礼，按照孝的规范行事，即劝谏要遵循"无违"的原则。一般来说，"无违"有两层含义，一是指不违背父母的意愿，依父母之意全力事奉父母，使父母喜悦和安心。孔子提出"孝"即"无违"，孟子认为"不得乎亲，不可以为人；不顺乎亲，不可以为子"（《孟子·离娄上》），曾子主张"孝子之养老也，乐其心，不违其志"（《礼记·内则》），讲的就是这个意思。二是指不违背礼节。不违背礼节的关键是在劝谏的过程中，要对父母给予充分的尊重，这主要是因为孝在本质上是子女对父母的爱和敬。在儒家思想中，劝谏并不意味着一定要与父母一争高低、一辩对错，更不能在劝谏时有辱父母。"孝子之谏，达善而不敢争辩。争辩者，作乱之所由兴也。"（《大戴礼记·曾子事父母》）因此，在中国传统孝道里，劝谏即"几谏"，即对父母长辈不能予以激烈的争辩，而要予以委婉而和气的劝告，正所谓"下气怡色，柔声以谏"（《礼记·内则》）。"父母有过，谏而不逆"（《大戴礼记·曾子大孝》），对于父母的过错，子女应予以劝谏，但断不可忤逆。

第四，葬祭先人——礼至情真。礼是子女行孝必须遵守的基本社会规范。《论语·为政》载："生，事之以礼。死，葬之以礼，祭之以礼。""事之以礼"指以礼为标准的事奉，即事奉父母必须符合礼的规定，既不能无视礼，也不能跨越礼。孔子认为，孝以礼为基本原则，行孝就必须严格按照礼的规定去事奉父母，安葬父母，祭祀父母。在中国传统文化中，父母去世时要举办合乎规范的葬礼，以表达对父母的哀思。首先，在情感上要动之以情。子曰："孝子之丧亲也，哭不偯，礼无容，言不文，服美不安，闻乐不乐，食旨不甘，此哀戚之情也。"（《孝经·丧亲章》）孔子说，孝子在父母去世的时候，要谨慎寿终，不能松懈。心里哀痛，哭得声嘶力竭，以致举止行为失去了平时的理智和端庄，语言也失去了条理和文采，如果穿上华美的衣服则内心不安，听见美妙的音乐也不觉得快乐，吃美味的食物也不觉得好吃，这就是孝子因失去父母而深感忧伤和悲痛的表现。其次，在行为上要按礼行事。在古代，孝子在父母去世三日后方可进食（"三日而食"），在父母去世三年内要居"三年之丧"。在孔子看来，"子生三年，然后免于父母之怀。夫三年之丧，天下之通丧也"（《论语·阳货》）。关于三年之丧，荀子还进行过专门的论述，他指出"三年之丧，称情而立文，所以为至痛极也……三年之丧，二十五月而毕，若驷之过隙，然而遂之，则是无穷也。故先王圣人安为之立中制节，一使足以成文理，则舍之矣"（《荀子·礼论》）。荀子认为，三年服丧是根据人的感情来确立的礼仪制度，先王圣人出于合情合理的考虑，制定了服丧三年的礼节。随着时代的发展，三年之丧的时间限制逐渐退出历史舞台，但这并不意味着服丧制度的消失，如在很多地方，父母去世三年之内不婚嫁，春节不张贴红纸对联等一直是人们严格遵守的丧祭礼仪。最后，葬祭之器物要符合礼节。"为之棺椁、衣衾而举之，陈其簠簋而哀戚之，擗踊哭泣，哀以送之，卜其宅兆而安措之，为之宗庙以鬼享之，春秋祭祀以时思之。"（《孝经·丧亲章》）在操办丧事的时候，要为去世的父母准备好棺材、寿衣以及铺盖，摆设祭奠器具，以寄托子女的哀伤。另外，还要选择好的墓穴以安葬父母，兴建祭祀用的庙宇，使亡灵有所皈依，享受子女的祭祀。在春秋两季举行祭祀，以示对亡故父母的思念之情。正所谓："生事爱敬，死事哀戚，生民之本尽矣，死生之义备矣，孝子之事亲终矣。"（《孝经·丧亲章》）为了顺应时代的变迁和倡导节俭，葬祭礼仪不论是在内容上还是在形式上都在不断简化，但是我们应该注意，葬祭礼仪是中国孝道伦理的重要组成部分，合情合理的礼仪是中国文化的传承，是民族精神的延续。但是，传统葬祭礼仪也有不合乎时代发展要求的部分，这需要我们坚持"取其精华，去其糟粕"的原则，在继承的基础上对传统葬祭礼仪进行重建，使传统孝道文化焕发出新的时代魅力。

三、"善事父母"的表达规约

"善事父母"关键在于内心对父母的爱敬，然而内心的爱敬只有通过一定的表达才能把情感传递给父母。表达是人类乃至一切生物的存在方式，不同的是人的表达较之其他生物而言更为复杂和多变，这是由人的社会属性决定的。由于我们这里讨论的是伦理道德问题，因此，从人类传播学来看，表达一般指人们基于一定的传播需要和目的，通过一定的传播媒介和手段，把一定的知识、情感、思想、观念等内容传递给他人的实践活动。从"善事父母"表达的应然层面来看，子女"善事父母"的表达动机不是出于外在的舆论评价等原因，而应是来自内心对父母深沉的爱与敬；表达的方式不是出于自己的主观猜想和以自我为中心的"一厢情愿"，而是以父母为中心，采用父母易于和乐于接受的形式；表达的内容不是负面的东西，而是对父母的关爱；表达的效果不是实际说了什么、做了什么，而是把自己作为晚辈对父母的爱和敬真正传递给父母，进而产生孝的现实结果。然而，遗憾的是在现实生活中，一些子女在表达上出了问题，这些问题并不是子女没有表达，而是缺乏足够的、真正的、有效的表达，突出表现为表达行为失调、表达动机偏差、表达方式欠妥等。

第一，表达行为失调。表达行为失调主要是指由于表达行为的单一或缺失所导致的表达行为在外部结构上的失衡和不协调。一般来看，我们可以把人的表达行为大致划分为言语行为和肢体行为，在"善事父母"的问题上，就是语言关怀和行动关怀。基于这种认识，结合实际情况，我们把"善事父母"表达行为的失调分为以下两种类型：一是"默默不语"型，这种表达方式突出地表现为"有其实，无其名"，即能够在行为上"善事父母"，但在语言关怀上明显不足，不能与父母开展温暖的交流，不能通过言语给予父母情感的安慰和慰藉。导致这种现象的原因是多样的，中国人的特有精神气质是其一：受中国儒家传统文化的长期影响，中国人在精神气质上比较内敛，不愿意轻易袒露内心，羞于情感的外露。而从表达的基本含义可以看出，表达是表达者主动传达信息的心理意向和行为倾向及其结果，主观意愿的缺失必然导致相应的行为难以形成。中国人的表达观念是其二："巧言令色，鲜矣仁。"（《论语·学而》）在许多人的观念中，在"善事父母"的过程中，通过言语的形式表达情感，有故意"讨好"的嫌疑，即所谓"事君尽礼，人以为谄也"（《论语·八佾》）。而依仗语言"讨好"父母是有悖于"仁"和"孝"的基本精神的。同时，许多人认为，唯有通过实实在在的行为表达，用实际行动侍奉父母才是真正的孝。二是"花言巧语"型，这种表达方式突出地表现为"有其名，无其实"，即善于通过言语表达讨得父母的"欢心"，而在实际"善事父母"的行为上表现较弱，不能很好地在物质条件和生活照料上给予父母足够的支持，这往往使父母陷入只能"觊觎""空头支票"的"陷阱"。这种类型又可以分为两种情况：一种是不想对父母真正付出，而寄希望于通过"美言"逃避责任。这种情况在现实生活中并不多见，这类子女善于给父母"画饼"，以显示"孝心"；另一种是由于条件和能力所限，无法在实际行动中尽孝，于是希望通过言语关怀表达对父母的爱敬，弥补内心的"负罪感"。在当今社会，"善事父母"以一定的空间条件、时间条件为基础，需要一定的经济能力、行为能力，但现实情况是千差万别的，一些年轻人在条件和能力上存在这样或那样的不足，导致不能实际承担"善事父母"之责，从而心生愧疚。在内心信念和社会舆论的双重压力下，他们常常会选择以语言关怀作为补偿。

第二，表达动机偏差。动机是人的心理状态，指激发和维持有机体的行动，并将使行动导向某一目标的心理倾向或内部驱力①。心理学认为，动机是决定行为的内在动力。首先，动机激发人的行为，任何正常的行为都是在一定动机的作用下产生的，有什么样的动机就会产生什么样的行为；其次，动机决定行为的目标，动机使得行为总是指向一定的目标，不至于盲目；最后，动机调节行为的持续时间、强度和方向。"善事父母"的表达动机既是一种心理现象，也是一种伦理道德现象，从根本上来说，"善事父母"的表达动机虽然以心理的现象形态表现出来，但归根结底还是源于人的社会规定性，也就是说，"善事父母"的表达动机并非来自抽象的人性假设，而是现实的人的道德追求。

那么，现实的人的道德追求是什么呢？或者说，现实的人的道德追求背后的原因是什么呢？我们认为，"善事父母"表达的动机不应该是出于外在的舆论评价等原因，而应是来自子女内心对父母深沉的爱与敬。首先，"善事父母"的表达动机应该是纯洁和单纯的。从词源来看，"伪"者，人为者也。古人认为，人故意为之者，都是经过修饰的，而经过修饰和装点的，一般就是失去其本真的。因此，"善事父母"的表达是子女对父母的爱敬的自然流露，而不是虚伪、做作。面对父母的衰老，子女应是忧伤的；面对父母的疾病，子女应是着急的；面对父母的幸福，子女应是喜悦的，而这些淳朴情感的表达都根源于对父母的爱敬。其次，"善事父母"的表达动机应是主动而非被动的。真正的爱，总是主动的，它不需要提示而自动生成，它不需要督促而自我觉醒。"善事父母"的表达就是爱

_____
① 林崇德、杨治良、黄希庭：《心理学大辞典》，上海教育出版社2003年版，第223页。

敬情感的原始推动，是"善事父母"过程中的主动询问、主动帮助、主动照料、主动关怀。最后，"善事父母"的表达动机应是简单而非复杂的。"善事父母"的表达动机的简单之处在于其非功利性。子女孝顺和孝敬父母应是内心道德呼唤之达成，是人性中对善的价值追求，而任何掺杂功利和自私的复杂动机都是有悖孝德初衷的。

第三，表达方式欠妥。任何内容都是要通过一定的形式表现的，对于人的活动而言，一定的形式表现就是人们的表达方式。"善事父母"的表达不仅要注意表达的动机和内容，还要把表达的方式放在重要位置，没有恰当的表达方式，动机就无法转化成结果，内容就无法完成自我展现。在理论和现实中，表达的方式是多样的，按照不同的标准，可以分为语言表达与行为表达，直接表达与间接表达，含蓄表达与热烈表达，物质表达与精神表达，正向表达与负向表达，隐性表达与显性表达，等等。每一项表达方式都有自身的适用条件，不加区别地使用有可能导致表达的错位，影响表达的效果。在"善事父母"的过程中，有时会出现"好心办坏事"的现象，即动机是"善事父母"，但结果却将父母置于"难得善事"的境地，这往往就是"善事父母"的表达方式欠妥所致，不懂或不会表达已经成为制约一些子女行孝的重要因素。

导致表达方式欠妥的原因也是多方面的，其中既有主观的因素，也有客观的因素；既有历史的因素，也有现实的因素；既有宏观的因素，也有微观的因素。然而，对于子女特别是年轻的子女来说，缺乏必要的教育和引导是他们表达方式欠妥的主要原因。毋庸讳言，长期以来，在我们的孝德教育中，不论是家庭教育还是学校教育，孝的知识教育被放在突出位置，而往往忽视了对子女孝法和孝行的培养，这就导致了子女对孝德仅仅停留在观念层面，而在实际生活中就不知道如何尽孝。于是，他们只能通过机械地模仿他人或父母的行为习得表达的方式，而自发、零散的模仿既很难掌握恰当的表达方式的精髓，也常常会导致不得其法的尴尬。因此，不论是学校还是父母，都要有意识地给子女进行表达方式的教育、示范、激励、引导，帮助他们形成关于表达方式的正确认识，培养正确表达的习惯和能力。

主要参考文献

一、经典著作

［1］邓小平文选：第一卷[M].2版.北京：人民出版社，1994.

［2］邓小平文选：第二卷[M].2版.北京：人民出版社，1994.

［3］邓小平文选：第三卷[M].北京：人民出版社，1993.

［4］列宁选集：第一卷[M].北京：人民出版社，2012.

［5］列宁选集：第二卷[M].北京：人民出版社，2012.

［6］列宁选集：第三卷[M].北京：人民出版社，2012.

［7］列宁选集：第四卷[M].北京：人民出版社，2012.

［8］马克思恩格斯全集：第一卷[M].北京：人民出版社，2016.

［9］马克思恩格斯全集：第三卷[M].北京：人民出版社，2016.

［10］马克思恩格斯全集：第四卷[M].北京：人民出版社，2016.

［11］马克思恩格斯全集：第二十一卷[M].北京：人民出版社，2016.

［12］马克思恩格斯全集：第三十一卷[M].北京：人民出版社，2016.

［13］马克思恩格斯全集：第三十七卷[M].北京：人民出版社，2016.

［14］马克思恩格斯全集：第四十二卷[M].北京：人民出版社，2016.

［15］马克思恩格斯选集：第一卷[M].北京：人民出版社，2012.

［16］马克思恩格斯选集：第二卷[M].北京：人民出版社，2012.

［17］马克思恩格斯选集：第四卷[M].北京：人民出版社，2012.

［18］毛泽东选集：第一卷[M].2版.北京：人民出版社，1991.

［19］毛泽东选集：第二卷[M].2版.北京：人民出版社，1991.

［20］毛泽东选集：第三卷[M].2版.北京：人民出版社，1991.

［21］毛泽东选集：第四卷[M].2版.北京：人民出版社，1991.

二、专著

［1］包朗.中国少数民族孝文化研究[M].北京：社会科学文献出版社，2016.

［2］陈功.社会变迁中的养老和孝观念研究[M].北京：中国社会出版社，2009.

［3］池瑾.观念决定成长：中国城市与农村家庭教育的背景差异[M].兰州：甘肃教育出版社，2008.

［4］邓伟志，徐榕.家庭社会学[M].北京：中国社会科学出版社，2001.

［5］丁文.家庭学[M].济南：山东人民出版社，1997.

［6］费成康.中国的家法族规[M].上海：上海社会科学院出版社，1998.

［7］费孝通.生育制度[M].北京：商务印书馆，1999.

［8］费孝通.乡土中国[M].北京：生活·读书·新知三联书店，1985.

［9］付开虎.孝道智慧[M].北京：北京时代华文书局，2014.

［10］干春松.现代化与文化选择：国门开放后的文化冲突[M].南昌：江西人民出版社，1995.

［11］高成鸢.中华尊老文化探究[M].北京：中国社会科学出版社，1999.

［12］高瑞泉.中国近代社会思潮[M].上海：华东师范大学出版社，

1996.

　　[13] 葛晨虹，陈延斌.中国社会道德发展研究报告[M].北京：中国人民大学出版社，2018.

　　[14] 郭德君.传统孝道与代际伦理：老龄化进程中的审视[M].北京：中国社会科学出版社，2018.

　　[15] 胡建.启蒙的价值目标与人类解放[M].上海：学林出版社，2000.

　　[16] 焦国成.中国伦理学通论：上[M].太原：山西教育出版社，1997.

　　[17] 李汉秋，宋月航，王牧之.诚孝仁义公：中华美德新五常[M].北京：中华书局，2014.

　　[18] 李静之，张心绪，丁娟.马克思主义妇女观[M].北京：中国人民大学出版社，1992.

　　[19] 李世强.家风，最美的教育是传承[M].北京：中央编译出版社，2015.

　　[20] 李伟，王文，郑蒙.以孝树人：孝与古代教育[M].北京：中国国际广播出版社，2014.

　　[21] 李小娟.文化的反思与重建：跨世纪的文化哲学思考[M].哈尔滨：黑龙江人民出版社，2000.

　　[22] 李银安，李明，等.中华孝文化传承与创新研究[M].北京：人民出版社，2017.

　　[23] 梁盼.以孝侍亲：孝与古代养老[M].北京：中国国际广播出版社，2014.

　　[24] 梁青岭.现代婚姻社会学[M].北京：社会科学文献出版社，2009.

　　[25] 林存阳，刘中建.中国之伦理精神[M].成都：四川人民出版社，2000.

　　[26] 刘英，薛素珍.中国婚姻家庭研究[M].北京：社会科学文献出版社，1987.

　　[27] 刘再复，林岗.传统与中国人[M].合肥：安徽文艺出版社，1999.

　　[28] 卢明霞.养老视阈下中国孝德教育传统研究[M].北京：中国社会

科学出版社，2016.

[29] 牟世晶.文明中国书典：尊孝中国[M].太原：山西教育出版社，2012.

[30] 潘剑锋.传统孝道与中国农村养老的价值研究[M].长沙：湖南大学出版社，2007.

[31] 钱广荣.中国道德国情论纲[M].合肥：安徽人民出版社，2002.

[32] 上海社会科学院家庭研究中心.中国家庭研究：第二卷[M].上海：上海社会科学院出版社，2007.

[33] 沈崇麟，李东山，赵锋.变迁中的城乡家庭[M].重庆：重庆大学出版社，2009.

[34] 史凤仪.中国古代的家族与身份[M].北京：社会科学文献出版社，1999.

[35] 舒大刚.至德要道：儒家孝悌文化[M].济南：山东教育出版社，2012.

[36] 孙晓.中国婚姻小史[M].北京：光明日报出版社，1988.

[37] 邰科祥.陕南孝歌文化考察[M].西安：陕西师范大学出版总社，2016.

[38] 唐凯麟.伦理大思路：当代中国道德和伦理学发展的理论审视[M].长沙：湖南人民出版社，2000.

[39] 唐凯麟，曹刚.重释传统：儒家思想的现代价值评估[M].上海：华东师范大学出版社，2000.

[40] 唐凯麟，张怀承.成人与成圣：儒家伦理道德精粹[M].长沙：湖南大学出版社，1999.

[41] 汪玢玲.中国婚姻史[M].上海：上海人民出版社，2001.

[42] 王恒生.家庭伦理道德[M].北京：中国财政经济出版社，2001.

[43] 王沪宁.当代中国村落家族文化：对中国社会现代化的一项探索[M].上海：上海人民出版社，1991.

[44] 王静.民间文化的慈风孝行[M].宁波：宁波出版社，2013.

［45］王天鹏.孝道之网：客家孝道的历史人类学研究[M].北京：中国社会科学出版社，2015.

［46］王亚利，华宪成.忠与孝[M].天津：天津大学出版社，2012.

［47］王跃.变迁中的心态：五四时期社会心理变迁[M].长沙：湖南教育出版社，2000.

［48］王跃生.中国当代家庭结构变动分析：立足于社会变革时代的农村[M].北京：中国社会科学出版社，2009.

［49］王志强.当代中国家庭道德教育研究[M].杭州：浙江大学出版社，2013.

［50］韦政通.中国文化与现代生活[M].北京：中国人民大学出版社，2005.

［51］翁芝光.中国家庭伦理与国民性[M].昆明：云南人民出版社，2002.

［52］相树华，刘明福.中国婚恋危机[M].北京：中国广播电视出版社，2011.

［53］肖群忠.孝与中国文化[M].北京：人民出版社，2001.

［54］萧振禹.养老，你指望谁：中国面对人口老龄化的困惑[M].北京：改革出版社，1998.

［55］徐扬杰.中国家族制度史[M].北京：人民出版社，1992.

［56］许刚.中国孝文化十讲[M].南京：凤凰出版社，2011.

［57］杨春时.中国文化转型[M].哈尔滨：黑龙江教育出版社，1994.

［58］杨国荣.善的历程：儒家价值体系的历史衍化及其现代转换[M].上海：上海人民出版社，1994.

［59］杨汝清.孝道离我们有多远：《孝经》与幸福人生[M].北京：中国纺织出版社，2017.

［60］俞家庆，国际儒学联合会.儒学齐家之道与当代家庭建设[M].北京：华文出版社，2015.

［61］于语和，庚良辰.近代中西文化交流史论[M].太原：山西教育出

版社，1997.

［62］张岱年，程宜山．中国文化与文化论争[M].北京：中国人民大学出版社，1990.

［63］张怀承．天人之变：中国传统伦理道德的近代转型[M].长沙：湖南教育出版社，1998.

［64］张怀承．中国的家庭与伦理[M].北京：中国人民大学出版社，1993.

［65］张建云．中国家风：孝善篇[M].天津：天津社会科学院出版社，2018.

［66］张建云，赵志国．中国家风[M].济南：山东友谊出版社，2015.

［67］张凯悌，郭平．中国人口老龄化与老年人状况蓝皮书[M].北京：中国社会出版社，2010.

［68］张岂之，陈国庆．近代伦理思想的变迁[M].北京：中华书局，2000.

［69］赵庆杰．家庭与伦理[M].北京：中国政法大学出版社，2008.

［70］周晓虹．传统与变迁：江浙农民的社会心理及其近代以来的嬗变[M].北京：生活·读书·新知三联书店，1998.

［71］祝瑞开．中国婚姻家庭史[M].上海：学林出版社，1999.

［72］朱义禄．逝去的启蒙：明清之际启蒙学者的文化心态[M].郑州：河南人民出版社，1995.

［73］朱贻庭．中国传统伦理思想史[M].上海：华东师范大学出版社，1989.

三、论文

［1］巴新生，宋娜．先秦孝道的起源与嬗变[J]，天津师范大学学报（社会科学版），2016（2）：17-26.

［2］陈冰，张小伟．儒家思想对中国婚姻家庭制度的影响[J]，中共郑

州市委党校学报，2004（6）：98-99.

［3］陈文联.论五四时期探求"婚姻自由"的社会思潮[J]，江汉论坛，
2003（6）：78-80，121.

［4］陈延斌.《袁氏世范》的伦理教化思想及其特色[J]，道德与文明，
2000（5）：40-42.

［5］谷忠玉.我国古代家庭教育思想论要[J]，辽宁师范大学学报（社
会科学版），2001（5）：39-41.

［6］韩庆路，陈蓝田.转型期的家庭道德建设和家庭德育[J]，天津市
教科院学报，2001（3）：33-36.

［7］何建良，杨向荣.中国孝文化的理念形态及其现代传承[J]，井冈
山大学学报（社会科学版），2013（5）：33-36，65.

［8］季红.传统"孝道"在当代家庭代际伦理中的意义[J]，中州学刊，
2006（3）：143-145.

［9］焦国成，赵艳霞."孝"的历史命运及其原始意蕴[J]，齐鲁学刊，
2012（1）：5-10.

［10］金焱.内涵性与功利性婚姻的伦理评析[J]，暨南学报（哲学社会
科学版），2005（6）：23-30，137-138.

［11］金一虹.转型期家庭伦理道德的矛盾冲突与新的整合[J]，江海学
刊，1997（6）：107-111.

［12］荆世群.中华传统孝道的基本观念与双重情怀[J]，道德与文明，
2016（5）：99-102.

［13］李春茹.社会转型时期家庭伦理道德的构建探析[J]，探索，2003
（2）：80-82.

［14］李桂梅.近代中国妇女解放运动的特点[J]，船山学刊，2003
（2）：94-97.

［15］李桂梅.略论现代中西婚姻基础[J]，伦理学研究，2006（4）：
7-10.

［16］李桂梅.中国现代家庭伦理建设的思想资源[J]，深圳大学学报

（人文社会科学版），2010（2）：32-36.

[17] 李桂梅.中西家庭伦理产生之源探究[J]，伦理学研究，2005（4）：66-70.

[18] 李丽丽，王凌皓.传统儒家孝悌之道的现实观照[J]，学术交流，2010（6）：34-36.

[19] 李梅，陈华杰.婚姻与道德的结合：新婚姻法中的"忠实义务"[J]，重庆工商大学学报（西部论坛），2005（S1）：228-229.

[20] 李培志.论我国当代家庭伦理的目标模式[J]，广西社会科学，2008（5）：50-52.

[21] 李升，方卓.农村社会结构变动下的孝文化失范与家庭养老支持困境探析[J]，社会建设，2018（1）：62-73.

[22] 李英芬，杨喜英.孝道在农村养老中的作用初探[J]，民族高等教育研究，2015（6）：28-30.

[23] 梁莉，周志家.中国传统父子关系中的"孝"及其含义变化[J]，龙岩学院学报，2010（3）：81-84，99.

[24] 梁雪爱.和谐社会视野下的家庭美德建设[J]，宜春学院学报，2009（S1）：7-8.

[25] 廖小平，王新生.中国传统家庭代际伦理及其双重效应[J]，广东社会科学，2005（1）：85-90.

[26] 刘勋昌，尹莅平.论我国市场经济条件下的夫妻伦理[J]，贵阳金筑大学学报，2004（3）：21-23.

[27] 刘意，陈黙.论毛泽东关于社会主义道德建设的思想[J]，陇东学院学报（社会科学版），2004（4）：84-86.

[28] 刘义，邝良锋.孝的初源载体、衍生及现代转向[J]，孔子研究，2017（1）：83-92.

[29] 刘镇江，刘红利.马克思恩格斯婚姻家庭伦理思想及其时代价值[J]，湘潭大学学报（哲学社会科学版），2009（1）：156-157.

[30] 罗国杰.新时期思想道德建设的问题与对策[J]，中国人民大学学

报，2000（5）：1-5.

［31］马尽举.孝文化与代际公正问题[J]，道德与文明，2003（4）：8-13.

［32］马丽.家庭暴力和婚姻家庭的伦理底线[J]，政法学刊，2004（5）：21-23.

［33］马晓燕.试析黑格尔的婚姻家庭观[J]，内蒙古师范大学学报（哲学社会科学版），2006（2）：5-8.

［34］马云驰.市场经济伦理秩序的思想文化资源[J]，南京社会科学，2007（6）：44-47.

［35］蒙培元.漫谈儒学与家庭伦理：从亲情关系说起[J]，文史哲，2002（4）：107-111.

［36］牟建斌.浅谈婚姻伦理[J]，重庆邮电学院学报（社会科学版），2003（1）：100-102.

［37］祁金利.从"为人民服务"到"社会主义荣辱观"：略论社会主义道德观的演进[J]，中国矿业大学学报（社会科学版），2006（4）：10-12.

［38］钱广荣."伦理就是道德"质疑：关涉伦理学对象的一个学理性问题[J]，学术界，2009（6）：95-102.

［39］钱广荣.道德悖论研究的话语权问题[J]，齐鲁学刊，2009（5）：60-63.

［40］任建东.网络家庭的生成空间及其伦理导向[J]，广西民族大学学报（哲学社会科学版），2006（5）：127-129，132.

［41］邵俭福.论婚姻伦理关系的嬗变[J]，科学大众，2006（8）：56-57.

［42］宋智慧.以契约理念透视婚姻本质[J]，长沙理工大学学报（社会科学版），2004（4）：38-40.

［43］孙海霞.从评价机制看当代中国婚姻伦理观念的变化[J]，兰州学刊，2006（4）：158-160，157.

［44］孙丽燕.20世纪末中国家庭结构及其社会功能的变迁[J]，西北人

口，2004（5）：13-16.

［45］唐凯麟.儒家传统道德观念与社会主义道德建设[J]，河北学刊，2008（6）：34-39.

［46］唐凯麟.孝：中国人最初的哲学思考和文明建构[J]，求索，2019（5）：4-10.

［47］唐绍洪.论我国社会转型时期婚姻观念的转变[J]，兰州学刊，2003（5）：145-147，131.

［48］王常柱.孝慈精神与现代家庭伦理的建构[J]，北京科技大学学报（社会科学版），2008（1）：165-168.

［49］王露璐，王霞.如何正确把握恩格斯的婚姻家庭道德观：重读《家庭、私有制和国家的起源》[J]，伦理学研究，2009（5）：20-23.

［50］王天民，巩瑞贤.儒家孝德及时代价值略论[J]，吉林师范大学学报（人文社会科学版），2017（2）：51-55.

［51］王学川.家庭伦理学的发展趋势与价值前景[J]，长白学刊，1992（2）：73-76，39.

［52］王颖.论悌德的内涵及现代价值[J]，伦理学研究，2016（1）：33-37，47.

［53］魏国英.性别和谐与社会可持续发展：北京论坛"性别平等与发展"分论坛综述[J]，妇女研究论丛，2004（5）：67-70.

［54］肖立斌.毛泽东的社会主义道德教育思想与实践[J]，贵州大学学报（社会科学版），2003（1）：14-17.

［55］肖群忠.谈孝德[J]，中国德育，2014（12）：28-32.

［56］肖巍.当代女性主义伦理学景观[J]，清华大学学报（哲学社会科学版），2001（1）：30-36.

［57］徐安琪.城市家庭社会网络的现状和变迁[J]，上海社会科学院学术季刊，1995（2）：77-85.

［58］徐安琪.夫妻伙伴关系：中国城乡的异同及其原因[J]，中国人口科学，1998（4）：32-39.

［59］杨大文，马忆南.新中国婚姻家庭法学的发展及我们的思考[J]，中国法学，1998（6）：34-40.

［60］杨威.传统家庭伦理的近代转型及其动因[J]，理论探讨，2005（6）：55-56.

［61］杨文霞.加强家庭道德建设是构建社会主义和谐社会的重要内容[J]，铜仁学院学报，2008（3）：10-14.

［62］叶文振，林擎国.当代中国离婚态势和原因分析[J]，人口与经济，1998（3）：22-28.

［63］叶文振.当代中国婚姻问题的经济学思考[J]，人口研究，1997（6）：11-17.

［64］尤吾兵，韦静.论"精神赡养"[J]，中州学刊，2014（9）：107-112.

［65］尤吾兵.传统儒家"善事父母"之"善"的实践内质[J]，中南民族大学学报（人文社会科学版），2012（1）：171-176.

［66］袁溧.《庄子》孝道观美德伦理的现代意义[J]，长春师范大学学报，2016（7）：19-21.

［67］曾思玉.恩格斯的性爱婚姻观：对《家庭、私有制和国家的起源》一文的解读和思考[J]，学术探索，2004（6）：17-20.

［68］张敏，熊循庆.当代"婚外恋"现象伦理透视[J]，中华女子学院学报，2005（2）：47-50.

［69］张敏杰.中国的婚姻家庭问题研究：一个世纪的回顾[J]，社会科学研究，2001（3）：112-116.

［70］张妍妍.社会主义核心价值观视阈中家风功能的现代化转变[J]，道德与文明，2017（5）：127-130.

［71］赵伟，张妍.中国古代家风建设之道及其现代价值[J]，河北师范大学学报（教育科学版），2018（5）：41-47.

［72］周海生.家训中的孝道及其价值意蕴[J]，理论学刊，2019（5）：160-169.

［73］周立梅.从人类两性关系进化进程审视当代婚姻伦理[J]，青海师范大学民族师范学院学报，2007（1）：19-22.

［74］周燕燕.新时期家庭道德建设的困境与出路[J]，广西青年干部学院学报，2005（1）：14-15，54.

［75］朱贻庭.现代家庭伦理与传统亲子、夫妻伦理的现代价值[J]，华东师范大学学报（哲学社会科学版），1998（2）：20-24，32.

［76］訾翠霞.中国传统家庭伦理的当代适应性问题浅论[J]，青海师范大学学报（哲学社会科学版），2010（1）：36-39.

后　记

2015年大年初六的早晨，我的老师钱广荣先生打来电话："干吗呢？"老师一向都是这么直接地询问。"在过年呢，老师。有什么事情吗？"我感到意外地回答道。"你有没有看电视？""看了，看了。老师，怎么说？""电视、报纸都在报道和讨论家风，你的研究方向是家庭伦理学，难道你没有什么想法吗？""还没有呢。""抓紧时间，整理申报书，今年申报一个国家社科基金项目。"

我的2015年的春节，就在这个对话之后结束了。从充满节日气氛的家乡回到芜湖，我便开始整理申报书。意外的是，这份申报书居然"一炮打响"。这也是我第一次获得国家级项目，是导师的科研意识和敏锐的判断促成了这个项目的诞生。有导师的地方，就有温暖的师生情缘，人生至福也！

拿到项目之后，我便开始着手准备，进行整体构思和认真谋划，尤其是关于其中的案例选择。我阅读了大量的关于家庭孝德方面正面和反面的故事，常常被正面的"善事父母"故事所感染，觉得应该像他们那样去传承美好的家庭孝德；也为反面的故事中未得到"善事"的老人们感到难过，觉得应该向他们的子女发出声讨。经过认真的比对遴选，我最终选择了作为正面样本的胡金凤家庭和作为反面样本的解某某家庭，试图从这两个样本中吸收养料，为"善事父母"的当代传承做些工作。

正当我积极准备项目材料的时候，万万没有想到的是，我的母亲，善良、朴实、乐观的母亲，因为败血症突然离世了。2017年10月14日的上午，我还在为芜湖市消防支队做"代言人"的活动，15日凌晨2点我的母亲却溘然长逝。这一打击使我在半年多的时间里找不着北，我完全失去了可以凝神聚力的能力，甚至一度没有了继续完成项目的动力。

幸得学生徐益亮（现为浙江大学宁波理工学院马克思主义学院教师）和赵文（现为九江学院马克思主义学院副院长）的鼎力协助，分别帮我完成了第二章、第五章和第四章的初稿主体部分。慢慢地，我也从整理书稿的工作中渐渐回到原来的工作轨道上来，开始循着原来的思路认真整理资料，撰写书稿，最终于2020年完成了全部项目内容。

书稿的出版得益于安徽师范大学出版社的大力支持，十分感谢出版社的同志们给予的帮助和鼓励。一并感谢学生毕昌喜在搜集案例的工作中给予的帮助，感谢家人在我完成项目过程中所有的支持和付出。

路丙辉

2023年12月20日